这样养
宝宝更健康

艾贝母婴研究中心 编著

U0278317

中国人口出版社
China Population Publishing House
全国百佳出版单位

前言 ›› Foreword

这 是本专为0~3岁婴幼儿健康而精心设计的生活宜忌"百科全书"。

养 育一个健康聪明的宝宝，是所有爸爸妈妈的心愿。而对于初生的宝宝来说，0~3岁则又是他们生长发育最关键、最需要精心呵护的重要时期。

正 所谓"好的开始是成功的一半"！因而许多新手爸爸妈妈，早早地就开始着手准备育儿工作，都会主动学习、了解一些有关生活中养育婴儿的宜忌知识。本书就是针对新手爸爸妈妈这一急迫需要，结合专家多年丰富的工作实践经验和教学研究知识而编著。

希 望新手爸爸妈妈们能从本书大量的科学育儿知识中找到对自己有用的东西，愿本书能帮助广大的新手爸爸妈妈养育一个健康聪明的宝宝！

此 外，为了便于阅读和理解，本书穿插大量精美的图片，采用图文结合的编写手法来介绍育儿知识。希望新手爸爸妈妈们在轻松、愉快的阅读中，更好地掌握如何科学喂养宝宝多种常识，并付诸育儿实践。最后，祝新手爸爸妈妈们成功地培育出健康、活泼的宝宝！

目录 Contents

Part 1 新生儿（0～28天）

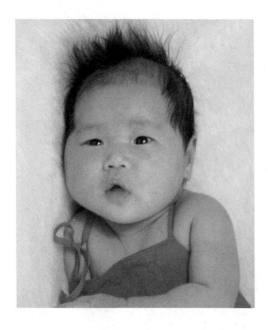

Part 2 婴儿期(1~12月)

Part 3 幼儿期(12～24月)

Part 4 幼儿期(24～36月)

附录

Part 1
新生儿
（0～28天）

新生儿期，通常指婴儿出生到28天的阶段，俗称"月子娃"。从宝宝胎动腹中开始到出生后的几年，分别称为胎儿、新生儿、婴儿和幼儿。新生儿期，是婴儿出生以后比较特殊的阶段，胎儿脱离母体，来到世界上，开始依靠自己身体器官的机能来维持生命需求，适应环境，独立生存。可以说，这是婴儿适应人生的第一阶段，从进食、保健、护理、适应环境、体能发展、智力发育这些方面，都像一张白纸，从零开始。

省 时 阅 读

　　母乳喂养好，应早开奶、早吸吮、早接触。新妈妈应了解母乳分泌规律和常见问题，以及人工喂养、配方奶调制和喂养的相关常识，学会判断婴儿吃饱了没有。

　　还应了解新生儿的生理特点，护理好脐部、口、鼻、眼、耳，观察体温，注意黄疸消退的时间和预防感染，以及防疫和接种疫苗，做常规体检。

　　掌握吃奶、睡觉、睡醒、排便的生理特点和规律；学会包裹衣被、洗澡和保持身体卫生；学会正确抱新生儿、合理进行户外活动。

　　零岁教育和新生儿早教，应与新生儿多接触、多抱、多抚摩；让新生儿学微笑，练抬头、"行走"和"爬行"；与新生儿多说话，多做亲子交流，听音乐和摇篮曲，给新生儿做被动操，培养亲子感情。

饮食与营养

宜与忌 开始喂奶时间

很多人问："新生儿出生多久以后开始喂奶好呢？"专家的答案是越早越好。

新生儿在出生后20～30分钟时，吮吸能力最强，如果没有得到吮吸刺激，会影响到以后的吮吸能力。

而且，出生后1小时，是新生儿的敏感期，是建立母子相互依恋感情的最佳时间，及早喂奶可以降低新生儿低血糖发生概率和减轻生理性体重下降程度。所以，只要产后妈妈的恢复情况正常，分娩后即可让新生儿试着吮吸妈妈的乳头，让新生儿尽可能早地吃到初乳。

新生儿出生后1～2小时内，就要做好抱新生儿的准备。在头几个小时和头几天内，要让新生儿多吃母乳，以达到促进乳汁分泌的目的。新生儿饥饿或妈妈感到乳房充盈时，可以随时哺喂，哺乳间隔时间由新生儿和妈妈的感觉决定，不要固定时间，这是目前世界卫生组织提倡的"按需哺乳"。

▶▶ 宜

新生儿出生后2～7天内，喂奶次数频繁，以后，通常每天喂8～12次。如果新生儿睡眠时间较长，而妈妈感到乳胀的时候，可以叫醒新生儿，随时哺乳。

纯母乳喂养的新生儿，除母乳之外，不用添加任何食品，包括不用喂水给新生儿。新生儿什么时候饿了就什么时候吃。纯母乳喂养最好能坚持6个月。

▶▶ 忌

以往人们习惯于定时给新生儿喂奶，让新生儿像成年人一样定时、定量吃奶。这种定时喂奶的方法，对新生儿和母亲都不利，应做到按需喂奶，新生儿想吃就喂，母亲奶胀就喂，满足母亲与新生儿的要求，也有利于消除奶胀，减少患乳腺病的机会。

刚刚出生的新生儿吸吮能力很强，是学习和锻炼吸吮能力的最佳时刻，不必拘泥定时喂奶。如果定时喂奶，到喂奶的时候宝宝可能睡着了，而往往还不到喂奶的固定时间，新生儿因要吃奶而哭闹。因此，强硬规定喂奶时间和次数，不能满足新生儿的生理要求，必然影响宝宝生长发育。

/聪明妈妈育儿经/**新生儿每天所需营养**

新生儿脱离母体后，开始独立进食，通过吸吮乳汁来满足身体消耗的能量、营养和快速生长发育的需求，新生儿每天所需营养包括：

热量：初生时，新生儿需要的热量约为每日每千克体重100～120千卡（418～502千焦），以后随月龄的增加逐渐减少，在1岁左右时为80～100千卡（335～418千焦）。

蛋白质：母乳喂养时蛋白质需要量为每日每千克体重2克，牛奶喂养时为3.5克，主要以大豆及谷类蛋白供给时则为4克。

脂肪：初生时脂肪占总热量的45%，随月龄的增加，逐渐减少到占总热量的30%～40%。脂肪酸提供的热量不应低于总热量的1%～3%。

糖类：婴幼儿期糖类以占总热量的50%～55%为宜。新生儿除淀粉以外，对其他糖类（乳糖、葡萄糖、蔗糖）都能消化。

矿物质：0～4个月的婴儿，应限制钠盐摄入，以免增加肾负荷并诱发成年高血压病。新生儿出生时，体内的铁储存量大致与出生体重成正比。铁缺乏是新生儿最常见的营养缺乏症。

维生素：母乳喂养的婴儿，除维生素D供给量低外，正常母乳含有婴儿所需的各种维生素。1岁以内婴儿维生素A的供给量为每天200微克。维生素B_1、维生素B_2和烟酸的量是随热能供给量的变化而变化的，每摄取1000千卡（4184千焦）热能，供给维生素B_1和维生素B_2 0.5毫克，烟酸的供给量为其10倍，即5毫克／1000千卡（4184千焦）。

水：正常的人工喂养新生儿，每天每千克体重供给水150毫升。如果新生儿的消化功能好，每次的奶量和浓度可根据实际情况而有所增加，并在每两次喂奶之间喂少许温开水，以减轻大便的干燥程度，同时可以清洁口腔以减少鹅口疮等口腔疾病的发生。

宜与忌 母乳喂养

母乳，是专为新生儿准备的最理想的天然食品。具体地说，母乳有以下好处：母乳营养丰富，易消化和吸收；人体需要的三大营养物质蛋白质、脂肪和糖的比例要保持适当，对于消化和吸收功能弱的新生儿来说，吃母乳绝对不会出现三大营养物质失衡的问题；母乳中三大营养的组成成分氨基酸、多糖等也适宜新生儿消化道功能特点，最易于被消化和吸收。

▶▶▶ 宜

母乳除了营养丰富外，含钙量较高，每100克能达到30毫克，用母乳喂养新生儿，可以减少新生儿佝偻病发生。母乳中钙与磷元素比例适宜，与正常人体内钙磷比例一致，新生儿易吸收，对发育极其有利。

▶▶▶ 忌

有一些妈妈，为了保持体形或减少麻烦，不愿意给新生儿哺喂母乳，常常使用人工喂养和替代乳品，这样对母婴双方都不利。除患有某些疾病的母亲外，最好都能用母乳喂养新生儿。

╱聪明妈妈育儿经╱母乳给新生儿带来不一样的营养

母乳具有增强新生儿免疫力，增强新生儿体质的作用。母乳中含有多种应对病原体如细菌、病毒、过敏原的免疫球蛋白，具有抗感染、抗过敏作用；还含有促进乳酸菌生长，抑制大肠埃希菌，减少肠道感染的因素，在预防新生儿肠道或全身感染方面会有作用。

母乳脂肪中含人体必需的脂肪酸比牛奶多，尤其是亚油酸更丰富，因此，母乳喂养的新生儿不容易得湿疹。母乳含糖量高，适合新生儿的需要，还能抑制新生儿肠道菌的生长，不易发生腹泻等肠道疾病。

母乳新鲜，温度适宜，直接喂养，有利卫生。

新生儿的吮吸刺激可以增加母亲体内激素分泌，加快子宫收缩，促进母体尽快恢复。

母乳喂养可以增强母子之间感情联系，使新生儿感受到母爱的温馨。

宜与忌 珍贵的初乳

初乳，因为富含妈妈带给新生儿的免疫物质，被人们誉为"免疫黄金"。一般刚刚分娩以后，妈妈最初分泌的乳汁叫初乳。

▶▶▶ 宜

初乳虽然不多，但浓度很高，颜色黄灰。与成熟乳相比较，初乳中含有丰富的蛋白质、脂溶性维生素、钠和锌，还含有人体所需的各种酶类、抗氧化剂等。相对而言，初乳含乳糖、脂肪、水溶性维生素较少。初乳中IgA可以覆盖在新生儿未成熟的肠道表面，阻止细菌、病毒的附着。初乳还有促脂类排泄作用，可以减少黄疸的发生。

所以，初乳被人们誉为"第一次免疫"，妈妈一定要抓住给孩子喂养初乳的机会，不要错过对新生儿的第一次免疫抗体输入。

▶▶▶ 忌

有些地方的旧俗主张，要把产后头几天分泌出的少量黄灰色奶汁挤出来扔掉，嫌它"不干净"，这样做会丢失了宝贵的天然免疫物质。

关于初乳有两种说法，一是指产后妈妈的第一次乳汁，这就是旧时习俗讹称"不干净"的黄灰色奶水；另一种说法，是产后第一次泌乳、直到半个月之内的母乳。据国外的调查，这一段时间的母乳中所含的抗体及有利于新生儿免疫的物质都高于替代乳品，而且最容易被新生儿直接吸收。

聪明妈妈育儿经 / 初乳给新生儿必需的营养

人们对产后1～16天初乳营养成分分析表明，初乳中免疫球蛋白含量很高，还含有大量新生儿体内缺少的免疫物质，如中性粒细胞、巨噬细胞和淋巴细胞，它们有直接吞噬微生物、参与免疫反应的功能，能增强新生儿的免疫力。

此外，早产初乳还具有最适合喂养自己早产儿的特点。如早产乳乳糖较少，蛋白质、IgA、乳铁蛋白较多，最适合早产儿生长发育的需要，千万不要忽视。

宜与忌 怎么喂养早产儿

胎儿在母亲怀孕不满34周就提前出生，一般称为早产儿。通常，出生以后体重过轻、不足2000克或妊娠期间先天不足的新生儿，也要视同早产儿一样喂养。

▶▶▶ 宜

早开奶、早哺喂

早产儿要尽早开始喂哺，生活能力强的早产儿，可以在出生后4~6小时开始喂哺。体重在2000克以下的新生儿，可以在出生后12小时开始喂养；情况比较差的，可以在出生后24小时开始喂养。

先糖水，再喂奶

先用5%~10%的葡萄糖少量喂哺，每2小时1次。24小时以后，就可以开始喂奶。

▶▶▶ 忌

喂养要注意动作要轻，不要让滴管划破早产儿的口腔黏膜。

每隔2~3小时喂1次。

/聪明妈妈育儿经/**早产母乳最适合**

早产母亲分泌的乳汁，最适合早产儿，因此，早产儿最好能采用母乳喂养。

添加营养：复合维生素B每次1片，每天2次；维生素C每次50毫克，每天2次；维生素E每天10毫克，分2次服用。

从第二周起，喂食浓缩液鱼肝油滴剂，每天1滴，并在医生指导下逐渐增加。

宜与忌 哺乳姿势

了解哺乳常识，做到正确地给新生儿喂奶，是做妈妈需要尽快熟悉和掌握的重要基本功。

▶▶▶ **宜**

妈妈哺乳的常取姿势一般应为以下两种。

第一种是卧位哺乳，即侧卧或仰卧位。

第二种是坐位哺乳。要求椅子高度合适，并要有把手用于支托新生儿，椅子不宜太软。椅背不宜后倾，否则使新生儿含吮不易定位。喂哺时妈妈应紧靠椅背促使背部和双肩处于放松姿势。用枕支托新生儿，还可在足下添加脚凳以帮助肌体舒适、松弛，有益于排乳反射不被抑制。

采用坐位"环抱式"哺乳，尤其适用于剖宫产及双胎新生儿，用此方式可避免伤口受压疼痛，也可使双胎新生儿同时受乳。

学会正确哺喂，不仅能让新生儿吃饱、吃好，还能让乳汁源源不绝、充足供应，能防止妈妈出现乳腺壅塞和乳头皲裂，防止妈妈出现腰背痛、"妈妈手"等因为哺乳姿势不正确而引起的问题。

要注意掌握正确的哺乳姿势。让新生儿把乳头上乳晕部分含在小嘴里，新生儿吸吮得当，会吃得很香甜，妈妈也会因为新生儿吸吮尽乳汁感到轻松。

▶▶▶ **忌**

生气时哺乳：人在生气时，身体内会产生毒素，这一类毒素提取出来甚至能使水变色且沉淀。因此，哺乳妈妈切不要在生气时或刚生完气就喂奶，以免新生儿吃入带有"毒素"的乳汁。

不要躺着哺乳。

哺乳时逗笑：新生儿在吃奶时，如果被逗笑，吸入的乳汁可能误入气管，轻者呛奶，重者会诱发吸入性肺炎。

穿工作服哺乳：妈妈穿着工作服喂奶会给新生儿招来麻烦，因为工作服上往往粘有很多肉眼难以看见的病毒、细菌和有害物质。所以，哺乳妈妈无论怎么忙，也要先脱下工作服，最好也脱掉外套，洗净双手后再给新生儿哺乳。

浓妆哺乳：妈妈身体的气味对新生儿有着特殊的吸引力，能激发新生儿产生愉悦的"进餐"情绪，即使新生儿刚出生，也能把头转向有妈妈气味的方向寻找奶头。妈妈的体味有助于新生儿吸奶，化妆品气味会掩盖熟悉的母体气味，使新生儿难以适应，情绪低落，食量下降，进而妨碍发育。

哺乳期间穿化纤内衣：穿化纤内衣的最大危害是细微的纤维容易脱落，堵塞乳腺管，造成泌乳停止。哺乳期间妈妈不能穿化纤内衣，也不要佩戴化纤类乳罩，应以纯棉类制品为佳。

 阅读延伸

教你正确喂新生儿

现代家庭中，妈妈们往往因为工作需要，度过短短的产假就要重返职场，继续上班，给新生儿的哺乳会因为上班而发生很大变化。

正确哺乳的要领

体位舒适：喂哺时可采取不同姿势，重要的是妈妈应当心情愉快，体位舒适，全身肌肉松弛，这样有益于乳汁排出。

母子紧密相贴：无论怎样抱新生儿，喂哺时新生儿的身体都应与妈妈身体相贴。新生儿的头与双肩朝向乳房，嘴巴处于乳头相同水平的位置。

防止新生儿鼻子受压：在喂哺的全过程中，应当保持新生儿的头和颈略微伸张，以免鼻部压入乳房而影响呼吸，同时还要防止新生儿头部与颈部过度伸展造成吞咽困难。

手的正确姿势：要把拇指放在乳房上方或下方，托起整个乳房喂哺。除非乳汁流量过急或新生儿呛奶时，否则不要以剪刀式手势托夹乳房，这种手势会反向推动乳腺组织，阻碍新生儿把大部分乳晕含进小嘴里，不利于充分挤压乳窦内的乳汁排出。

除了在具体哺乳方法上要注意外，还应当注意给新生儿哺乳时的一些禁忌、细节，以利于健康。

宜与忌 怎样保证有充沛的母乳

分娩以后，母体的激素会促使妈妈的乳房产生乳汁，激素的两种反射作用能让妈妈提供适量的乳汁给新生儿。勤于喂奶、按需哺乳，是母亲乳汁充沛的关键因素，再加上适当的饮食与良好心情，就能保证妈妈的乳汁既多又富于营养。

▶▶▶ 宜

摄取均衡且适当的营养，能让妈妈提供给新生儿的乳汁更有营养。

妈妈每天应较怀孕前多摄取约2092千焦（500千卡）的热量，并且在饮食均衡的原则下，多加强蛋白质和水分的摄取，乳汁才会有丰富的营养素。

水分是母乳的主要成分之一，如果每天补充的水分不足，也会影响到乳汁的正常分泌，妈妈们每天应摄取3000~4000毫升的水分。

▶▶▶ 忌

现代女性大多数都知道母乳喂养新生儿健康的益处，但是，通常在能否哺喂母乳方面缺少信心，对于自己能不能有充足的乳汁来哺喂新生儿心中没有底，往往稍有挫折就求助于配方奶粉，在哺喂之初就从口味上给新生儿形成了配方奶粉哺喂习惯，然后致使母乳哺喂计划受挫。

应尽量避免用奶瓶喂奶或给新生儿加吃配方奶粉，以防减少乳汁的分泌。

/聪明妈妈育儿经/喂养新生儿有诀窍

泌乳激素：是脑垂体分泌的一种激素，能刺激乳房中的乳腺细胞分泌乳汁。新生儿吸吮妈妈的乳房时，刺激到乳头的神经，这些神经会传导信息到大脑，从而制造泌乳激素，并分泌乳汁给新生儿。所以，新生儿吸吮母亲乳房的多少，直接影响到乳汁分泌的量，一旦新生儿停止吸吮母亲的乳房，或是母亲不把乳汁挤出，身体就会停止泌乳。

尽早开始喂奶：妈妈尽量在产台上（刚生产完后）就试着喂奶，让新生儿尽早地学会吸吮和熟悉妈妈的乳房，同时也有刺激妈妈身体早一些分泌乳汁的作用。

依照新生儿的需求喂奶：新生儿饿了就喂奶，不要限制喂奶的时间与次数；新生儿吸得乳房越空，下一次分泌的乳汁就会越多。

自信：妈妈的情绪和自信心会影响到缩宫素（催产素）的分泌状况，缩宫素是一种帮助乳汁从乳头中排出来的激素，能够帮助新生儿顺利吸吮到母乳。

如果能尽量按照新生儿的需求喂奶，不限制喂奶的次数与时间，妈妈分泌的乳汁和新生儿的需求量很快会达到供需平衡。妈妈分泌的乳汁量恰好能符合新生儿的需求量，而且妈妈会在下一次新生儿肚子饿的时候胀奶，这就是人们通常说的泌乳反射建立。

吸吮乳房与吸奶嘴的方式不同：新生儿吸吮妈妈的乳房较为费力，但能帮助口腔肌肉发展；而吸吮奶嘴通常不需要耗费力气，就会有乳汁流到新生儿的口中。一旦在哺喂母乳的早期让新生儿接受奶嘴，新生儿很可能不愿意再吸吮妈妈的乳房。

如果新生儿以吸奶嘴的方式吸吮母亲的乳头，也会吸不到乳汁，还会使妈妈的乳房受伤。

哺喂配方奶，会使母乳减少：新生儿喝了混合配方奶粉后，会减少吸吮母乳的次数，使乳房受到的刺激减少，因而减少乳汁的分泌量。泌乳量减少之后，妈妈会误以为自己的乳汁不足而继续喂配方奶，甚至会加大喂养量，这就会形成恶性循环，导致现奶水不足的现象出现。

宜与忌 催乳汤有用吗

民间流传着许多催乳方法，书报杂志也常常介绍一些催乳的食谱，哺乳妈妈应该吃吗？这些食物是不是真能增加乳汁量？

▶▶▶ 宜

营养学家分析催乳的食物的成分，结果证明，催乳的食物，几乎全都富含蛋白质与水分，这些食物有助于乳汁的分泌，例如花生炖猪蹄汤、排骨汤、鲜鱼汤、鸡蛋、红糖姜汤、牛奶、酸奶、豆浆、黑麦汁等。

▶▶▶ 忌

既然有催乳食物，当然也有退乳食物，麦茶、麦芽水、韭菜等都具有退乳效果，哺乳期的妈妈要避免吃这些食物，以免乳量受到影响。

/聪明妈妈育儿经/ 母乳不足是多方面的原因

哺乳之初，吃一些催乳食物不仅能促进乳汁分泌，也能为产后的妈妈补充营养，毕竟分娩的过程耗费了不少精力。妈妈吃这类食物后体力好、精神状态好，能增加哺喂母乳的意愿。

另外，哺乳妈妈一定要有充足的睡眠与好的心情，因为疲劳、情绪不佳、压力大等因素都会减少乳汁的分泌量。服用某些药物，以及吸烟等不良生活习惯也会抑制乳汁的分泌。

喂母乳期间，妈妈所吃的食物气味会进入乳汁当中，影响新生儿日后的饮食习惯，例如妈妈如果吃胡萝卜，新生儿将来也会喜欢吃胡萝卜。单一食物经过消化吸收后，在母乳中的味道已经十分稀薄，不见得会有这么强的影响，但哺乳妈妈分泌的乳汁，确实会因为所吃的食物的改变而有不同的味道。

如果妈妈摄取多种食物、饮食均衡，新生儿在乳汁中尝到的是多种食物综合的味道，在以后也能接受不同食物的味道，不会有偏食现象。

宜与忌 不适合母乳喂养的情况

现代一般不主张直接给新生儿哺喂牛奶,如果母乳哺喂有难度,通常用配方奶粉哺喂较适合。

▶▶▶ 宜

妈妈可滴一滴奶液于手臂内侧,感觉稍有点儿热最为合适,一般在40℃左右,也可以用温度计测量。千万不能由成年人先吮几口再去喂新生儿,成年人口腔里常常有一些细菌,新生儿抵抗力差,吃进去容易生病。

新生儿一般每天要喂奶7~8次,每次喂奶间隔为3~3.5个小时。

新生儿的喂养量,根据新生儿体重计算,体重乘以100毫升,再加一半的水,就是全天的哺喂量。

例如3千克体重的新生儿,需给奶量为:100毫升× 3= 300毫升,再加上150毫升水,总量为450毫升。

这个量的奶,总体上分成7~8次吃,每餐给奶量为60~70毫升。

计算好奶粉的量以后,再往奶瓶中倒入适量的温开水,然后按照配方奶粉的说明,加入规定比例的配方奶粉,摇动奶瓶至奶液均匀为止。

一般配方奶粉中都有足够的糖,不需要另外再添加。调制好的配方奶液要凉到和人的体温相同时再哺喂新生儿。

▶▶▶ 忌

绝大多数的新生儿都适合采用母乳喂养,只有少数新生儿或患某种先天性疾病的新生儿不宜采用母乳喂养。

例如,患有苯丙酮尿症的新生儿由于体内缺少苯丙氨酸羟化酶,不能使苯丙氨酸转为酪氨酸,而导致苯丙氨酸在体内堆积,严重干扰组织代谢,造成功能障碍,以致这类患儿智能落后,毛发和皮肤色素减退,头发发黄,尿及汗液有霉臭或鼠尿味。

出生后的新生儿,经医生检查,确定孩子患有这种病时,应给新生儿吃低苯丙氨酸的饮食,虽然母乳中苯丙氨酸的含量较牛乳明显低,但这一类新生儿最好不吃母乳或仅吃少量母乳,应给新生儿吃无苯丙氨酸的特制奶粉或低苯丙氨酸的水解蛋白质的专用配方奶,并且应经常到医院,及时监测血中苯丙氨酸的浓度。

另有一种体质，称作乳糖不耐受症，是由于人体内乳糖酶缺乏使乳糖不能消化吸收，新生儿表现为吃母乳以后出现腹泻，长期腹泻影响新生儿的生长发育，导致免疫力低下和反复感染。这样的新生儿，要暂停母乳或乳制品的喂养，代用不含乳糖的配方奶或大豆配方奶。

据估计，我国大约有1/5的人缺少乳糖酶，这类体质的人通常可能会出现乳糖不耐症状，表现为吃了鲜乳或乳制品以后，会有轻度腹泻。通常，新生儿极少有缺乏乳糖酶的情况出现。

如果母亲患有某些疾病，如肺结核、精神病、恶性肿瘤及其他传染性疾病等，新生儿也不宜吃母乳。

/聪明妈妈育儿经/ **喂养量计算方法**

一般市售的配方奶粉都附有较详细的喂养量、调配方法和哺喂说明。配方奶粉冲调，可以按照奶粉附加的说明配制。

宜与忌 人工喂养常识

人工喂养，通常是指由于各种原因造成母乳喂养受限，采用乳品和代乳品哺养新生儿的方法。相对于全母乳喂养和混合喂养法要复杂一些，但只要细心，同样会收到较满意的喂养效果。

▶▶▶ 宜

人工喂养要特别注意观察新生儿的大小便情况。蛋白质多，新生儿会大便干燥，尿量少而发黄；糖多，则大便有泡沫或酸味。了解新生儿排便情况，有利于喂养乳汁的调配。

在日常喂养中需要3~4个小时喂1次。新生儿第一天每餐的奶量大约为30毫升，第二天则是每餐60毫升左右。冲调配方奶粉的开水温度要温和、不烫着新生儿即可，不要超过40℃。

▶▶▶ 忌

选不好奶瓶

最好为新生儿选用直式奶瓶，便于洗刷。奶嘴软硬应适宜，出奶孔大小可根据新生儿的吸吮能力情况而选择，奶瓶装水后倒置，以水能连续滴出为宜。

奶具不消毒

奶瓶、奶嘴、杯子、碗、匙等专用食具，每次用后都要清洗并消毒。应当准备一个专用奶瓶消毒器或锅专供消毒用。用普通的锅消毒时，在火上煮沸20分钟即可。

过热或过凉

每次喂哺前，要试试奶的温度，过热、过凉都不行。哺乳前，把乳汁滴于手腕内侧皮肤上试，以不烫为宜。

呛着新生儿

喂奶时，奶瓶宜倾斜成45°，使奶嘴中充满乳汁，既要避免冲力太大导致新生儿呛奶，又要防止奶瓶压力不足新生儿吸入空气，造成腹部不适。

/聪明妈妈育儿经/人工喂奶就这么简单

配奶：把温开水倒入奶瓶中，根据奶瓶刻度确定水的分量。

用配方奶粉包装中提供的小匙舀出奶粉，每一匙的奶粉须装满奶粉匙，不要堆高或刻意压平。把奶粉倒入奶瓶之后，奶嘴和奶盖装在奶瓶上，左右摇晃使奶粉与水充分混合。配完后可再把奶水滴在手腕内侧，确定奶温是否适合新生儿饮用。

特别要注意，哺喂新生儿的配方奶并不是越浓越好，一定要按照说明书提供的比例为新生儿冲调。擅自做主加大或减少配方奶粉的量都不利于新生儿的健康。

喂奶：在新生儿的脖子上垫一条小毛巾，让奶瓶从新生儿嘴巴侧面慢慢滑入嘴里，并确定奶嘴放在舌头的上面，嘴唇整个含住奶嘴。

喂奶的时候，奶嘴里要充满牛奶，奶瓶要稍微倾斜，才能让奶水顺利流出，避免新生儿吸入太多空气。

拍奶嗝：通常母乳喂养的新生儿喝完奶后不会有胀气现象，因为不会有空气进入新生儿口中。但喂配方奶粉新生儿或多或少都会吸进一些空气，因此喂完奶后妈妈要替新生儿拍奶嗝排气，否则新生儿容易有腹胀或溢奶的状况。

保暖杯不宜存放奶：乳汁和容器虽然清洗过，难免会残留一些肉眼看不见的细菌，而保暖杯的温度最适宜细菌的繁殖，而且牛奶和米汤也都属适宜细菌生长的物质，细菌会迅速繁殖并产生毒素。新生儿吃了这样的奶，会发生腹泻、呕吐。一般可以把牛奶和米汤灌入数只小奶瓶中，奶瓶放置在冰箱里，待新生儿需要吃奶时，取一小瓶用热水温热。如果是奶粉，最好现喂现配。

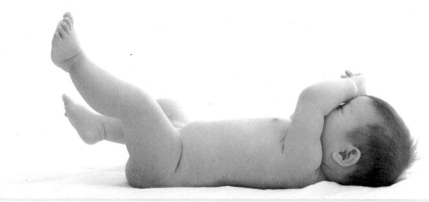

宜与忌 配方奶粉常识

配方奶粉,通常又称为母乳化奶粉,是为了满足新生儿的营养需要,在普通奶粉的基础上加以调配的乳制品。配方奶粉在制作工艺中,去除了牛奶中不适于新生儿吸收、利用的成分,改进了母乳中铁的含量过低等一些不足,使用经过改良配方生产的奶粉,冲调出来的乳液的营养成分更接近于母乳,有利于新生儿健康成长。

▶▶▶ 宜

用牛奶制成的新生儿配方奶粉,参照人乳成分组成,使乳清蛋白和酪蛋白的含量及比例接近母乳,采用不饱和脂肪酸和必需脂肪酸含量高的优质植物油,替代牛乳中的奶油,添加有一定比例的乳糖,同时脱去了牛乳中过高的钙、磷和钠盐,降低了牛乳中的矿物质含量,还增加了母乳和牛乳中含量均不足的一些营养成分,是比较理想的代乳品。

▶▶▶ 忌

对某些新生儿来说,不能不加选择地使用乳化奶粉,而必须选择比较特殊的配方奶粉,以用于特殊膳食的需要或生理上的异常需要。

例如早产儿,可以选择早产儿配方奶粉,先天性代谢缺陷儿(如苯丙酮酸尿症儿),则需要选择专门设计的医学配方奶粉,还有先天性对牛乳过敏或有乳糖不耐受症的新生儿,则要采用大豆分离蛋白配方奶粉等。

聪明妈妈育儿经/购买奶粉不能马虎

婴幼儿配方奶粉品牌不同、成分各异,但必须符合我国制定的新生儿配方奶粉国家标准,以满足新生儿生长发育的需要。因此,为新生儿选择新生儿配方奶粉时,首先必须挑选符合国家标准的奶粉,这是新生儿生长发育的基本保证。

如果经济条件允许,应为新生儿选择最接近母乳成分的配方奶粉。

总之,应当首先考虑用母乳喂养新生儿,如母乳不足或其他原因不能母乳喂养时,则需要为新生儿选择符合国家标准的配方奶粉,并尽可能选择最接近母乳配方的。

宜与忌 乳房肿胀与新生儿吃乳有关

哺乳期间，妈妈乳汁分泌量的多少，与乳腺受到刺激的强弱有关。对乳腺的刺激越强，乳汁分泌的就越多。如果乳腺内存的乳汁，每一次都被新生儿全部吸出，乳管内空虚，乳腺就会受到较大刺激，下一次分泌的乳汁量就会增加。

▶▶▶ 宜

每次新生儿吸完乳汁后，感觉到乳房里仍有乳汁时，要把乳房里的剩余乳汁用手挤尽，或者用吸乳器吸尽量排出。这样乳房会感到轻松，而且下次乳汁分泌快而且量多，有利于增加新生儿的"口粮"。

▶▶▶ 忌

有时候，新生儿一次不能把乳汁全部吸尽，这时如果不把剩余乳汁挤掉，乳腺受到的刺激减少，会使乳汁分泌减少，造成乳汁不足。

如果剩余乳汁堵塞乳腺，还会引起乳房内出现圆形或者椭圆形的硬块，造成乳房胀痛或刺痛，甚至发生乳腺炎，影响到妈妈的健康和新生儿的喂养。

/聪明妈妈育儿经/新生儿吃饱了没

判断新生儿是否吃饱，妈妈的综合感觉包括：喂奶前，乳房丰满发胀，喂奶后乳房变得柔软；喂奶过程中，可以听见新生儿的吞咽声，连续几次到十几次；妈妈有乳房轻松的感觉；尿布24小时内湿6次及6次以上；大便软，呈金黄色糊状，每天2～4次；新生儿的体重平均每天增长18～30克，或每周增加120～210克。

吐奶、溢奶怎么办？新生儿容易吐奶的原因是他的胃比较浅。当胃内装满食物时很容易因身体的扭动使腹压增加而溢出奶来。胃与食管交界处较松弛，食管与胃交界处有一束括约肌，功能在于防止胃内容物反向流入食管内，而新生儿的肌肉发育还不完全，奶又为流质，因此在胃中比起固体食物更容易反流出来。

预防吐奶要尽量做到少量多餐，每次喂奶后要都为新生儿进行排气。方法是将婴儿竖起轻拍后背直至气体排出，这就是所谓拍出奶嗝。喂奶时注意别让新生儿吸食太急，中间应暂停片刻。喂食以后，避免让新生儿激动或任意摇动新生儿。

保健与护理

宜与忌　新生儿健康对照参考

日常生活中，和新生儿接触最多的当然是爸爸妈妈。爸爸妈妈可以通过对新生儿的照顾详细了解孩子的状况。

▶▶▶ 宜

每天在两次喂奶中间的时间里不论新生儿是醒着还是熟睡，都可以采取从上到下，由前到后的自助检查。

如果体重减轻超过出生体重的10%就要特别注意，可能是因为母乳分泌有限，新生儿不够吃，或大便量过多造成的，不过多数原因是母乳不够所致，需要耐心等待。通常1周后母乳量会达到正常、足够的分泌量。医生会建议尽量哺喂母乳，特别必要时再加喂配方奶粉。

▶▶▶ 忌

如果有异常，先要判断是否属于疾病或者先天异常。既不可大惊小怪，杯弓蛇影，小题大做，也不能疏忽大意，忽略有可能与健康、正常生长发育相关的异常情况。

尤其是如果发现引起新生儿持续不安、哭闹的异常现象，要及时找医生诊治。

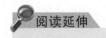

给新生儿来个全身体检

头部：用手轻轻抚摸新生儿的头皮，感觉是否有肿块、是否有凹陷。逗新生儿张嘴，观察口腔内有无异常。

颈部：检查颈部是否对称、端正，有没有肿块，颈项活动是否自如。

胸部：观察胸部两侧是否对称，有无局部异常的隆起。呼吸动作是否协调均匀，有没有呼吸困难，双侧乳房有没有红肿或渗出分泌物。

腹部：察看有没有腹胀现象，用手轻轻抚摸腹部，感觉是否柔软、匀称，腹部有没有红晕、硬结、包块，有无皮疹、渗出分泌物。

臀部：皮肤是否光滑、柔嫩，臀后部有无包块或红肿，有无尿布疹或皮炎，以及红斑。肛门周围有无红肿或异常。要趁着为新生儿清理大便的时候，注意大便的次数和外形，如果有陶土色或铁锈色大便，要及时找医生诊治。

生殖器：男婴的尿道口是否在正前方，双侧阴囊是否对称和柔软，用手指轻轻感觉，有没有睾丸。女婴尿道口是否正常，尿道口是否红肿。

四肢：是否有多生的指、趾，双侧下肢是否一样长，双侧大腿纹、腹股沟是否对称、一致，双腿能否平放，从而观察新生儿有无先天性髋关节脱位。通常，新生儿上下肢会呈蜷缩状态，轻轻揉捏肘关节内侧和腘窝，上、下肢会自然伸直，然后，轻轻活动上、下肢，观察双侧是否对称，有无因为动作引起的哭闹。

体温：新生儿的正常体温在36～37℃。但因为体温中枢功能尚不完善，新生儿的体温不易稳定，受外界环境温度影响，体温变化很大。新生儿皮下脂肪少，体表面积相对产热大，容易散热，千万要注意保暖。冬季室内温度要保持在18～22℃，室温不能太低。

粪便：新生儿出生12小时后开始排便。胎便呈深绿色、黑绿色或黑色黏稠糊状，这是胎儿在母体子宫内，吞入羊水中的胎毛、胎脂、肠道分泌物而形成的大便。一般在三四天后，胎便能排尽。喂奶以后，新生儿的大便逐渐转成黄色。牛奶喂养的新生儿大便呈淡黄色或土灰色，并且呈固体，还经常会便秘。母乳喂养的新生儿大便多为金黄色糊状，次数多少不一，每天1～4次或者5～6次以上。

尿量：出生第一天，排尿量为10～30毫升。出生后，36小时内排尿均属正常。随着哺乳摄入水分，新生儿的尿量逐渐增加，每天可能排尿10次以上，每日总尿量能达到100～300毫升，满月前后，可能达到250～450毫升。

此外，洗澡、换衣服的时候，仔细观察新生儿皮肤的皱褶处，有无炎症和小化脓点，皮肤黄疸是否消退，还是黄疸加深或消退后又出现的情况。

宜与忌 新生儿的健康体质标准

对新上任的爸爸妈妈来说，只有充分了解新生儿的生理健康指标和状态，才能够照顾、护理好新生儿。

▶▶▶ 宜

体重2500～4000克
身长47～53厘米
头围33～34厘米
坐高（颅顶至臀）约33厘米
呼吸每分钟40～60次
心率每分钟140次左右

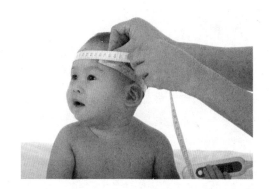

▶▶▶ 忌

有些爸爸妈妈不了解新生儿相关的基本常识，怕这怕那，遇到孩子哭闹就手足无措，也不知道新生儿的哪些状态属于正常。通常，与新生儿相关的概念如下：

从出生时候算起，生长到28天的新生儿称作新生儿，即指满月前的新生儿。

从母体怀孕算起，胎龄满37周或者大于这个时间，初生体重在2500克以上的新生儿为正常。

在母体中怀孕不足37周而出生的新生儿，一般称作早产儿，也叫未成熟儿。

妊娠期满37周，体重不足2500克的新生儿，称足月小样儿，也叫低体重儿。

/聪明妈妈育儿经/**最初的新生儿**

正常新生儿，出生后即会啼哭，哭声响亮，呼吸有规律，四肢活动有力，呈屈曲状态。具有维持生存的神经反射，当用手指或物体触及新生儿脸颊或嘴角时，孩子立即会把头转向碰触的一侧，张口寻找，称作觅食反射。

如果把手指放进新生儿嘴里，就会引起孩子的吸吮动作，称吸吮反射。

如果有突然的声响发生时，闭着眼睛的新生儿会立即睁眼或眨眼。

宜与忌 新生儿第一天相关常识

出生以后，新生儿作为独立的个体、一个独立的生命，各种生命的感官能力全都具备。

▶▶▶ 宜

出生后第一天是新生儿适应环境的关键时间，也需要妈妈爸爸适应和了解新生儿。

体温：刚出生的新生儿体温调节功能尚未成熟，循环较差，手脚摸起来会凉凉的，医院新生儿室有空调设备，并能随时监测新生儿体温，不必担心。

头部：新生儿头部，会因生产过程受产道挤压，出现水肿，这种情形大约3天消失。少数新生儿有头皮血肿，大多1个月内能恢复，少数需要几个月。

由于新生儿头骨未愈合，形成前囟门、后囟门，摸起来会软软的。后囟门约在出生后2个月关闭，前囟门在18个月左右关闭，应尽量避免外力碰撞。

皮肤：新生儿血管末梢循环迟缓，使得皮肤颜色变动较大，呈粉红色，所以称"红新生儿"。新生儿哭时皮肤会呈深红或紫红，遇冷时手脚容易发紫。

有少数新生儿出生后脸或头部会有溢脂性皮肤炎，不需要处理。

由于皮脂腺未成熟，皮脂凝聚在皮脂腺内而形成的"粟粒疹"，几周内会消失。

视力：刚出生新生儿的视力范围约20厘米，能看到妈妈的脸。

脐带：出生时，医护人员会把脐带夹住，呈现白色，以后会逐渐变干、变黑，大约2周后脱落。

动作：一出生就会乱动，手会抓（抓握反射），脚会踢，属无意义动作。踏步反射、惊吓反射、吸吮反射一天就出现，都是正常的动作。

奶量：喂母乳的妈妈刚开始初乳量不多，大约30毫升，新生儿出生头一天需求量不大，足够新生儿需要。

随着新生儿一天天长大，需求量增加，新生儿想吃奶就随时喂，乳汁会因新生儿的吸吮而增加，每天平均可以喂6~8次，让新生儿持续含着乳头也可以，因为新生儿总是边吃边睡，此时妈妈会比较辛苦。

大便：出生后24小时内排出"胎便"，超过24~48小时后仍未排便要怀疑是否有先天性肠道或其他问题。

睡眠：新生儿每天睡眠时间很久，在18小时以上，睡的时间也不规律，主要在白天睡，晚上较清醒，到2~3个月后才会改善。

▶▶▶ 忌

刚刚从医院接回家的新生儿，作为一个新的小生命，基本上没有任何自我防护能力，因此，对新上任的父母来说，最重要的保健和护理要点，除了让新生儿睡好、吃饱之外，头等重要的大事应当是预防意外事故：

防窒息：不要睡太软的床，不要用大而软的枕头。最好给新生儿备一张小床，以免与大人同床同被睡眠，被堵住口鼻。育儿小床上，不要堆叠衣物、玩具，挂玩具的绳索和窗帘绳也不能靠近小床，以免套住新生儿的颈部。

防划伤：新生儿皮肤娇嫩至极，包裹被子、穿衣服前，要仔细检查，不能让任何杂物贴近新生儿娇嫩的皮肤，以免划伤。即使是头发丝，如果裹进了褴褓或内衣里，新生儿敏感的皮肤也经受不了刺激，会显得不安。如果有稍硬异物，贴近皮肤，难免会划伤皮肤。如果划伤后没及时发现，极其容易引起感染。若是剪下的指甲屑，就更加容易伤害新生儿。

防烫伤：给新生儿哺喂配方奶前，要先试温度，滴两滴在手腕内侧的皮肤上，以不觉得烫为宜。用热水袋给新生儿保暖，水温宜在50℃左右，要拧紧塞子用毛巾包好，放在垫被下面，距新生儿皮肤10厘米左右。

防丝线缠绕指端：每天都要检查新生儿的手指、脚趾是否被袜子、手套或被子上的丝线缠绕，以免血流不通、组织坏死造成严重后果。

防宠物伤害：养有猫、狗等小动物的家庭，最好能先将宠物转移到别处寄放。平时要关紧育儿房间的门窗，以防宠物钻进室内，伤害新生儿。另外，宠物的突然叫声最容易惊吓到弱小的新生儿。

防溺水：给新生儿洗澡时，不能暂时丢下新生儿去接电话、开门等，如果必须去，一定要把新生儿用浴巾包好抱在手里，以防意外。

/聪明妈妈育儿经/**遇到新生儿意外不要惊慌**

新生儿的健康与否是一个综合判断。对于前面列出的数据和现象，通常是一般情况下新生儿的指标，不要因为自己的新生儿某一项、或某几项达不到而惊慌失措，生怕自己的新生儿有什么不正常。

即使是早产儿、低体重儿，按照正确科学的方法喂养，也能很快发育到正常新生儿的水平，对此要有充分信心。

宜与忌 新生儿出院后家庭呵护

正常分娩的母亲,包括分娩时做了会阴侧切术的妈妈,一般在侧切创口拆线后,即产后2~4天就可以出院回家。回家后对于新生儿吃、喝、拉、撒、睡等日常代谢活动,视、听、嗅、味、触觉感官能力,都需要全面了解,才能精心呵护好。

▶▶▶ 宜

从医院产科刚刚接回家的新生儿,应该从头到脚做一次详细的全身检查:头部有没有肿包(头颅血肿),全身是否有畸形,四肢是否均能自如活动等。

保温:新生儿体温调节的能力较差,应注意新生儿的保温,新生儿房间的温度宜保持在25~28℃,且要留心室内空气的流通。

测体温: 婴幼儿的腋下温度在不同的季节不同,春、秋、冬季上午是36.6℃、下午为36.9℃,夏季上午36.9℃、下午37℃。

给新生儿测量体温不能把体温表放在口里,因为孩子也许会把体温表弄破,割破口、舌或咽下水银,会很危险。给新生儿量体温只能从腋下或肛门测量。

量体温前,先把体温计中的水银柱甩到35℃以下,然后把体温表夹在孩子腋下,体温计要紧贴孩子的皮肤,不要隔着衣服。然后家长要扶着孩子手臂3~5分钟,取出体温计观察度数。

刚开始发热时,可以每隔4小时测1次体温。时间为早上8点,中午12点,下午4点,晚上8点,午夜12点,清晨4点。这样,可以每天测试6次,较细致地观察孩子的病情。在确诊以后,可以在每天上午和下午各1次,观察降温效果。

▶▶▶ 忌

眼睛:新生儿在娩出过程中,要经过母亲的产道。而母体的产道中会存在着一些细菌,新生儿出生的过程中,眼睛可能会被细菌污染,引起眼角发炎。

所以,孩子出生后,要注意眼睛周围皮肤的清洁。可以用棉签蘸生理盐水,每天替新生儿拭洗眼角1次,由里向外,切记不要用手拭抹。如果发现眼睛分泌物多或眼睛发红,待揩净后用氯霉素眼药水滴治,每天3~4次,每次1滴。新生儿要有专用的洗脸毛巾,每次洗脸时先擦洗眼睛。

耳朵:新生儿耳朵内的分泌物不需要清理,洗脸时注意耳后及耳朵外部的清洁就可以。保持五官的清洁,有利于新生儿的健康。可以用蘸湿的棉签擦洗外耳郭,但小心不要伸入耳道。注意不要把水滴入耳道内。如果新生儿的耳后有皲裂，可以涂一些熟的食用油或1%甲紫。

鼻腔：孩子鼻腔内分泌物如果较多，清洁时要特别注意安全，千万不能用发夹、火柴棍掏挖，以免触伤鼻黏膜。如果新生儿鼻孔内有分泌物并结成干痂，影响呼吸，可以用棉签或毛巾蘸干净温开水轻轻擦拭，干痂湿润变软后即能自动排出。

口腔：用布或毛巾给新生儿擦洗口腔的做法不好，因为新生儿的口腔黏膜娇嫩，容易引起破损而造成感染。正确的做法是在两次喂奶之间喂几口温开水即可。

聪明妈妈育儿经／不要忽视新生儿几种病理表现

1.新生儿皮肤柔软，如果面颊、四肢或躯干皮肤发硬，伴有全身发凉、体温不升，必须及时就医。新生儿生后2～3天出现黄疸，约1周退净，属于正常情况。如果出生后24小时内出现黄疸，或者黄疸持续2周还未消退，均属不正常情况，应当找医生诊治。观察黄疸时，应当用手轻轻按压孩子的皮肤，看皮肤是否发黄。

另外，还应当观察尿和眼泪是否发黄或染黄尿布、毛巾，注意大便是否发白（呈白墙土色），有这些表现均提示新生儿已出现黄疸。

2.新生儿呼吸较表浅、快而稍不规则，每分钟40～44次。如果新生儿的呼吸明显不规则，次数明显加快或伴有口周、鼻根部发青，鼻翼扇动等，则提示孩子有重大疾病。

3.新生儿出生后10～12小时开始排泄黑绿色胎便，3～4天以后正常粪便。如果出生后24小时不排便，或者3～4天后突然排泄黑便、鲜血便或稀水样粪便，则提示孩子可能有消化道畸形、出血或肠道感染，要及时就医。

4.新生儿出生后约6小时排尿，也有延迟到第二天排尿的，但是如果24小时内未排尿，则要引起注意。排尿次数增多、每次尿量较多、伴有吃奶不好或有水肿，也应当及时就医。

5.新生儿睡眠时间多于清醒时间，喂奶前一般清醒哭闹，但吃奶较好。如果整天昏睡不醒，吃奶减少或拒食，都属于不正常表现。

6.如果只用手摸一摸孩子的前额是否发烫，会判断不准确，有时候孩子体温正常，摸着额头也许会感觉到热，有时候孩子低热，摸上去感觉却正常。家长的手太热或太凉都不能正确估计出孩子是不是发热。

宜与忌 新生儿特有的生理表现

　　刚刚出生的新生儿，具有一些先天性反射功能，既是新生儿成长以后形成条件反射的重要基础，又可以作为新生儿神经系统发育的检查标准。

▶▶▶ 宜

　　了解新生儿这些特有的生理表现，有利于更好地呵护新生儿。新生儿的视觉焦距集中在20厘米处，眼睛可以追随光源或移动的东西。新生儿大多保持着握拳姿势，也会吸吮拳头，小手接触到东西就有抓握反应。此外，对声音也会有反应，偶尔会发出咿呀声。身体可能会因为惊吓而突然振动，并且会以哭声来表达自己的需求。

▶▶▶ 忌

　　安静适度：新生儿除了哺乳时间外，大部分时间都在睡眠，因此新生儿房间应该保持整洁和安静。但也不必刻意避免所有的声音，适当的声音刺激新生儿会逐渐适应，也是听觉发展所必需的。

　　衣物：新生儿衣物的选择，应轻软、柔顺而不易褪色，避免使用易燃的尼龙材料。纯棉内衣没有刺激性，又容易吸汗，是最适合的衣服。衣服的形式需简单，太紧和太宽都会妨碍新生儿的活动。

╱聪明妈妈育儿经╱这些条件反射妈妈要知道

　　惊跳反射：这是一种全身动作，在新生儿躺着时表现最清楚。突如其来的刺激，例如较大的声音，新生儿的双臂会伸直，手指张开，背部伸展或弯曲，头朝后仰，双腿挺直。这种反射一般要到3~5个月时消失，如果不消失，则有可能神经系统发育不成熟。

　　强直性颈部反射：新生儿躺着时，头会转向一侧，摆出击剑式姿势，喜欢伸出一侧手臂和腿，屈曲另一侧手臂和腿。这种反射功能，在胎龄28周时就出现了。

　　踏步反射：托住新生儿腋下，让脚板接触平面，新生儿就会做迈步的姿势，好像要向前走。这种反射会在8周左右消失。

宜与忌 新生儿黄疸护理

出生后第2~3天，大多数新生儿的皮肤会变得渐渐发黄，到出生第7天，发黄最明显，这就是新生儿黄疸。

▶▶▶ 宜

新生儿变"黄"的现象，一般情况在出生后10天左右自行消退，没有不适表现，不需治疗，喂糖水即可。新生儿黄疸症在早产儿身上往往表现得比较严重，出现得早，消退得晚，约2周消退干净。新父母们完全没必要发现新生儿皮肤发黄就惊慌失措，忙于求医治疗。

▶▶▶ 忌

新生儿出生后24小时内出现黄疸时，新手父母千万不要延误，应立即送医院，防治新生儿溶血症。如果延误治疗，会造成严重后果。

出生后2~3天出现的黄疸，也应当注意观察黄疸加重的程度。黄疸时间持续超过1周(早产儿超过2周)，或黄疸不减轻而加重，要立即去医院，以免发展成病理性黄疸。

聪明妈妈育儿经/新生儿黄疸是什么

新生儿皮肤发黄是因为胎儿在母体内时，靠胎盘供应血和氧气，母体内属低氧环境，必须有较多的红细胞携带氧气供给，才能满足胎儿生长需要。婴儿出生后用自己的肺直接呼吸获得氧气，使低氧环境改变。多余的红细胞被破坏后，分解产生胆红素，这种胆红素像黄色染料一样，把新生儿的皮肤、黏膜和巩膜全都染黄，出现全身性黄疸。

密切观察黄疸现象，注意大便的颜色，如果大便呈深黄色，提示血液中的红细胞被破坏过多；如果大便由黄白色渐呈黄色，则有可能肝功能不正常；如大便呈灰白色或白陶土色，说明胆红素没有随着胆汁从胆道中流出，要防治有先天性胆道闭锁的可能。

对出现黄疸期间的新生儿，要注意检查脐部和皮肤有无化脓性感染。还要注意观察新生儿的食欲、精神反应、呼吸等，如有异常，应防治感染引起的黄疸。

宜与忌 新生儿口腔护理

　　如果新生儿的口腔护理不好，不仅易发生口腔疾病，也会导致消化道和全身疾病，损害新生儿的健康。在新生儿还没有长出牙齿的情况下，他们自身的口水已经可以起到清洁口腔的作用。爸爸妈妈们最好能谨记以下护理常识，让你的新生儿远离口腔疾病，有个好胃口。

▶▶▶ 宜

勤喂温开水

　　无论是母乳喂养还是人工喂养，喂奶后应喂几口温开水，养成有规律的饮水习惯，特别是当新生儿发热、感染时，更应勤喂温开水，这样不仅可去除口内的奶渣，避免因口腔中细菌的发酵产生异味，也有利于体内循环，防止便秘的发生。

保持乳头、奶具卫生

　　母乳喂养的新生儿，哺乳前妈妈应用肥皂清洗双手和乳头，擦拭乳头的毛巾也应消毒后再使用。

　　人工喂养的新生儿，奶瓶及滴管均应清洗干净并高温消毒后才能给新生儿使用。

▶▶▶ 忌

父母直接吸橡皮奶嘴

　　测奶液温度时，父母可以在手腕内侧滴1滴，而不要直接吸橡皮奶嘴，以避免细菌传播。

尽量避免亲吻新生儿的嘴

　　亲吻新生儿的嘴会将大人口中的致病微生物如细菌、病毒等传染给新生儿。新生儿抵抗能力差，很容易因此而引发疾病。

让新生儿含着奶嘴入睡

　　有些父母为了安抚新生儿，喜欢让新生儿含着奶嘴入睡，这种错误方式是造成新生儿奶瓶龋的主要原因。另外，也不要让新生儿含空奶嘴入睡，这不仅会限制新生儿口腔内正常的唾液分泌，还会对新生儿日后牙齿的生长造成影响。

宜与忌 新生儿囟门发育护理

细心的爸爸妈妈可能注意到，新生儿的头颅骨不是一整块，而是由几块骨组成，彼此之间不相连。前面的两块叫额骨，头顶上的两块叫顶骨，后脑勺的那块叫枕骨。相邻的骨之间的间隙叫骨缝；枕骨和顶骨边缘形成的三角形间隙叫后囟；额骨和顶骨边缘形成的菱形间隙叫前囟。

▶▶▶ 宜

新生儿头颅骨上的这些天生间隙，是留给新生儿出生以后，让大脑生长发育、扩大容量用的，这些间隙各自有一定的闭合时间。闭合得过早和过晚都属于异常，要注意观察。

一般后囟闭合最早，出生后6~8周闭合，有的新生儿出生时已经闭合。

骨缝一般在出生后3~4个月闭合。

前囟闭合得最迟，一般在1~1.5岁时闭合。这段时间内，除了观察新生儿前囟的大小和闭合时间外，还要观察新生儿前囟是否平坦。如果出现前囟凹陷或者紧张隆起，都属于异常情况，要及时就诊。

▶▶▶ 忌

前囟位于头部接近额头的地方，是额骨与顶骨边缘形成的菱形间隙，切忌用力触碰囟门处。出生时为1.5~2厘米（两对边中点连线）。出生后2~3个月，随着头围增大而稍有扩大，以后逐渐缩小，常于1岁到1岁半时闭合。如果闭合过迟，则可能患有佝偻病、呆小症等，要及早请医生诊治。

新生儿安静状态下，能够看到前囟部位中央，略有凹陷，凹陷正中微微有起伏、跳动。新生儿哭闹、用力、着急、发热时，囟门中央会随着新生儿情绪亢奋而变得凸出。如果发现新生儿的囟门中央总是呈凸起状态，则有可能是病态，要及时找医生查诊。

/聪明妈妈育儿经/新生儿囟门小常识

新生儿的颅骨随着大脑的发育而增长。颅骨发育优劣可以用头围的大小、颅缝和囟门闭合的迟早等标准来衡量。囟门在出生时过小或过早闭合，预示着新生儿的大脑发育有问题；囟门过大、闭合延迟也可能是病理因素，都应当请教儿科医生，做进一步检查。

宜与忌 新生儿胎记、胎痂护理

新生儿期的新生儿，会有一些较特殊的现象，除了黄疸之外，还有胎记和马牙。

▶▶▶ 宜

胎记，是新生儿最常见的皮肤现象之一，多数发生在腰部、臀部、胸背部和四肢，一般多为青色或灰青色斑块，也叫"胎生青记"，医学上称为色素型胎记，是色素痣的一种。胎记的形状不一，多为圆形或不规则形，边缘清晰，用手压不退色，这是由于出生时皮肤色素沉着或改变引起的，一般在出生后5～6年内自行消失，不需治疗。

胎痂用花生油或麻油、甘油、液状石蜡等油脂类浸泡，等到干痂皮松软后，再用肥皂、温水洗净，一次洗不干净时，可反复多次到洗净为止。

▶▶▶ 忌

检视新生儿，有的新生儿会在身体表面有一片一片的暗紫色斑块，按照旧时迷信的说法，是"托生时受鬼神之伤"，爸妈不要相信这种说法，这种暗紫色斑块就是胎记。

而有些新生儿的囟门部位有一层厚厚的褐色硬痂，这就是俗称的"胎痂"。通常是由于出生时头皮上过厚的胎脂未洗净，加上出生后头皮每天分泌的皮脂，以及灰尘等混在一起，一天一天堆积加厚，颜色逐渐加深而成。有一层厚痂紧贴在头皮上，会影响到局部头皮的正常功能，不利于头发生长，既不卫生也不美观。处理新生儿头顶这一层厚痂时，可先用油脂类涂抹，待痂变软后，再轻轻拭去，不可硬剥，以免弄伤新生儿皮肤引起感染。

/聪明妈妈育儿经/ **新生儿脱皮怎么办**

几乎所有的新生新生儿都会出现脱皮的现象，无论是轻微的皮屑，还是像蛇一样的脱皮，只要新生儿饮食、睡眠都没问题均属于正常现象。由于胎儿一直生活在羊水里，当接触外界环境后，皮肤就开始干燥，表皮逐渐脱落，1～2周后就可自然落净，呈现出粉红色、非常柔软光滑的皮肤。

由于新生儿的皮肤角质层比较薄，皮肤下的毛细血管丰富，脱皮时，妈妈千万不要硬往下揭，这样会损伤皮肤，引发感染。如果脱皮伴有红肿或水疱等其他症状，则可能为病症，需要就诊。

宜与忌 新生儿脐带护理

新生儿的脐带是身体最娇嫩的部位，需要特别注意护理。

▶▶▶ 宜

新生儿的脐带在长出痂、从根部脱落之前，一定要保持清洁。新生儿出生后24小时即可打开脐上的消毒纱布，若无感染，以后可不用纱布覆盖，以促使脐带更快干燥脱落。

纱布打开后，可用75%的酒精棉球轻轻擦洗脐根部及周围皮肤，以后每次洗完澡，均应擦洗1次，以利脐结端干燥。

勤换内衣，尿布不要盖在脐部，防止粪尿污染。

脐带脱落后，仍然要尽量保持脐部干燥和清洁。

排便后，要用细软的卫生纸轻擦，或用细软的纱布蘸水轻洗，洗完以后可以涂一点油脂类的药膏，以防发生"红臀"现象。

要及时更换尿布，避免粪便尿液浸渍的尿布与皮肤摩擦而发生破溃。对用过的便具、尿布以及被污染过的衣物、床单，要及时洗涤并进行日照消毒处理。

▶▶▶ 忌

给新生儿裹尿布时，注意不要包住断脐处；要经常检查包敷脐带处的纱布，如发现被大小便污染，则要随时更换。

脐部一定要保持清洁干燥，脐带大部分1周后会自行脱落，有些可能略迟些，不要用手去剥它。如果时间太长脐带不脱落，或断脐处有红肿、渗液、臭味等异常情况，应找医护人员处理。

如果脐部湿润并有分泌物，脐周皮肤变红，则可能是感染，需找医生诊治。

/聪明妈妈育儿经/**脐带护理很重要**

脐带，是胎儿在妈妈腹中生长时，从母体汲取营养排泄代谢物的通道。新生儿出生以后，脐带失去了保留意义，因此，脐带逐渐会从根部脱落。从新生儿出生剪断脐带到脐带从根部脱落需1周左右，脱落后几天能完全愈合。

宜与忌 女婴会阴部的护理

女婴极其娇嫩的生殖器官特别容易遭受各种疾病的侵袭，给孩子带来的损害常常会比成年人的妇科疾病严重。

▶▶ 宜

预防女婴生殖系统感染非常重要，日常生活中特别要注意呵护细节：

1.不给女婴穿开裆裤，减少感染机会。

2.女婴洗会阴的盆要单用，不能与洗手、洗脚盆合用，更不能与妈妈的盆合用。

3.女婴的毛巾、床单要单用，并要经常洗晒。

4.女婴大便后，要先洗净小阴唇，再用纸拭肛门，先洗前阴部位，后洗肛周。

5.女婴生殖器官如果发生感染，要及时检查。要坚持用药，注意外阴清洁卫生，保持会阴部清洁干燥，穿宽松内裤，是可以很快痊愈的。

▶▶ 忌

刚出生的女婴的外阴，可能因在胎中受母亲内分泌的影响，偶尔有白色或带有血丝的分泌物出现在阴道口处，此时可以用浸透清水的棉签轻轻擦拭，不必紧张。这些分泌物对于新生儿脆弱的黏膜其实可以起到一定的保护作用，过度清洗有害无益。

/聪明妈妈育儿经/出现这种情况要注意

女婴生殖器官发育未成熟，阴道黏膜较薄，阴道内酸度比成年人低，感染的机会也多。发生感染以后，女婴阴道内的白带也会增多。

正常女婴的阴道也有少量的渗出物，颜色透明，没有气味。如果白带发生异常，颜色发黄或发白，像脓液，有异味，量多，则有可能患了炎症。如果白带增多呈乳凝块状，阴部发痒，有异味，还出现尿急、尿频、尿痛等症状，看上去发红，就有可能染上了滴虫、真菌或淋病。

宜与忌 男婴生殖器的护理

男婴生殖器的保健最容易受到疏忽。

▶▶▶ **宜**

1.护理好男婴的包皮和阴囊，要仔细观察，及早发现问题对症治疗，以免对孩子造成终身影响。要特别注意男婴的生殖器健康，注意观察男婴的阴茎、阴囊和睾丸是否正常，是不是患有隐睾、疝气。

2.要注意观察男婴的睾丸是否降入阴囊。一般说来，男婴还在母腹中时，睾丸位于腹腔中。随着孕期的延长，睾丸逐渐下降，妊娠第九个月时会降入阴囊内，男婴呱呱坠地后，大多数都能在阴囊内触摸到睾丸。只有约占3%的极少数婴儿的阴囊里空空如也，一般也能在出生后1~2个月摸到。

3.护理男婴的阴囊很重要。阴囊是保护睾丸的，为睾丸营造一个恒温的环境。

▶▶▶ **忌**

清洗男婴生殖器时，动作要轻柔，小心地翻开包皮，切忌用含药物成分的液体和皂类，以免引起外伤、刺激和过敏反应。清洗后用柔软毛巾轻轻擦干，再把包皮翻回去。切忌让男婴在温度过高的热水里长时间浸泡，以免影响精原细胞的发育。触摸男婴阴囊时，如果发现睾丸以外有包块，应当怀疑两种可能，一种是"疝气"，疝是腹内的小肠或其他组织，通过腹股沟管进入阴囊所致，肉眼可见到阴囊肿大，发现后可以做简单手术矫治；另一种可能是睾丸或附睾结核，必须就医。

/聪明妈妈育儿经/男婴包皮过长是什么

包皮过长是指包皮遮盖阴茎头，但能上翻露出阴茎头。如果包皮口狭小或包皮与阴茎头粘连，不能露出阴茎者，则称为包茎。新生儿几乎都有包茎，童年也会有包皮过长现象，一般在3岁以后，阴茎头和包皮之间的粘连自行消失，包皮可以上翻露出阴茎头，以后阴茎头可自行逐渐露出，到青春期全部外露。

宜与忌 给新生儿剪指甲

新生儿的指甲长得比较快，手脚经常会乱挥、乱抓，不小心会抓破娇嫩的皮肤，需要妈妈经常给新生儿剪指甲。

▶▶▶ 宜

新生儿用的指甲剪应该是钝头、前部呈弧形的小剪刀。

剪指甲时，一定要抓牢新生儿的手，避免因晃动而弄伤新生儿，最好在新生儿睡觉时剪。

用拇指和食指握住新生儿的指甲，另一只手拿着剪刀从一侧沿着指甲自然的弯曲度，剪下指甲，不要剪太深，以免伤到新生儿。

▶▶▶ 忌

有不少妈妈不敢、也不会给新生儿剪指甲，只好把两只小手包起来或戴上手套，这种做法不可取，会影响新生儿手部精细动作的发育。

防止新生儿抓破自己皮肤最有效的方法是经常剪指甲。

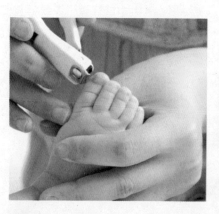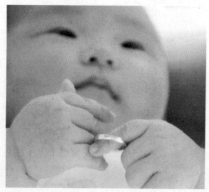

/聪明妈妈育儿经/**给新生儿剪完指甲后的护理**

剪完后摸一摸指甲，不要留有棱角或尖刺，以免新生儿抓伤自己。如果不慎伤到新生儿，要立刻用消毒纱布或棉球止血，涂抹一点消炎药膏即可。

宜与忌 新生儿洗澡

洗澡是家庭育儿最经常做的事，也是最容易出问题的关键环节。新生儿还小，没有自我保护能力，洗澡过程中从头到脚都必须注意细节，防止新生儿受到损害。

另外，经常给新生儿洗澡，不仅能保持他的皮肤清洁，还能促进全身血液循环，增进食欲，有益睡眠，促进新生儿生长发育。

▶▶▶ 宜

洗澡是母乳喂养之外的另一种增强母子、父子亲情交流的好机会，更重要的是，洗澡时可以全面观察新生儿情况，有利于早发现问题并及时处理。

皮肤：新生儿的皮肤一般属干性，干性皮肤的头皮也会有干性、薄屑状的皮肤碎片。新生儿不需要每天洗澡，每周洗3次足够。从头到脚的全身清洗能保持新生儿重要器官的清洁。由于孩子免疫功能正在成长中，因此，要用温水为新生儿洗脸，使用小毛巾或者更柔软的纱布团。在能吃固体食物前，孩子的脸是不会很脏的。有时，用奶瓶喂哺新生儿时，乳汁会从嘴里溢出，流到脖子上，要及时擦拭下巴和脖颈上的乳汁。

眼睛：新生儿的各种器官功能都在成长中，眼睛的瞬间反射以及泪腺分泌功能也在逐步成熟。给新生儿洗澡时，要避免使用沐浴液与洗发液，这样会刺激到眼睛。用清水为新生儿洗澡最好。

耳朵：新生儿的耳朵能自动清洁，千万不要用棉花棒清洁耳朵里面。给新生儿洗脸后，用干纱布团轻轻按压净耳朵边的水迹。

▶▶▶ 忌

很多妈妈给新生儿洗澡不分时间地点，反正就是每天洗，这种做法是错误的，爸爸妈妈要注意新生儿在六种情况下是不能洗澡的。

1. 打预防针后暂时不要洗澡。新生儿打过预防针后，皮肤上会暂时留有肉眼难见的针孔，这时洗澡容易使针孔受到污染。

2. 遇有频繁呕吐、腹泻时暂时不要洗澡。洗澡时难免搬动宝宝，这样会使呕吐加剧，不注意时还会造成呕吐物误吸。

3. 当新生儿发生皮肤损害时不宜洗澡。新生儿有皮肤损害，诸如脓疱疮、疖肿、烫伤、外伤等，这时不宜洗澡。因为皮肤损害的局部会有创面，洗澡会使创面受污染。

4. 喂奶后不应马上洗澡。喂奶后马上洗澡，会使较多的血液流向被热水刺激后扩张的表皮血管，而腹腔血液供应相对减少，这样会影响新生儿的消化功能。其次由于喂奶后新生儿的胃呈扩张状态，马上洗澡也容易引起呕吐。所以洗澡通常应在喂奶前或喂奶后1~2小时进行为宜。

/聪明妈妈育儿经/给新生儿洗澡的最佳时间与方法步骤

最佳洗澡时间

1. 洗澡最好安排在吃奶前，因为吃完奶后新生儿容易睡觉，即使不睡，也会因喂奶后肠胃活动增加而吐奶，让新生儿感到不适。

2. 可以隔天给新生儿使用新生儿皂，但要严防皂水流入眼、鼻、口、耳中。

3. 给新生儿洗澡动作要快，整个过程必须在5~10分钟内完成，以防新生儿暴露时间过长引起受凉。

洗澡的步骤

一般新生儿出生后1~2天就可以洗澡。给新生儿洗澡要事先做好充分准备，主要有如下的工作：

1. 室温要保持在23~26℃，水温一般在37~38℃为宜。新生儿皮肤娇嫩且敏感，最好要备有一只温度计测温，没有温度计的条件下，以成年人的手背或手腕皮肤感受到不烫、不凉为宜。

2. 兑好水后，把干净的包布、衣服、尿布依次摆放停当，再准备一条柔软宽大的浴布，便于包裹洗完澡后的新生儿，防止受凉。

3. 洗澡时，用左手托住新生儿的头，用拇指和食指把新生儿的双耳向前按住，使耳轮向前，紧贴腮部，堵住耳孔(也可以用棉球塞住耳孔)，防止水流入耳道引起中耳炎。成人用左臂膀夹住新生儿身体，使新生儿脸朝上。

4. 然后，用小毛巾依次洗头部、颈部、腋窝、胸部、两臂和手，洗完后再把新生儿翻过来，让孩子俯卧在成人左臂上，头顶贴在成人左胸前，用左手托住新生儿的右大腿，开始洗身体下部，从会阴向后洗腹股沟和臀部，最后洗下肢和脚。

5. 也可以把新生儿专用洗浴垫放在盆内，把新生儿放在垫子上，按上述顺序洗澡。

宜与忌 新生儿防疫常识

了解新生儿防疫知识,对应当什么时候再打防疫针等可以做到心中有数,一般说来,医院给新生儿的健康卡上会介绍相关知识,如果没有也一定要到当地儿童防疫部门查询,了解相关知识,为新生儿做好各种健康防疫接种,防患于未然。

▶▶▶ 宜

新生儿防疫主要是接种卡介苗和乙肝疫苗。

出生第二天即可以接种卡介苗。接种以后,能获得抗结核菌的一定免疫能力。

乙肝疫苗对乙肝病毒具有很好的免疫性能,免疫接种已在新生儿期广泛应用。

▶▶▶ 忌

早产儿、难产儿及有明显先天畸形、皮肤病等病症的新生儿,不能接种。

接种后个别的新生儿可能出现低热,有的在接种部位出现小块的红晕和硬结,有类似问题不必惊慌,一般不用处理,1~2天会自行消失。

/聪明妈妈育儿经/接种疫苗后要观察

接种卡介苗后,一般不会引起发热等全身性反应。接种后2~8周局部出现红肿硬结,逐渐形成小脓疱,以后自行消退。有的脓疱穿破,形成浅表溃疡,直径不超过0.5厘米,然后结痂,痂皮脱落后,局部可留下永久性瘢痕,俗称"卡疤"。

为判断卡介苗接种是否成功,一般在接种后8~14周,应当带新生儿到所属地市结核病防治机构再作结核菌素(OT)试验,局部出现红肿0.5~1厘米为正常,如果超过1.5厘米,需要排除结核菌自然感染。

乙肝疫苗接种全部免疫疗程后,有效率可达90%~95%。婴幼儿接种疫苗后,可获得免疫力达3~5年之久。

宜与忌 计划疫苗接种时间

接种疫苗前，应当告知医生孩子近期健康状况、既往接种史、过敏史。以前接种疫苗后有无反应，如果有，要告知是什么疫苗、主要症状和发生时间。

▶▶▶ 宜

卡介苗：出生24小时内接种。

乙肝疫苗：出生24小时内，应该接种第1次乙肝疫苗；1个月时，接种第2次乙肝疫苗；第3次乙肝疫苗应该在6个月时接种。

脊髓灰质炎疫苗：2个月龄时，应该接种第1次，3个月时应该接种第2次，4个月时应该接种第3次。

流脑疫苗：6个月时接种第1次，9个月时接种第2次，3岁时接种第3次。

麻风二联疫苗：8个月时接种。

乙脑疫苗：1岁时接种第1次，2岁时接种第2次。

百白破疫苗：预防百日咳、白喉、破伤风三联疫苗，3个月时接种第1次，4个月接种第2次，5个月接种第3次，18个月时接种第4次，6岁时接种白破疫苗。

麻风腮疫苗：18个月时接种第1次，6岁时接种第2次。

甲肝疫苗：18个月时接种。

这几类疫苗称为一类疫苗，属强制免疫，由国家免费为孩子接种。

▶▶▶ 忌

如果有发热、咳嗽、腹泻等急性疾病的孩子，慢性疾病的急性发作期间，要暂缓接种，患支气管哮喘、药物过敏史的孩子，了解致敏原以后由医生决定是否接种；免疫缺陷者、正在使用免疫抑制药的孩子，不能接种活疫苗；注射丙种球蛋白4周后才能接种活疫苗；以往接种某种疫苗后发生过敏反应的，不能再接种该种疫苗；有癫痫、脑病和脑炎后遗症等，不能接种百日咳、流脑和乙脑等疫苗。

/聪明妈妈育儿经/**接种疫苗须知**

各种疫苗的接种时间不能提前或推迟，接种次数不能增加或减少，间隔时间要准确。每种疫苗要适时复种，因为接种或口服1次疫苗，只能在一定时间内产生免疫力，不会被某种疾病侵袭，但不能终生免疫。

生活与环境

宜与忌 创造一个温馨舒适的环境

育儿房间的环境布置要特别注意：安静、清心、舒雅、干净！

▷▷▷ 宜

温度

新生儿房间的温度要适中。新生儿的体温调节能力还不是很好，很容易随着外界温度高低变化。因此，室内温度最好控制在25～26℃，新生儿会觉得最舒服。

灯光

新生儿房间的灯光要柔和，不可太过刺眼。妈妈可以使用类似自然光的灯泡或是卤素灯照明。此外，也可以装上数段式转换的灯，偶尔改变室内光线，给新生儿多种不同的视觉感受。

色调

新生儿房间的色调要协调。刚出生的新生儿视力还没发展完全，尤其是4个月以内的新生儿，可说是个大近视眼，大概30厘米以外的景物就是一片朦胧了。因此，新生儿房的色调最好不要太过鲜艳，以免过度刺激新生儿的眼睛。

加装窗帘

新生儿房内可以加装窗帘，避免阳光直射房内，刺激新生儿的眼睛。到了晚上，把窗帘拉下也可以增加新生儿的安全感。

▶▶▶ 忌

新生儿的健康成长，需要安静舒适的生活环境。嘈杂的环境和噪声，对新生儿的正常生长发育极为有害。

新生儿中枢神经系统尚未发育健全，长期受到噪声刺激，会使脑细胞受到损害和大脑发育不良，使新生儿的智力、语言、识别、判断和反应能力的发育受到阻碍成为低能儿。噪声影响新生儿的睡眠，造成生长激素和其他有助生长的内分泌激素分泌减少，影响正常发育，个子长不高；噪声还会使新生儿食欲下降，消化功能降低，出现营养不良；噪声刺激交感神经，使之紧张并损害听力，形成"噪声性耳聋"。

因此，育儿环境最好远离公路；家人不要在室内大声喧哗，电视机和音响音量不宜太大，门窗开关动作要轻，不要买高音量的电动玩具和质量低劣、未经正规校音的玩具，也不要抱新生儿去马路边、剧院等人多嘈杂的地方。

为了夜里便于喂奶、换尿布，人们通常会在卧室通宵开灯，这样做对新生儿健康成长不利。新生儿生物节奏是一张白纸，体内自发的内源性昼夜变化节律，会受光照、噪声等外界物理因素影响，对新生儿来说，昼夜有别，有利于调节生物规律，有利于生长发育。

/聪明妈妈育儿经/适量的刺激促进新生儿智力发展

新生儿既不能在嘈杂、高噪声的环境中生活，也不能在完全无声无响的环境中，这两种环境同样不利于新生儿生长。

适量的环境刺激，会有利于提高新生儿的视觉、触觉和听觉的灵敏性，有利于巩固和发展生理反射，促进智力发育，从而使大脑更为发达。

育儿房间里，可以贴一些色彩绚丽多彩的图画，悬挂各种颜色鲜艳的气球彩带，伴以柔和、轻快的抒情音乐（音量不宜大），和一些带响的玩具。

为新生儿创造丰富多彩的视、听、触觉环境，使新生儿健康成长。

宜与忌 新生儿的房间温度

新生儿的体温调节能力还没有发育成熟，一般情况下，要借助室温和衣物来保暖。

▶▶ 宜

新生儿出生前在母腹中，被温暖的羊水包围，过着"四季如春"的舒适安宁生活。初到人世间，首先会感到寒冷。新生儿体温调节中枢发育不完全，体温调节能力差，过冷或过热都不宜。

育儿房间温度不能高，也不能低，要保持温度恒定，才能保证体温稳定。育儿房间温度夏季以23～25℃，冬季要达到20℃以上，相对湿度保持在50%～60%为宜。等到新生儿逐渐长大，新陈代谢能力增加，体温调节能力增强，才能和成年人一样适应季节性室温变化。

新生儿在室内，要比成人多穿一件衣服，在寒冬或酷暑时，最好少去室外，因为新生儿还没有那么强的调节温度能力。

▶▶ 忌

使用热水袋保暖，水的温度应在50℃左右，温热、不烫为宜。注意要把热水袋放在新生儿棉被下面，不要直接接触皮肤，以免引起烫伤。

怎样判断新生儿是冷还是热呢？

一般可以摸新生儿露出的部位，如面额、手，以不凉而无汗为合适。如果新生儿四肢发凉，要想办法加温保暖。

宜与忌 怎么给新生儿穿衣服

给新生儿穿衣服是一件比较困难的事，因为初生的新生儿习惯于保持在母体中的姿势，大多成天蜷缩着手脚，父母想要给新生儿穿上衣服，又怕会拉伤了孩子。小家伙受到惊扰发出一阵阵的哭闹声时往往会令父母手足无措。

▶▶▶ **宜**

先把薄被和衣服平整有序地铺在床上，让新生儿平躺在衣物上，把新生儿的一只胳膊轻轻抬起来，顺着胳膊的弯曲，先向上然后向外侧伸进袖子，用同样方法再穿好另一只袖子，把后背衣服拉平，合好衣襟，兜上尿布。

如果新生儿的小手和腿蜷缩着，可以轻轻地在膝窝和肘窝处捏一捏、揉一揉，新生儿的手和腿自然会伸开，方便穿衣。

▶▶▶ **忌**

衣服颜色宜浅不宜深，避免深色染料褪色刺激皮肤。衣服的接缝处及下摆宜用毛边，衣缝朝外，防止擦伤新生儿娇嫩的皮肤。

新生儿一般不用穿裤子，因为经常尿湿，可以直接使用尿布裤。

/聪明妈妈育儿经/**为新生儿选择合适内衣**

夏天，给新生儿穿一件单衣、包上尿布即可。

内衣至少要准备3件以上，以便换洗。夏季穿1件内衣即可，天凉时逐渐添加外衣，外衣可选用加厚棉毛衫或棉绒衫，尽量不要穿毛线衫，以防毛线毛绒刺激皮肤。

新生儿皮肤呈玫瑰色，毛细血管丰富，表层细嫩，衣物以质地柔软、吸水透气性强、舒适的纯棉布为宜，衣服要宽大，能使四肢活动不受限制，不要用纽扣，穿脱方便，以系带子的无领无扣的样式为佳。

宜与忌 新生儿哭闹怎么办

新父母往往会对哭闹不止的新生儿感到手足无措。而新生儿从温暖、舒适的母体中降临人世，受到外界声、光、色的刺激，难免缺乏安全感，容易受惊吓，哭闹不止。可以采取下面几种方式来安抚新生儿。

▶▶ 宜

模拟子宫：妈妈通常会用襁褓来包裹出生后的新生儿，这样能让新生儿感觉仿佛仍旧被紧紧地裹在子宫内。襁褓是让新生儿安静下来的良方。但是要注意的是，不能让新生儿裹得过热，也不能让新生儿趴着睡觉。

摇晃安静法：用摇晃来安抚新生儿，能使新生儿安静下来，但要掌握正确方法。摇晃的力度一定要轻，幅度要小，时间不可太久，因为太剧烈的动作易使新生儿头部和脊柱受到伤害。

▶▶ 忌

平躺向上：新生儿最好的睡姿是平躺向上，但是要安抚哭闹的新生儿时采取侧睡会更有效。大多数新生儿在心情愉快时并不介意自己是怎么躺的，一旦哭起来，如果父母还让他平躺，会使新生儿缺乏安全感。

吮吸奶水：吮吸奶水不仅能缓解新生儿的饥饿感，更重要的是通过吮吸能够启动新生儿的安抚反射，几分钟内，就能让新生儿感觉松弛。因此，新生儿哭闹时，在嘴巴里放一只安抚奶嘴不失为一种好方法。但是这种方法不宜常用，否则会使新生儿产生依赖，不利于健康。

/聪明妈妈育儿经/夜里新生儿哭闹怎么办

夜幕降临，给新生儿洗一个温水澡，再为新生儿进行按摩，能帮助新生儿安静下来。

睡前让新生儿喝一些奶，有助于新生儿心满意足地入睡，但要注意千万不能让新生儿含着奶头入睡。

睡前将新生儿用被单裹紧会使新生儿有安全的感觉，利于新生儿入睡。

妈妈可以轻轻地抚摸新生儿的头部，从头顶向前额方向，同时可小声哼唱催眠曲，为新生儿营造一个宁静、美好、和谐的入睡环境。

宜与忌 如何使用尿布

新生儿排便不规律，使用尿布是必然的做法。新生儿皮肤细嫩，最易受损伤，尿布的选用也关系到健康。

▶▶▶ 宜

尿布应当选用柔软、清洁、吸水性强的白色或浅色棉质旧布制作尿布片。旧床单、旧汗衫、旧内衣等纯棉质衣物经过烫、晒消毒是较佳的选择。

选好的尿布裁成方形，大约50厘米见方，通常需要准备30块左右，供一昼夜间轮换使用。

▶▶▶ 忌

尿布不宜垫得太厚，否则会使新生儿两侧大腿外旋变成"O"形腿，长大后走路有可能呈现"鸭步"状态；尿布也不宜过宽过长，以免擦伤皮肤，而且长期夹在两腿之间会引起下肢变形。

包尿布时，男女有别：女婴的尿液容易向后流，尿布后面要垫得厚一些。男婴的尿液容易向前流，前面要折得厚一些。

建议不要因为图省事，完全用纸尿裤替代传统的布尿裤，爸爸妈妈最好采用纸尿裤和布尿布交替混合使用。

聪明妈妈育儿经 / 换尿布

更换尿布时，把新生儿放在毛巾上，取掉脏尿布，用温水轻轻地由前向后清洗生殖器部分，然后用毛巾轻轻拍干。如果大便污染了尿布，把沾有粪便的部分折到尿布里面并立刻换掉，用棉布或卫生纸擦净臀部，再用温热的肥皂水冲洗并拍干。然后，把方形尿布叠成3～4层，一头平展地放置在新生儿的臀部至腰下，另一头由两腿之间拉上至下腹部。男婴应当把阴茎向下压，防止小便渗入脐带部。再把方形的尿布叠成三角形，放在长条形尿布下，三角形的两端覆盖在长方形尿布上，尖端由两腿之间拉上固定。换尿布时，动作要轻，要快，防止新生儿着凉。包扎尿布不要过紧或过松，过紧新生儿活动受限，妨碍发育；过松则大小便容易外溢，污染皮肤。

宜与忌 如何给新生儿排便

新生儿通常排便没有规律，但出生一两周以后，就可以开始有意识地训练新生儿的规律排便。

实际上，即使在初生时没有规律排便阶段，细心的妈妈观察也能发现一些新生儿排便的征兆，如忽然脸色涨红、有用力感、眼光发直等，当然，新生儿消化功能还不够健全，通常吃完不久、睡眠一两个小时后会有排便的可能。

▶▶▶ 宜

通常在刚出生时，新生儿每天排大便4~5次，满月后1天1~3次，到1岁以后，有的孩子2、3天才排一次大便。

排大便训练，可以选择早、晚进食后进行，用孩子憋气排便的"嗯嗯"声提示和鼓励排便，逐渐形成条件反射，养成习惯。另外，孩子排便前往往会有臭屁排出，这也是将要排便的预示。

▶▶▶ 忌

出生后2~4周之间是给新生儿形成生理性条件反射的最佳阶段，不要错过排便习惯培养的良机，给日后带孩子造成烦恼。

习惯在于培养，不要形成在床上、在玩的时候随处、随时大小便的习惯。

开始孩子不一定能坐稳，一定要扶着。如果孩子不习惯，一坐就打挺就不要太勉强，但每天都坚持让孩子坐，多训练几次就能形成习惯。

/聪明妈妈育儿经/进一步训练

孩子长到半岁，学会独坐以后，就可以培养和训练孩子坐盆大便的习惯。

训练孩子坐盆大便，最好定时、定点，并教会新生儿用力。在孩子有大小便的表示，比如说，正在玩着突然显得不安，或者用力"吭吭"的时候，就迅速让孩子坐便盆，逐渐形成习惯。

宜与忌 新生儿的睡眠特点

满月以前的新生儿大多数时间都在睡觉，只是在饿了的时候才会醒来吃奶，吃饱以后又会继续睡。在刚刚出生后的一天当中，新生儿绝大多数时间都在睡觉。了解新生儿的睡眠特点是带好孩子的关键，做父母的宜掌握这些特点和规律。

▶▶▶ 宜

新生儿的大脑还没有发育成熟，尤其是大脑皮质部分还没有起作用，需要时间来慢慢地发育。所以，要发展规律和需要，让新生儿好好地睡。

新生儿阶段睡眠时间较长，一般能睡20多个小时。这个时期由于新生儿大脑神经发育不健全，各种调节中枢自控能力差，睡眠中容易出现一些无意识的动作和表情，如吮乳动作、口唇抖动、拥抱反应、不自主微笑、突然哭一声或一阵，而后再平静入睡等，这些都不是病态，属正常生理性反应。遇到上述情况不要惊慌、紧张。

▶▶▶ 忌

新生儿的大脑皮质兴奋性低，外界的声音、光线刺激对新生儿来说都属于过强、持续和重复的刺激，会使新生儿非常容易疲劳，致使皮质兴奋性更加低下，很快进入睡眠状态。

当新生儿处于瞌睡状态时，要尽量保证孩子安静地睡觉，千万不要因为孩子的一些小动作、小表情而误以为"新生儿醒了"、"需要喂奶了"而打扰孩子的睡眠。

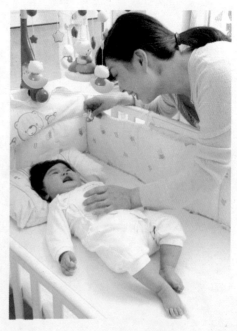

如果新生儿哭闹不止、多汗、四肢抽动、口唇发青、表情痛苦、发热或体温不升、哭声低弱等，则可能是病态，要及时找医生就诊，查找原因，及时处理。

刚出生后，新生儿一天几乎都处于睡眠状态，禁忌过多地打扰，要让新生儿好好地睡。

/聪明妈妈育儿经/说说新生儿的睡眠状态

按照新生儿觉醒和睡眠的不同程度，可以分为6种状态：两种睡眠状态——安静睡眠（深睡）和活动睡眠（浅睡）；三种觉醒状态——安静觉醒、活动觉醒和哭闹；另一种是介于睡眠和清醒状态之间的过渡形式，即瞌睡状态。

安静睡眠状态：

新生儿的面部肌肉放松，双眼闭合。全身除了偶尔的惊跳和极轻微的嘴唇动作以外，没有其他的活动，呼吸很均匀，处于完全休息状态。

活动睡眠状态：

眼睛通常闭合，偶然短暂地睁一下，眼睑有时会颤动，经常可见到眼球在眼睑下快速运动。呼吸不规则，比安静睡眠时稍快。手臂、腿和整个身体偶尔有一些活动。脸上常会显出可笑的表情，如做怪相、微笑或皱眉。有时会出现吸吮动作或咀嚼运动。在觉醒前，新生儿通常处在这种活动睡眠状态中。

以上两种睡眠状态，约各占新生儿睡眠时间的一半。

瞌睡状态：

通常发生在刚睡醒后或入睡前。眼睛半睁半闭，眼睑出现闪动，眼闭合前眼球可能向上滚动。目光变呆滞，反应迟钝。有时微笑、皱眉或撅起嘴唇。常会伴有轻度惊跳。

安静清醒状态：

通常在吃饱后、尿布不湿情况下，持续时间不久。适合和妈妈进行对视和色彩注视活动。

活动清醒状态：

随着新生儿成长而越来越长，可以利用来做抚触操、洗澡、按摩等活动。

哭闹状态：

通常是因为饿了、困了、排便了等不舒服引起，适宜及时找到原因，对症解决。

在满月以前，新生儿在饿了时要吃奶才会醒来，哭闹一会儿之外，几乎所有的时间都在睡眠。以后随着大脑皮质的发育，孩子睡眠时间逐渐缩短。

睡眠，可以使新生儿的大脑皮质得到休息，从而恢复功能，对孩子的健康十分必要。一般新生儿一昼夜的睡眠时间为18～20个小时。

宜与忌 抱新生儿的方法

初为人父母，有的父母对新生儿爱不释手，他们会经常抱着孩子，即使新生儿睡着了也不肯放下。但过多地抱对新生儿的发育有危害，适当地抱一抱，反而能够培养良好的个性。

新生儿喜欢听妈妈心跳的声音，在妈妈温暖的怀抱中能够重返自己在妈妈腹中时那种安全、温暖的感觉，对情绪有安抚作用。抱在怀中，轻轻地拍一拍新生儿背部，温柔地进行抚摸能使新生儿安静下来，不再啼哭。

▶▶▶ 宜

抱孩子时，应当尽可能怀抱在母亲身体的左边，可以让孩子感觉到母亲心脏跳动的声音，如同在母体内的感受一样。这样的氛围容易使新生儿安静，不哭闹，不烦躁，表现出温和、宁静和愉悦的心情。

新生儿的抱法，多采用手托法和腕托法两种：

手托法

是用左手托住新生儿的背、脖子和头，用右手托住新生儿的臀部和腰部。

腕托法

是轻轻地把新生儿的头放在左胳膊弯中，左小臂托护住新生儿的头部，左腕和左手托护背部和腰部，右小臂托护新生儿的腿部，右手托护新生儿的臀部和腰部。

▶▶▶ 忌

抱得过多，会影响到新生儿睡眠质量，使孩子不能够熟睡。新生儿不会说话，遇冷、热、渴、饿、痛、不适等都用啼哭来表达。如果不仔细查明缘由，一哭就喂，一哭就抱，会养成不良习惯。

啼哭是新生儿的一种全身运动，可以增进心肺功能，加快全身血液循环，增加各脏器的新陈代谢活动，促进发育。

如果新生儿一哭就抱会减少孩子的肢体活动量，血液流通受阻，影响各种营养物质的输送，严重妨碍骨骼、肌肉的正常生长发育。

但如果哭闹时间过长，要找出原因再给予爱抚。过长时间的哭闹会引发腹压过高，易发生腹股沟斜疝。

聪明妈妈育儿经/不停摇摆新生儿很危险

如果总是抱着新生儿走动容易使新生儿的大脑受到震动，加上强烈的光线、色彩和噪声的刺激，会使新生儿长时间处于兴奋状态，心肺负担加重，抵抗力下降，容易生病。

有人误以为抱着新生儿摇晃可以使新生儿不哭，所以把新生儿抱在怀中或在新生儿躺着时不停地摇动。还有人喜欢把新生儿向上高抛又接住，这其实是危险和有害的动作。强烈摇晃和高高地抛起很容易使脑髓与较硬的脑骨撞击而引起脑震荡，还可能引起视网膜毛细血管充血，甚至导致视网膜脱落。

宜与忌 怎样做零岁教育

零岁教育是指新生儿一出生就开始接受教育，教育的主要目的是培养完全还不会与人交流、完全不懂事的新生儿的潜意识能力。

潜意识通常是指不知不觉、没有意识、不能用语言表达出来的心理活动，亦称做无意识活动。因为虽然无意识但暗中却能对意识发生作用，故称潜意识。

▶▶▶ 宜

新生儿学习和大脑进行发育，最初就是要建立起这样一个智力系统，要依赖外界对大脑的刺激。

因此，科学的教育观点主张从零岁开始就给予新生儿各种刺激，帮助大脑尽快、尽好地建立起这个树形结构系统。而所谓的刺激，就是通过新生儿自身具有的多种感官来体验和认识物质世界。

▶▶▶ 忌

不要认为新生儿什么都不会，接受不了教育。新生儿已经具备了听、看、嗅、尝能力，闻到奶香味儿会咂嘴，碰到东西会转头，用嘴吸吮，眼睛能盯住红色物体或盯住人的脸等。

这些低级、原始、不协调、无意识的本能行为，属于非社会性行为，必须经过无数次的丰富和"感受学习"，才能使大脑把多种感觉信息综合起来，从不协调向着协调发展。

聪明妈妈育儿经／给新生儿最好的零岁教育

在零岁教育上，我们主张从新生儿的感觉器官开始训练，抓好潜能开发。

通常，人类要通过自身的感觉器官，包括视觉、听觉、嗅觉、触觉、重力感和本能感，来感知外部事物，从而了解和认识世界。通过感觉这种非常自然而往往被忽视的方式，使人的个体能力得到发展。

科学试验证明，新生儿有一种神奇的能力，被早期教育学家称作"内在能力"，令人十分惊奇。有人试验，给刚出生的新生儿每天放几分钟古典音乐，满月时，新生儿听到熟悉的音乐则会止住哭闹，5个月以后，新生儿能完全记住这段音乐，听到熟悉的音乐会晃动身体，对音乐节奏作出反应。而在听到别的、不熟悉的音乐时则没有这种表情和动作。这种内在能力，就是一种从感官潜移默化接受而产生的能力。

这种能力在新生儿阶段最强，随着新生儿年龄的增长会迅速地减退。已经证实的新生儿的这种能力，是零岁教育的主要理论依据。

新生儿出生后的第一年，是人一生当中身心各个方面发展最快的时期，也是人的心理活动萌芽阶段，还是生活经验开始积累的时期。

新生儿期的心理发展，会为新生儿成长发展奠定基础，特别是新生儿的早期经验，会对以后智能的发展和学习起到重要作用。新生儿的神经系统具有最强的可塑性，等到各个系统的功能和结构一旦形成，这种可塑性就会变小，发展的空间也相应会变得很小，因此，零岁教育就是要尽早拓展新生儿的智力发展空间。

宜与忌 怎样给新生儿裹褓褓

较严寒的季节里新生儿需要裹褓褓，因为毕竟新生儿还小，体温调节功能不健全，通过包裹褓褓，可以达到保暖效果。

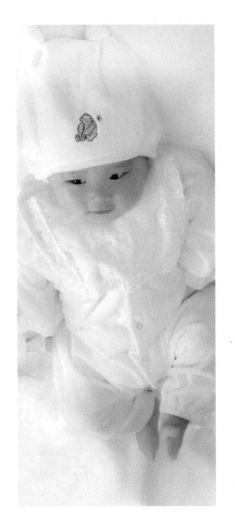

▶▶▶ 宜

用包被从新生儿腋下松松地裹住下半身，松紧程度以成年人的手指能自由伸入为宜，让新生儿的双腿呈自然屈曲状态，能自由活动。

裹好以后，再用被子盖好，以新生儿手不发凉、也不出汗，腋下体温保持在36.5℃～37.3℃为宜。

▶▶▶ 忌

裹褓褓既然是为了保暖的需要，就不适宜一年四季不分，一概裹住新生儿。

要防止"新生儿闷热综合征"，给新生儿穿戴过多，盖被子过厚，一方面，可能造成新生儿机体不同程度缺氧；另一方面，可能使体内水分大量丧失，出现不同程度的脱水症状。裹得不适当，会人为地造成不利于健康的因素。

/聪明妈妈育儿经/ **打"蜡烛包"的包裹方法不利于新生儿发育**

传统方式采用打"蜡烛包"的方法，要求把孩子的身体包裹严实，让婴儿的手脚不能自由活动。旧俗通常认为：不裹紧手脚，孩子长大以后手脚"好乱动"，这种想法不合理，很不利于婴儿的生长发育。

体能与早教

宜与忌 新生儿开始早教的时间

从新生儿期开始的早期教育，能促进孩子智力发育。新生儿一出生，就开始感受周围环境中的一切事物，如饥似渴地接收和获取各种信息，来充实原本是一张白纸的大脑。新生儿求知欲的强烈、接受能力的强度、学习效果的惊人程度，是爸爸妈妈想象不出来的。

▶▶▶ **宜**

早教在日常生活中，其实很简单，就是要利用一切机会和新生儿交往，能使孩子在和父母的交往中辨别不同人声、语意，辨认不同人脸、不同表情，保持愉快的情绪。

如果在床头挂一件玩具，新生儿会长时间看，以后看的时间会逐渐缩短。如果给孩子换一样新东西，新生儿又会表现出兴趣，重新注视新物品。

更有趣的是，新生儿还能认出妈妈脸上的变化。如果妈妈戴上口罩，新生儿就会频繁地看妈妈的脸，吃奶也会减少，还会表现出不安定、心神不宁。

妈妈是新生儿第一个接触时间最多的交往对象，母婴间目光相互注视就是交往的开端。可以利用一切机会与新生儿交流，如喂奶、换尿布或抱新生儿等时候都要经常说话，展示出微笑的面容，说一些诸如"看看妈妈"、"宝宝真乖"等亲热话语。如果新生儿在吃奶时，听到妈妈的话，会停止吸吮或改变吸吮的速度，倾听妈妈说话。

母婴间交流的方式可以多样化，除了和新生儿"交谈"，还可以和新生儿逗乐，比如摸一摸头、轻轻挠肚皮，引起新生儿注意，逗引微笑。新生儿微笑时，要给予夸奖，更别忘记要常用轻轻一吻，给新生儿奖励。

在出生前后由于窒息、早产、颅内出血或持续低血糖等原因可能影响了智力发育的高危儿，更应当从新生儿期开始早期教育，因为大脑越不成熟，可塑性越强，代偿能力越好，早期教育可以收到事半功倍的效果。

在宝宝醒着的时间里，妈妈应该抓紧时间这样做：

多和新生儿对视

眼睛是心灵的窗户，新生儿的大脑有上千亿个神经细胞，新生儿渴望从"窗户"接受信息。新生儿最喜欢看妈妈的脸，被母亲关注多的孩子安静、爱笑，能为形成好的性格打下基础。

多和新生儿说话

新生儿的耳朵，是第二个心灵的窗户。新生儿醒来时，妈妈可以在新生儿的耳边轻轻呼唤新生儿的名字，温柔地说话，如"宝宝饿了吗？妈妈给宝宝喂奶"；"尿了，妈妈给你换尿布"……听到妈妈柔和的声音，新生儿会把头转向妈妈，脸上露出舒畅和安详的神态，是对妈妈声音的回报。经常听到妈妈亲切的声音，会使新生儿感到安全、宁静，为日后良好的心境打下基础。

多温柔抚摸

皮肤是最大的体表感觉器官，是大脑的外感受器。给孩子温柔的抚摸，使关爱感通过爸爸妈妈的手传递到孩子的身体、大脑。这种抚摸能滋养新生儿的皮肤，在大脑中产生安全、甜蜜的信息刺激，对新生儿智力及健康的心理发育起催化作用。常常被妈妈抚摸及拥抱的孩子，会形成温和、安静的性格。

▶▶▶ 忌

人们认为新生儿没有视力，只会睡觉、啼哭、吃奶。认为新生儿不会看的原因是不了解新生儿近视的特点。新生儿看东西的最佳距离约20厘米，相当于抱新生儿喂奶时，妈妈的脸和新生儿脸之间的距离。

宜与忌 和新生儿多说说话

妈妈对新生儿微笑，新生儿很快就能报以微笑，这种交流属非言语信息交流，能帮助新生儿理解外部世界的语言交流方式。

▶▶▶ 宜

最好能多和新生儿说话，亲热和温馨的话语能让新生儿感觉到初步的感情交流，这是为新生儿奠定情商基础，以便实施情绪教育。

在新生儿清醒状态下，可以用缓慢、柔和的语调对新生儿说话，也可以轻声为新生儿吟唱旋律，诵读儿歌等。给予听觉刺激，有助于新生儿接收语言信息，加强母婴间感情交流，也有利于新生儿语感的形成，对新生儿早日牙牙学语有益。

每天多跟新生儿说话的同时，还可以训练听觉，帮助新生儿逐渐区分不同的声响。人们的日常生活、活动会产生各种声音，如脚步声、开门声、水声、说话声、外界的杂音和远处的人声等。

新生儿的身体发育速度极快，但大脑的发育却会因为环境不同，存在很大的差异，如果能经常和新生儿聊聊天，刺激新生儿的语言接受能力，就能更好地促进新生儿在周围环境中接收信息，使新生儿的接受能力不断地发达。

▶▶▶ 忌

千万不要拿新生儿当一个没有听觉的婴儿！新生儿在听成年人说话时，尽管听不懂语言，却能凭着感觉领会语言中的含义，这种奇妙的感觉又称做语感，建立在互相交流的基础上。

/聪明妈妈育儿经/还可以给新生儿听一些其他音乐

让新生儿听有节奏的乐曲，但听音乐的时间不宜过长，不宜选择过于喧闹的音乐。

促进婴儿听觉发育的音响玩具品种很多，如各种音乐盒、摇铃、拨浪鼓、能拉响的玩具手风琴及各种发出声响的悬挂玩具等。

除了用音响玩具外，还可以拍拍手、学小猫"喵呜"叫、学小狗"汪汪"叫等逗引婴儿，使孩子作出向声音方向的转头反应。

婴儿刚出生时，视觉和听觉"各司其职"，进行视觉和听觉的训练有助于感觉其间的"接通"，促进婴儿感知觉的综合发展。

宜与忌 读懂新生儿，亲子交流

新生儿的啼哭和妈妈的呢喃声是人之初最基本的交流方式——别看新生儿小，却已经具备了与成人世界的交流能力，因势利导地与新生儿交流不仅能益智，而且妈妈也会感觉其乐无穷。

▶▶▶ 宜

读懂哭声

新生儿用哭声和成人交流，新生儿的哭是生命的呼唤，是提示自己的存在不要被忽视。如果仔细观察新生儿的哭声，会发现其中有很多学问。

健康的新生儿哭声响亮、婉转，听起来很悦耳。

正常情况下，新生儿的哭声有很多种原因，会用不同的哭声表达不同的需要，可能是诉说感觉到饥饿、口渴或是尿布湿了不舒服等。在入睡以前或刚醒时候，可能会出现不同原因的哭闹，但一般哭过后，新生儿都能安静入睡或进入觉醒状况。

在新生儿哭的时候，抱起来竖靠在肩上，新生儿不仅会停止哭闹，而且会睁开眼睛。这时候父母在前面逗引，新生儿会注视并用眼神与父母交流。一般情况下，通过

和新生儿面对面地说话，或者把手放在新生儿腹部，或按握住新生儿的小臂膊，大多数哭闹的新生儿会接受这种触觉安慰，停止哭闹。

亲子交流

妈妈对新生儿微笑，新生儿也报以微笑，这种交流是非言语信息交流，可以帮助新生儿理解外部的语言世界。

新生儿的身心发育速度极快，但大脑的发育却会因为环境不同存在很大的差异，如果能经常和新生儿聊聊天，刺激语言接受能力，就能更好地促进新生儿在周围环境中接收信息，使新生儿的接受能力不断地发达起来。

在新生儿觉醒状态下，妈妈抱起他，面对面，新生儿会注视你的脸，妈妈不由自主地说："宝宝看看妈妈，宝宝认识妈妈吗?"新生儿似带微笑，有时会学妈妈的样子张开小嘴。当新生儿吃奶听到妈妈说话时，他会停止或改变吸吮速度，说明新生儿在听妈妈说话。

认识妈妈

亲子之间应形成和保持快乐的气氛，妈妈经常用充满慈爱的语调呢喃着和新生儿说话，能给新生儿带来甜蜜的感觉，有利于情绪教育和情商的培养。

出生一两周后，就可以在新生儿醒着的时候将其抱起来，让新生儿脸对着妈妈的脸，距离20~30厘米。母子眼睛对视，轻轻地跟新生儿说话，同时轻抚小脸蛋，或者让新生儿握住妈妈的手指，慢慢地摆动。

在简单的交流过程中，可以促进母婴间感情交流，新生儿感受到母亲怀抱中的安全、温馨和母爱，会令新生儿重温在母亲子宫内包裹时候的安详与温暖，打消新生儿初到人世间对陌生环境中的孤独、恐惧感，有益于新生儿大脑情绪中心发育，既可以促进新生儿感知能力发育，又能让新生儿熟悉妈妈的声音，认识妈妈。

▶▶▶ 忌

对新生儿的哭泣置之不理。应细心观察了解新生儿哭的原因，对新生儿的要求给以满足。如果爸爸妈妈察觉到新生儿的哭声高尖、短促、沙哑或微弱时应尽快找医生，这些异常的哭声预示着新生儿可能患病。

宜与忌 新生儿的感觉能力

新生儿具备了很多与生俱来的本领，感官的训练实际上从新生儿出生以后就开始了。新生儿通过视、听、触、嗅等感觉器官的功能，不断地把各种刺激信息输送到大脑中相应的区域中，不断形成神经关联，积累智力。

▶▶ 宜

新生儿和小婴儿阶段的早期教育，因为属于起点教育而应更加重视，可以根据新生儿特征和发育情况，每天进行10分钟早教训练。

具体的做法包括：听觉训练、视觉训练、触觉训练、嗅觉训练。

▶▶ 忌

新生儿听到尖锐、过强的音响声后，头会向相反方向转动，或以哭闹表示拒绝噪声干扰。

如果爸爸妈妈对新生儿采取了感官训练，新生儿能在吃奶的速度和量上达到标准；如果失去这种训练，吃奶时会频繁转身、摇头，甚至烦躁不安。

如果出生后就失去这种训练的新生儿，生长过程中会表现得表情淡漠、发育迟缓、性格孤僻，与同龄孩子难以和睦相处。

阅读延伸

如何训练新生儿听觉、视觉、触觉、嗅觉

听觉训练： 从出生起，新生儿就有了对于声音的需求，从中产生"诱发效应"，很快能从听到的声音中辨别是不是母亲的声音。细心观察会发现，妈妈对新生儿说话时，新生儿会手脚齐动、一副心满意足的样子。经常和新生儿进行对话，能使大脑在急速发育当中的新生儿很快达到牙牙学语的程度，为语言发展奠定良好基础。

视觉训练： 新生儿的可见距离最多不超过40厘米，能见区域局限为45°角，几乎只能看见眼睛正前方。但对人脸，特别是人的眼睛已经具有识辨能力。妈妈在哺乳时，会发现新生儿总是边吃边用眼睛直视着妈妈眼睛，这是情感发育过程中的视觉需要。平时，妈妈多和新生儿做对视交流，有益心理健康发育。

可以用一个红球放在新生儿眼前，引起新生儿的注意，并慢慢移动，使新生儿的两眼随着红球移动的方向转动。

触觉训练： 母亲为新生儿授乳会直接交流触觉，授乳不单提供营养，也为新生儿的触觉产生和发展提供条件。新生儿最敏感的口角、唇边和脸蛋，依偎着妈妈温暖的乳房，能够在大脑中产生安全、甜蜜的信息刺激，对智力发育起催化作用。

当妈妈的乳头触及新生儿的嘴唇时，新生儿会做出吮吸的动作；抚摸新生儿的皮肤，新生儿会露出舒适的微笑。

妈妈经常抚摸、拥抱新生儿所产生的肌肤接触，也能产生同样效果。新生儿哭闹时，只要妈妈把手放在新生儿腹部，或抱住新生儿双臂就可以让其安静下来。

嗅觉训练： 人类的视觉进化发达后，嗅觉就会退化。但新生儿的嗅觉却相当灵敏，刚出生的新生儿能敏感地闻出气味。把浸过母乳的布片靠近新生儿，新生儿立即会止住哭声寻乳。出生第五天，新生儿能区别自己的母乳和别的母亲乳汁的气味。由于能闻得出身边是不是母亲，妈妈陪着睡能使新生儿产生良性刺激，有利于智力发育。

宜与忌 新生儿的拓展能力

新生儿与生俱来的天生能力有不少，在呵护的过程中只需加以拓展，就能促进其生长发育。

▶▶▶ 宜

胎儿在子宫内就有运动能力，即胎动。出生后的新生儿，就开始具有一定活动能力，会把手放到嘴边甚至放进口中吸吮。四肢会做伸屈运动，和新生儿说话时，新生儿会随音节有节奏地运动，表现为转头、手上举、伸腿等类似舞蹈动作，还会对谈话者皱眉、凝视、微笑，这些运动的节律通常都很协调。

听到妈妈喃喃的话语，新生儿会试图用手去摸母亲说话的嘴，这是新生儿在用运动方式和成年人交流。

新生儿还有反射性活动，扶起直立时会交替向前迈步，扶成坐位时头部能竖立1~2秒以上。

其他在俯卧位时有爬行的动作，触碰嘴唇，会有觅食的活动，触摸到小手，会有抓握动作，还具有抓住成年人的两个手指使自己悬空的能力。

▶▶▶ 忌

过去人们认为，在和新生儿交流中，是照顾新生儿的父母起主导作用，实际上，是新生儿在支配父母的行为。

不可小看这些似乎微不足道的动作能力，若天天加以利用和练习，积累下来后新生儿的"动静"会越来越强。

当然，不做模仿动作的新生儿也属于正常，只是孩子不愿意玩这种游戏而已。切忌操之过急，误以为孩子有问题。

/聪明妈妈育儿经/和成年人交往的能力培训

新生儿和父母或看护人交流的主要方式是哭闹。正常新生儿的哭有很多原因，如饥饿、口渴、尿布湿了等，还有在睡前或刚醒时，不明原因的哭闹，一般在哭后都会安静入睡或进入觉醒状态。妈妈经过2~3周的摸索，就能理解新生儿啼哭的原因，给予适当处理。新生儿还会用表情，如微笑或皱眉及运动等，使成年人体会自己的意愿。

宜与忌 多给新生儿一些笑容

微笑是新生儿与父母交流、回报父母辛劳的一种方式，也表现出新生儿健康的情绪。而能被逗笑，并且笑出声来，更是新生儿智力和交流能力发展的标志。人与动物之间的主要区别就在于人类有语言和表情用来交流。

▶▶▶ 宜

笑是表达复杂多样感情的手段，和语言一样，是使人们互相理解的工具。但和语言的不同之处的是：语言受到民族和文化的限制，而笑却不受这种限制，能使所有的人互相理解。

把新生儿抱在怀里，抚摸并轻声呼唤他时，新生儿会回报以微笑。逗笑过程的完成，是新生儿的视、听、触觉与运动系统建立起了神经网络联系的综合过程，也是条件反射建立的标志。

▶▶▶ 忌

通常在出生第10～20天时，新生儿就会笑，如果2个月后还不会笑，要请医生检查。

逗笑也要有度，有的父母喜欢把新生儿逗得笑声不绝，这样做也会影响到健康。过分逗笑，会造成新生儿瞬间缺氧，引起暂时性脑缺血，时间长了，还会使孩子形成口吃和痴笑，容易发生下颌关节脱臼，久而久之会形成习惯性脱臼。因此，不宜过分逗笑新生儿，更不要逗得孩子笑声不绝。

哺乳时切忌和新生儿逗笑，新生儿吃奶时若被逗笑，吸入的奶汁可能误入气管，轻者呛奶，咳嗽不止，重者会诱发吸入性肺炎。

/聪明妈妈育儿经/逗笑应该让新生儿笑出声

新生儿在愉悦的情绪中时，各种感官能力，包括眼、耳、口、鼻、舌、身等感觉能力都最灵敏，接受能力也最好，而愉悦情绪的持续有利于健康成长。

如果新生儿开始能够笑出声音，更是一种进步，最好应当逗笑新生儿，让新生儿每天都能开怀大笑几次。经常笑，而且能遇到很多情况都发笑，证明新生儿对引起笑反射条件的感受积累得多，大脑中枢神经联系广泛，这种联系越多，对新生儿的智力发展越有好处。

宜与忌 音乐和听觉的发育

新生儿在听到熟悉的胎教音乐时，会停止哭闹，凝神谛听。这种现象表明，胎教音乐起到了应有的作用。

通常，新生儿对听过的胎教音乐，能做出特殊的表情，这说明新生儿的听觉记忆能力良好。

▶▶▶ 宜

新生儿阶段，常给新生儿听音乐，不仅能增进新生儿的听觉能力，还有陶冶情操的作用，让其逐步感受到音乐形象所表达的艺术语汇。

如果没有听过胎教音乐，可以选择一些音质较好的摇篮曲，在新生儿入睡前，使用不太大的音量播放，让新生儿在旋律优美轻柔的乐曲声中入睡。

▶▶▶ 忌

给新生儿听音乐，忌选择节奏过快、旋律过强、声音太嘈杂的摇滚、爵士乐。

忌说话打扰新生儿。在听音乐前，妈妈可以柔声对新生儿说一些话，但在听音乐的过程中，不宜说话打扰新生儿。

/聪明妈妈育儿经/训练新生儿的听觉

长时间给新生儿听一种固定音乐，能逐步让新生儿形成条件反射，以后再听到熟悉的摇篮曲，就能很快入睡。

对新生儿进行听觉训练，可以采取多种形式、多途径地做。可以逐渐让新生儿聆听和识别周围环境中，各种各样不同的声音，如风声、雨声、流水声、各种动物的叫声、不同乐器演奏发出的不同声音、汽车鸣笛声等。

用多种声音训练新生儿的听觉，是让新生儿在觉醒情况下，听觉处在接受状态，听得越多，听觉识别能力则会越来越灵敏。

要提高新生儿听声音和辨别声音的兴趣，可以和新生儿一起做游戏，通过游戏区分各种各样的声音，进一步分辨声音的高低、轻重、长短。

宜与忌 选用摇篮曲的方法

摇篮曲，应当是人类最通行、最普及的音乐，全球无论是哪一个国家、哪一个民族的优秀摇篮曲，都能得到人们的青睐。千百年来，优美、脍炙人口的世界优秀摇篮曲，伴随着一代又一代的人们长大，艺术魅力经久不衰。年轻的妈妈们大都喜爱唱着优美动听的摇篮曲哄新生儿入睡。

▶▶ 宜

选择摇篮曲，世界名曲就有数十种，哪些适合自己的新生儿，宜遵循一定的原则。

优美、通俗：选择的歌词应通俗易懂，曲调优美，如："风儿吹，树不摇，鸟儿也不叫，小新生儿要睡觉，眼睛闭闭好。"歌词简单，新生儿易于接受。选择歌曲时，首先要了解曲子的性质、旋律、节奏等基本音乐构成元素，是否符合新生儿的特点。

哼唱优美，吟唱准确：吟唱摇篮曲，一定要唱得优美、动听，并特别注意发音要准。如果吟唱发音不准，会给人不舒服的感觉，影响新生儿安静入睡，对新生儿未来的听音能力形成也不好。

曲目要固定：固定的曲目，反复吟唱的时间久了，歌声会在新生儿脑中形成一种信号，只要一听到这首曲子就自然而然地入睡。

摇篮曲优美的旋律，对新生儿也是一种音乐熏陶，如《睡吧!我的宝贝》之所以风靡全球，就是因为它乐曲优美、旋律简单、歌词通俗易懂，是全世界的妈妈都比较喜欢、熟悉的摇篮曲。

▶▶ 忌

由于人们一般对于摇篮曲的特性不够了解,会产生种种不利的情况:

时间、场合选择不当：新生儿正在游戏或处于亢奋的状态时，强哄着他睡觉，新生儿是无法安静入睡的。

环境嘈杂：新生儿睡觉的环境喧哗，或常有人说话、走动，即便哼唱优美悦耳的摇篮曲，新生儿也不会理会。

随意变换摇篮曲：无目的地乱唱摇篮曲，曲调变幻不定，新生儿的情绪会随歌曲的变化而变化,不容易安然入睡。

宜与忌 新生儿抬头练习

新生儿出生几天后就可以俯卧，但未满月的新生儿俯卧时，还不能自己主动抬起头，只能本能地挣扎，使面部转向一侧。到2个月时，能稍稍抬起头颈和前胸部，3个月时，头就能抬得很稳。

▶▶▶ 宜

俯卧抬头练习，不仅能锻炼新生儿颈部、背部的肌肉力量，增加肺活量，同时让新生儿能较早地正面面对世界，接受较多的外部刺激。

锻炼要在新生儿清醒、空腹情况下，即喂奶前1小时进行。

▶▶▶ 忌

做俯卧和抬头练习，对于新生儿来说，都需要付出很大的体力，新生儿会很累，因此，抬头练习不能太久。

抬头练习要循序渐进，不能操之过急，每天做1~2次，日积月累才能有进步。

/聪明妈妈育儿经/怎么进行抬头练习

床面要平坦、舒适，把新生儿的两臂屈曲到胸前方，俯卧在床上，父母把新生儿的头转至正中，手拿色彩鲜艳有响声的玩具在前面逗引，使新生儿努力抬头，抬头的动作从抬起头与床面成45°过渡到90°，并逐步稳定。

除了训练新生儿俯卧抬头之外，平时每次喂完奶后，妈妈应扶着新生儿头部靠在自己肩上，轻拍背部几下，然后用手轻扶头部，让新生儿的头自然竖直片刻，以锻炼头颈部力量。

宜与忌 新生儿"行走"练习

新生儿也能行走？这个说法看起来有些不可思议。然而，千万别以为新生儿身体很软，连头都抬不起来，就不能行走。

▶▶▶ 宜

新生儿天生就有"行走"的行为反射能力，而且这种反射能力一般会在出生56天左右消失。因此在早期，可以充分利用孩子的这种能力进行体能锻炼。这种行走反射不仅能使孩子提前学会走路，还能促进大脑发育和智力发育。

▶▶▶ 忌

如果新生儿不喜欢走，千万不要勉强。新生儿不舒服时不要做。

早产儿不宜做这项训练。

/聪明妈妈育儿经/**教你怎么和新生儿玩"行走"练习**

具体做法：妈妈双手托在新生儿腋下，大拇指一定扶好头，不要给新生儿穿鞋袜，让新生儿光脚接触床的平面。

这时候，就能惊奇地发现，新生儿竟然能协调地迈步。

可以当成游戏来做，一边逗新生儿做，一边喊出节奏。

行走练习可从出生后第八天开始，在吃奶半小时后或睡醒后，每天3~4次，每次2~3分钟。

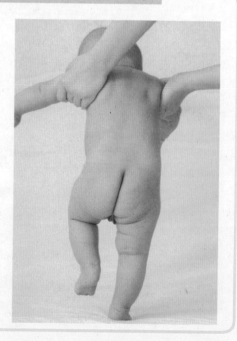

宜与忌 新生儿哭也是"运动"

做妈妈的一般都有感觉：新生儿动不动就哭，怎么那么爱哭呢？爱哭是不是有问题、不正常呢？

▶▶ **宜**

新生儿的哭也是在做运动。新生儿的各种生理发育都还没有完善，需要借助一定的运动量，才能促进身体全面成长。

随着生长发育，新生儿哭与笑的分离和随意运动的发展，啼哭的内涵会发生变化，运动成分越来越少，社会交往成分越来越多，这时候的哭，则更多地具有社会和情感的成分。

新生儿和早期的婴儿，只能躺在床上舞动四肢，活动量是远远不够的，必须借助啼哭这种动作，来加大活动量。

同时，喂养过量的后果，会使新生儿体重增加过快，新生儿和婴儿初期，对过度哺喂会有防御的本能反应，表现为哭闹活动和食物反流，即吐奶。

反流可以把多余的食物排出体外，而哭闹是借助啼哭这种全身性活动来消耗体内多余的热量，以达到全身营养的平衡。

▶▶▶ **忌**

如果大人一听到孩子哭，就不分原因去抱他，孩子的要求没有被理解，问题没有被解决，他的哭声会更厉害。时间一久，还会让他知道哭是要求大人抱的最好方法，以后会养成他利用哭来达到自己的目的。所以，孩子一哭就去抱不是一种好的养育方法。哭对婴儿来说并非是一件坏事，父母大可不必为此而心疼孩子。哭本身可以锻炼孩子的发音器官，可以运动全身、增加肺活量，有利于他的体格发育。当然，孩子生病而哭则另当别论。

/聪明妈妈育儿经/留心新生儿夜间哭闹的原因

如果新生儿夜哭，先要找出原因，才能针对情况来解决问题。切勿每当新生儿哭就以为是肚子饿了，就用吃奶的办法来解决。这样极易造成消化不良，会使新生儿哭吵得更厉害。

宜与忌 新生儿喜欢玩耍

从出生后到3岁以前的新生儿，主要通过玩、通过游戏来认识事物，了解世界。应让新生儿多玩，玩好就是新生儿期早教的中心内容。

▶▶ 宜

从新生儿出生以后，就开始被引导着玩和做游戏。为了孩子智力发育的需要，要多为新生儿提供安全、自在、充满欢乐的游戏环境，促进新生儿智力发展。

适合新生儿和新生儿阶段的玩具包括红色气球、红色绒线球、彩色图画、摇铃、拨浪鼓等。

气球和彩图可以悬挂在床头或墙上，引起新生儿注视，刺激视觉发育。

摇铃、拨浪鼓等用来在新生儿耳边摇动，刺激新生儿的听觉系统。

▶▶ 忌

千万不能操之过急，不能强求新生儿能"到……时候，完成……"。

玩也要循序渐进，因人而异，按照新生儿自身的规律，渐渐进步。顺其自然是培养新生儿体能的最佳方法。

╱聪明妈妈育儿经╱带新生儿出去玩玩或者泡温水浴吧

户外活动健身：带新生儿去户外，主要是呼吸新鲜空气和晒太阳，促进新陈代谢，增强适应能力。适宜选择天气晴朗无风的日子，带新生儿到户外去。

夏天出生的新生儿1周到10天、冬天出生的新生儿20天到1个月可以抱到户外。

刚刚开始时，每天1～2次，每次3～5分钟，逐渐延长时间、增加次数。

温水浴强体能：对新生儿进行温水浴，利用水温和水的机械作用，给孩子适当刺激，让新生儿全身的温度调节功能反应增强，促进血液循环，增加机体对于气温变化的适应能力。

水温适宜在37℃左右，让新生儿在水中待的时间约10分钟，每天可以视情况进行1～2次。

宜与忌 新生儿做抚触有益成长

抚触有利于新生儿的生长发育。抚触能通过人体体表的触觉感受器官压力感受器沿着脊髓传至大脑，由大脑发出信息，兴奋迷走神经，从而使机体胃肠蠕动增加，胃肠道内分泌激素活力增加，促进新生儿营养物质的消化吸收，使头围、身高、体重增长明显加速。

▶▶▶ 宜

每天，都要定时解开新生儿的包被，把新生儿放在床上，让新生儿自由自在地挥动小拳头，自由地蹬一蹬小脚丫和腿，让新生儿自由地看手、玩手、吸吮小手。

轻轻抚摩和按摩新生儿的双手，舒展和轻捏手指，不断地反复引起新生儿的抓握反射，向新生儿输入刺激信息。还可以用手指或小棍轻轻接触新生儿的小手，引逗新生儿做抓握动作。

对新生儿进行四肢的抚触，有助于新生儿的血液循环，促进皮肤的新陈代谢，增强新生儿皮肤抵抗疾病的能力，从而促进新生儿皮肤健康。

▶▶▶ 忌

新生儿如果长期得不到爱抚，会郁郁寡欢，感到孤独，天长日久后会形成孤僻的性格，出现不易和人交流、人际关系障碍等不良症状。

聪明妈妈育儿经／手、脚的抚触方法

四肢抚触的方法是妈妈用双手抓住新生儿胳膊，交替从上臂向手腕方向轻轻捏动，好像挤牛奶一样，从上到下搓滚。手和脚的抚触，有利于新生儿精细动作的发展。

每次在给新生儿洗澡前，松开包被做几分钟轻柔的体操，包括做左右、上下动一动头，伸手指到新生儿的掌心让新生儿抓握，然后弯一弯肘部，握住脚踝把腿向上拉、向外拉、向下拉、向内合，再向膝部弯曲。

最后，让新生儿趴在床上，帮助新生儿用胳膊支撑，用玩具逗引新生儿抬头。要注意的是，这些要在新生儿吃饱、觉醒、精神状态饱满的情况下进行，每次时间不宜太长，开始要控制在2～5分钟以内，逐渐加长时间，以免引起新生儿疲劳。

宜与忌 新生儿的健身被动操

健身被动操其实就是为了锻炼新生儿的体格，以便让他们身体更快发育，而经过这个方面训练的新生儿，身体会很快很好地发育。

▶▶ 宜

新生儿操每节做6～8次。1天一次，甚至2天一次也可以。

做操的时间，选择在新生儿吃饱、觉醒状态下，注意保暖，室内温度最好在21℃～22℃。

▶▶ 忌

给新生儿做新生儿被动操，完全不同于新生儿抚触。新生儿抚触，是对新生儿做局部的皮肤抚摸、按摩，需要手有一定的力度，进行全身皮肤的抚摸。而新生儿被动操，则是全身运动，包括骨骼和肌肉。

新生儿抚触在新生儿刚出生以后就可以做，而新生儿被动操则要在10天左右才开始做。

给新生儿做操时不能有较大幅度的动作，一定要轻柔，要顺着肢体和肌肉生长的方向活动。

/聪明妈妈育儿经/怎么做健身被动操呢

上肢运动：把新生儿平放在床上，妈妈用两手握着新生儿的两只小手，伸展新生儿的上肢，上、下、左、右活动。

下肢运动：妈妈两手握着新生儿的两只小腿，往上弯，使新生儿膝关节弯曲，然后拉着小脚往上提一提，伸直。

胸部运动：妈妈右手放在新生儿的腰下边，把腰部托起来，手向上轻轻抬一下，新生儿的胸部就会跟着动一下。

腰部运动：把新生儿的左腿抬起来，放在右腿上，让新生儿扭一扭，腰部就会跟着运动。然后再把右腿放在左腿上，做同样的运动。

颈部运动：让新生儿趴下，新生儿就会抬起头来，颈部可以得到锻炼。

臀部运动：让新生儿趴下，妈妈用手抬新生儿的小脚，小屁股会随着一动一动。

Part 2
婴儿期
（1～12月）

满月以后直到周岁以前，通常称小婴儿阶段。满月以后可以抱婴儿出去见一见世面。在吃饱和清醒的状态下，婴儿见到人或被逗引的时候，已经会甜甜地一笑，特别招人喜爱。

照顾满月以后的婴儿，爸爸妈妈已经开始有章有法，不再像刚刚从医院回家那样手忙脚乱了。对满月以后、1岁以前的小婴儿阶段的照料，除了生理、哺喂和日常生活以外，还需要了解早教、体能训练的内容。

省时阅读

从满月到一周岁期间是婴儿生长发育最快的阶段，婴儿要从哺乳过渡到进食泥糊状食物，并学着自己动手吃饭，养成好的进食习惯。

随着身体发育，免疫系统开始建立，婴儿要经历一个飞跃的阶段，如长牙、囟门闭合等，此时皮肤保护、生病护理、防止意外情况发生等工作都很重要。

睡眠好，才能发育好，围绕睡眠和卫生习惯有很多生活细节要注意，本书对衣着、洁身、户外活动、家庭安全防意外等提供可以参考的建议。

从体能到智力，婴儿都要经历飞跃发展阶段，睡卧、翻滚、爬行、坐、站立甚至学步，从用哭声表达需要，到张手要抱、牙牙学语，情感发展则从会向父母微笑，到认生和亲子依恋，随着婴儿具有移动身体的能力后，他认识、探索环境和事物能力增长，开始"淘气"。总之，不能不说，婴儿这一年的变化很惊人。

饮食与营养

宜与忌 2~6个月母乳喂养指南

母乳喂养的婴儿,满月以后到换乳前,已经和妈妈建立了良好的泌乳关系。在这个月龄段里,只要妈妈和婴儿的健康状况都正常,普遍会养得白白胖胖。

▶▶ 宜

1. 哺乳期间的妈妈,要讲究食谱的科学性,不宜单一吃素食。因为婴儿发育时所必需的优质蛋白、不饱和脂肪酸、微量元素以及维生素A、维生素D、维生素E、维生素K等脂溶性维生素,皆以动物性食物中含量较多,如果单一吃素,势必导致乳汁的营养质量降低。

2. 为给婴儿补充多种营养成分。哺乳期的母亲必须注意膳食结构的平衡,尽可能多摄入富含多种营养成分的食物,例如各类海产品,其富含的磷、钾、锌等微量元素对婴儿的正常生长发育有利。尤其是锌,出生至半岁的婴儿,每天需要锌1.25毫克,如果缺锌,会引起婴儿畏食、异食癖和生长停滞,乳儿期如果缺锌,还会造成智力发育障碍。

▶▶ 忌

每天用母乳喂婴儿,最好不要少于3次,如果因为上班每天只喂1~2次,乳腺受不到充分刺激,乳汁分泌量就会越来越少,对婴儿成长不利。上班的妈妈可以每天定时吸奶,然后冷藏,下班后带回家。

随着婴儿长大,有的妈妈可能会出现母乳逐渐减少的情况,如果婴儿体重增长速度下降,变得爱哭闹,或夜里醒来哭闹的次数增多,对此不应听之任之,而应当加喂一次牛奶或配方奶试一试,如果效果不明显就再增加一次牛奶。

健康的母亲一般都有足够的乳汁喂哺自己的婴儿,但也有极少数母亲由于疾病或其他原因,没有乳汁或乳汁不足,对此也不应不采取措施,必须用配方奶代替母乳进行人工喂养,或补充母乳进行混合喂养。

宜与忌 2～6个月人工喂养指南

如果妈妈没有乳汁，或者是乳汁分泌不足，则可以考虑人工喂养。人工喂养多使用市售专门的婴儿配方奶粉哺喂。

▶▶▶ 宜

为不让婴儿长得过胖，配方奶的日哺喂量应当限制在900毫升以下，900毫升产生的热量约为2470千焦（592千卡），足够婴儿的需要。如若每天喂6次，每次不要超过150毫升；如若每天喂5次，每次不应超过180毫升。用配方奶喂养的婴儿食欲会很旺盛，如果按照婴儿的食欲量不断增加喂量，就有可能吃过量；继续添加下去，婴儿就会过分肥胖，在体内积存不必要的脂肪，加重心、肾和肝负担。

给婴儿煮菜汁、果汁或做菜果水时，用不锈钢锅为宜；不宜使用铁锅或铝锅，以免营养成分流失。

▶▶▶ 忌

用配方奶粉喂养婴儿时，一定要注意以下几点：

奶粉调制温度过高

母亲的体温是37℃，这大体也是配方奶粉中各种营养存在的适宜条件，婴儿的胃肠也好接受。所以调制奶粉切忌温度超过37℃。

过浓或过稀

浓度高可能会引起婴儿消化不良、身体失水和高氮质血症；浓度低就会造成营养不良。

污染变质

配方奶非常容易滋生细菌，冲调好的奶粉不可能再被高温煮沸消毒。所以，配制过程中一定要注意卫生。如果奶粉罐开罐后放置过长时间，就可能被污染。吃剩下的奶水一定要倒掉，不要加热后再给婴儿喝。

宜与忌　婴儿添加辅食

　　无论是母乳喂养还是人工喂养，随着婴儿对营养的需求变化、消化功能的成熟，都应当适时、适度地添加辅助性食物。

▶▶▶ 宜

　　母乳喂养的婴儿出生后第四个月，就可以喂一些菜水，如青菜水或菠菜水等。或者喝一些富有维生素C的水果汁，如西红柿汁或山楂汁等。每天1~2次，量要从少到多。人工喂养或混合喂养的婴儿满1个月以后，给婴儿添加新鲜蔬菜水或水果汁也要随着进食量的增加而增多，否则，婴儿食量加大后，容易便秘或因维生素C不足而引起其他病症。

　　母乳喂养的婴儿较人工喂养的婴儿辅食添加得晚，因为母乳中有适合婴儿所需的水及维生素C，如果过多地给婴儿添加蔬菜水和果汁，反倒会减少婴儿吃母乳的次数，减少从母乳中所得的各种营养素。

　　应当创造条件，发展婴儿的味觉辨别能力。2~3个月龄大小的婴儿，可以经常抱婴儿到餐桌旁边，看家里人吃饭，让婴儿闻一闻饭菜的香味儿，还可以蘸一点菜汁，给婴儿尝一尝各种口味。要注意，不要给婴儿尝味道过浓、有刺激性的食物。

▶▶▶ 忌

　　满月以后的婴儿，消化功能比较脆弱，随年龄的增长而逐步完善，添加辅食要慢慢来，要按照由少到多、由稀到稠、由细到粗，由一种到多种的循序渐进原则，千万不能操之过急，否则，就会使婴儿的消化功能负担过重，发生呕吐、腹泻等消化功能的紊乱。

　　开始，可以先试着添加一种食物，量要少一些，过3~4天或1周婴儿消化系统适应以后，再增加食物的量。再过一段时间，就可以添加另外一种食物，不要一开始就加几种食

物，这样婴儿会受不了。如果添加了某种食物之后，婴儿大便次数多了，性质也不好了，就得停一停，等大便恢复正常后再吃，量也要从少到多。

婴儿对于香味、酸味等味道相当敏感，而嗅觉则更灵敏，婴儿舌面上的味蕾对于酸、甜、苦、咸、辣等各种味道其实具有了精确的感觉和辨别能力。可以让婴儿闻一闻醋瓶子，婴儿会表示强烈的不喜欢。

聪明妈妈育儿经／给婴儿补充水分

水，是生命之源。判断婴儿长得是否健康，皮肤是否显得"水嫩"就是一个外观指标。

每天给婴儿喝多少水，看似事小，却与健康息息相关。

给婴儿喝足量的水是保证婴儿健康成长发育，让其免遭疾病侵害的最主要哺养手段之一，也是育儿的关键要素。

人体每日摄入的水量应与排出体外的水量保持大致相等。婴儿生长发育旺盛，对水的需求相对比成年人高得多，每天消耗的水分占体重的10%～15%，而成年人仅为2%～4%。婴儿每日的需水量与年龄、体重、摄取的热量及尿的比重均有关系。

婴儿期的婴儿，每天需水量为每千克体重120~160毫升，我们知道人体组织和某些食物代谢氧化过程中也会产生水，称为内生水。每1克糖类产生0.6克水；每1克蛋白质产生0.4克水；每1克脂肪产生1.1克水。

那么，每天应当给婴儿喝多少水才合适呢？

一名8千克体重的婴儿，如果按每日摄入蛋白质24克、脂肪25克、糖类120克计算，将产生内生水约110克，即110毫升水。如果按每千克体重供水150毫升计算，则这名婴儿每天需水1200毫升，除去内生水110毫升，还要为婴儿提供1100毫升饮用水。如果是纯母乳喂养的婴儿，饮水量基本可由母乳得到保证。而吃配方奶的婴儿或是混合喂养的婴儿，就需要单独饮用白开水来保证必需饮水量了。

宜与忌 给婴儿添加果蔬汁

妈妈可以尝试为婴儿添加新鲜的蔬果汁,这样既满足了婴儿对水分的需求,又能给婴儿补充营养。

▶▶▶ 宜

自制果汁主要具有以下几个优点:

1. 最大限度地减少营养物质的损失。新鲜蔬果中含有丰富的维生素,但又极易溶于水,遇到碱性物质极不稳定,很容易被氧化。因此,市售果蔬汁在储存和加工过程中容易造成维生素破坏。所以,最好的办法是给婴儿饮用自制的新鲜果蔬汁,可以最大限度地减少营养物质的损失。

2. 不含有害物质。妈妈在制作果蔬汁的过程中,水果和蔬菜的有益成分从纤维素中分离出来,而农药等残留的有害物质仍留存于纤维中,这样自制的果蔬汁中不会含有农药等有害物质,对婴儿的身体健康十分有益。

3. 帮助婴儿排出体内废物。果蔬汁会使血液呈碱性,溶解积存于细胞中的毒素,使婴儿体内堆积的毒素和废物排出体外。

▶▶▶ 忌

给婴儿喂果蔬汁时,第一次喂1小匙,约10毫升,以后逐渐增加,每天最多不超过150毫升。

要选择新鲜的蔬菜和水果制作果蔬汁,而不一定非要买进口水果,反季节蔬果更不宜选用。

果蔬汁要随制随饮,不宜久放。长期放置的果蔬汁亚硝酸盐含量会增高,可能导致中毒。即使放在冰箱内,也不能久存。

由于果汁含糖量较高,过量饮用会导致婴儿食欲下降,还可能出现头晕、呕吐等果汁综合征,所以果汁只能是给婴儿换口味和补充营养素,可少量饮用,绝不能代替饮水。

宜与忌 给婴儿制作果汁

由于婴儿身体功能的增长和新陈代谢活动旺盛，每天必须要注意补充足量的水分，以满足需求。

▶▶▶ 宜

一般婴幼儿每天每千克体重需要水120～150毫升，1个月龄的婴儿如果体重5千克，每天需水量在600～1100毫升，包括喂奶量在内。

除适当喂哺温热的白开水之外，还可以自制一些新鲜蔬菜、水果汁来哺喂，以补充维生素。

▶▶▶ 忌

不要给婴儿饮用市面上出售的蔬菜汁或果汁，因为市售的饮料或多或少都含有食品添加剂，不宜婴儿饮用。

市售饮料大多数并不是水果原汁，而是配制成的，不能为婴儿补充所需的维生素。即使有些饮料含有少量水果原汁，经过反复消毒加工和贮存后，维生素所剩无几。因此，给婴儿添加营养喝的鲜果汁、蔬菜水一定要自己做。

/聪明妈妈育儿经/教你制作菜水与果汁

混合水果汁：取苹果、梨等新鲜水果，去皮和核后切成小丁，加入清水煮沸，然后滤掉果渣，凉温后即可。

青菜水：青菜或其他新鲜绿叶蔬菜叶片50～100克，洗净后切碎，加入清水煮沸，至水变为绿色后，滗出菜水或滤去菜叶，待温度适宜时喂哺。

西瓜汁：西瓜50克，去皮取西瓜肉，以榨汁机取汁即可。2～6个月大婴儿，每次喂食1～2小匙。西瓜多汁，含水量达93％，同时又是含钾量很高的水果，会有利尿作用，在晚上睡前不宜给婴儿食用，免得婴儿因为尿多而干扰父母睡眠。

胡萝卜水：胡萝卜50克，清水50克。胡萝卜洗净切碎，放入锅内加水煮沸2～3分钟后，用纱布滤去渣，凉温即可。

宜与忌 给婴儿添加蛋黄

到了第六个月，大部分婴儿可以第一次尝试真正的辅食了，蛋黄泥无疑是首选。蛋黄中含有丰富的营养成分，并且含有优质的亚油酸，是婴儿脑细胞增长不可缺少的营养物质。

▶▶▶ **宜**

第一次给婴儿添加蛋黄泥，妈妈不要奢望婴儿能吃多少，主要的意义是让婴儿感受一下蛋黄的味道。为了让婴儿顺利接受蛋黄，妈妈在第一次做蛋黄泥时应尽量调稀，这样蛋黄粒就不会太粗，婴儿较易接受。等婴儿完全接受蛋黄泥之后，妈妈就不用刻意将蛋黄泥调稀了。因为对于刚刚接触辅食的婴儿来说，尝试各种食物的口感、粗细和味道是十分重要的。

▶▶▶ **忌**

刚开始添加辅食，婴儿可能还不太习惯陌生食物的味道，从而拒绝进食。不管婴儿是一次还是多次排斥蛋黄泥，妈妈都不要放弃给婴儿继续添加蛋黄泥。妈妈可以从少量开始，给婴儿一个适应的过程。添加时，把一个鸡蛋煮熟，取出1/4个蛋黄，碾成糊状，然后与奶、水等混合均匀后给婴儿食用。连续几天，观察婴儿吃了蛋黄泥后的消化情况。如果大便正常，可以从1/4加到1/2，再观察1周，如果没有异常反应，可以加到一个整蛋黄。

/聪明妈妈育儿经/自制蛋黄泥

煮鸡蛋。选择新鲜的鸡蛋，用温水洗干净后放入凉水锅中，这样鸡蛋不易煮坏。

等鸡蛋煮熟后取出，迅速放入凉水中浸泡一下，这样处理过后的鸡蛋好去壳。

剥掉蛋壳，去掉蛋白，取蛋黄备用。

将蛋黄切成均等的4份，将其中的一份放入小碗中，用小勺碾碎，然后加适量水调成稀糊状就可以喂给婴儿吃了。

宜与忌 给婴儿添加鱼肉辅食

鱼肉细嫩，富含锌、硒、蛋白质以及维生素B_2等营养成分，其所含脂肪主要是不饱和脂肪酸，易消化，适合婴儿发育的营养需要，对婴儿骨骼生长、智力发育、视力维护等有很好的作用。

调查显示，我国的婴儿在8个月时仍未添加鱼类辅食的比例高达42.6%，因此造成许多婴幼儿蛋白质和无机营养素的摄取量明显不足，影响正常的生长发育。如果妈妈能及时并科学地给婴儿添加鱼类辅食，以上问题都可以避免。因此，适当给婴儿提供鱼肉辅食是十分必要的。

▶▶▶ 宜

选择肉多、刺少的鱼类，不仅便于加工成肉末，也适合婴儿食用。其次，在制作方法上必须确保鱼刺已经全部取出，以保证婴儿进食安全。

另外，婴儿刚刚开始添加鱼类辅食时一般吃得很少，因此妈妈也可以选择市售的鱼泥给婴儿食用，等婴儿逐渐适应且食量增大时再自己制作。

▶▶▶ 忌

需要提醒妈妈的是，如果婴儿属于过敏体质或者家庭有既往过敏史的，要谨慎给婴儿添加鱼类辅食，最好等婴儿的消化功能发育完全后再行添加。

宜与忌 婴儿期哺喂泥糊状食物及制作

从第6个月起，哺喂婴儿可以开始添加含蛋白质的食物，如蛋黄、鱼、肉、豆腐等。食物的形态可从汤汁或糊状，渐渐转变为泥状到固体。

给婴儿添加五谷类的食物种类，如可以增加稀粥、面条、吐司面包、馒头等。

随着婴儿不断地生长发育，婴儿所需要的营养物质仅从奶中获取逐渐不够，辅食添加成为保证婴儿获得必需营养素的必要途径。

▶▶▶ 宜

卫生要素：满足安全与健康的需要。

营养要素：满足生理、运动消耗的需要。

美感要素：满足感官、精神的需要。

在制作婴儿辅食时也应参照这三项要求，而卫生上的要求在制作过程中应该特别重视。婴儿的消化系统非常娇嫩，免疫系统的发育又不完善，一旦摄入不洁的食物就会引起腹泻。这样一来，非但没有补充营养素，还会使体内的营养素丢失，得不偿失。所以，制作婴儿辅食时要把住卫生关，如制作的辅食要熟透，盛辅食的容器要严格消毒，制作者的手要清洗干净。

制作辅食时，要注意适应婴儿的消化能力。人工喂养婴儿在6个月后加的辅食是菜果汁，属于流质食物；8个月后制作的辅食是泥状糊，如菜泥、蛋黄等。

▶▶▶ 忌

纤维质较粗的蔬果和太油腻、辛辣刺激或筋太多的食物，不适合喂婴儿吃。

喂辅食前，一定要先试一试食物的温度，不要烫着婴儿。

要注意不能给婴儿直接喂蛋清，以免造成过敏。因为婴儿的肠道还不能适应蛋清，要等到消化功能成熟以后，才能具备接受、消化蛋清的能力。

较大的一些婴儿，比如1岁左右，应该喂粥、汤、煮烂的面条等，并且要在粥中添加副食品。

而开始适应添加副食品阶段的婴儿（7个月龄），吃这一类食品，需要精细加工，否则，婴儿难以吞咽，吃下去也消化不了。

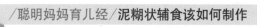

聪明妈妈育儿经／泥糊状辅食该如何制作

家庭制作肉、菜泥，是适应婴儿生长发育阶段的需要。

爸爸妈妈制作适合婴儿吃的菜泥、猪肝泥、肉末及虾泥的制作方法参考如下。

菜泥：先把菜叶（如油菜、菠菜、卷心菜等）洗干净，去茎后把叶子撕碎，在沸水中略焯一下后捞起，放在金属滤器中用勺子挤压捣烂，滤出菜泥。如果没有金属滤器，可以用菜刀把菜剁成细碎。随着婴儿年龄的增长，菜泥可以渐渐切得粗一些。菜叶弄碎后，用急火上油锅炒一下即成。

鱼泥：把鱼段（如青鱼、带鱼）洗净后，放在碗内加料酒、姜，清蒸10～15分钟，冷却后去鱼皮、去骨，把留下的鱼肉用勺压成泥状，即成为鱼泥。

肉末：瘦肉洗净、去筋，切成小块后用刀剁碎，或放在绞肉机中绞碎，加一点淀粉、料酒和调味品拌匀，放在锅内蒸熟。

肝泥：把猪肝（或牛、羊肝）洗净，用刀剖开，在剖面上慢慢刮，然后把刮下的泥状物加上料酒和调味品，放在锅内蒸熟，然后研开即成肝泥。若用鸡肝或鸭肝，则要先洗净，加料酒、姜，放在锅内整只煮熟，冷却后取出用勺压成泥状。

虾泥：鲜虾去壳，剥出虾仁，把虾仁洗净，用刀剁散成茸，然后加料酒、淀粉和调味品，拌匀以后上锅蒸熟即可。

宜与忌 训练婴儿使用小勺

婴儿8个月后，要注意逐渐养成其良好的饮食习惯，训练他在一定时间、一定地点自己用餐具进食。喂食前做好准备，如给婴儿洗手、带围嘴儿等。大一些的婴儿，喂食时可以给他一把塑胶小勺或一个塑胶盘，让他自己吃。婴儿长到1周岁或1岁半时，就应培养他自己吃东西的习惯，以提高婴儿的吃饭兴趣。现在的婴儿一般都是先训练其使用小勺，再教其使用筷子。

▶▶▶ 宜

持勺一般用右手，应该让婴儿尽可能持住勺柄的上端，而不应抓住勺柄的下部，否则舀饭菜时手会碰到饭菜，吃到嘴里不卫生。如果婴儿坚持用左手，也不必强行纠正。将勺柄倚在中指上，中指则以外侧的无名指和小指为支撑，大拇指按在小勺的另一边。

▶▶▶ 忌

从一开始，父母就要阻止婴儿用手乱抓饭菜的坏习惯。应训练婴儿用小勺吃饭舀汤，尽早培养婴儿用小勺独立吃饭的能力；同时要容忍婴儿独立吃饭时造成的脏和乱，进食时要让婴儿保持心情愉快，千万不能在这时训斥他。

勺子要大小适中，不易破损，否则婴儿一不小心会弄伤自己。小勺不要到处乱放，弄脏后再吃就不卫生了。

另外，不能让婴儿边吃边玩，要养成良好的进食习惯。如果婴儿走开，要劝其回到位子上，不要让婴儿嘴里含着勺子到处跑着玩，这样一不小心小勺会戳伤喉咙，甚至影响呼吸，造成窒息。

/聪明妈妈育儿经/**耐心教会婴儿喝汤**

训练婴儿用小勺从汤盆里舀汤，一勺一勺地送到嘴里喝。要注意汤不能太烫，尤其用金属做的小勺舀汤时，更要注意汤的温度要适中，否则也会对婴儿造成伤害。

宜与忌 6～12个月是关键的食物过渡期

过渡性食物，以往被称为"辅食"、辅助食品。近年来，国内外育儿研究学界为表述准确起见，一般称为"泥糊状食物"，又叫"过渡性食品"。

人类在婴儿时期尝试过的食品，往往会终生难忘，所以说婴儿时期是培养良好饮食习惯的时期。婴儿时期，尤其是在添加过渡性食品时期，按照一定的规律给婴儿尝试各种食物，可以培养婴儿以后不挑食、不偏食的良好饮食习惯。

在第6个月龄添加过渡性食品，是指在乳类食品与普通食品之间要有一个过渡时期，过渡的好坏，直接关系到婴儿的生长发育。不管是母乳喂养还是人工喂养，在这个月龄，都应该添加过渡性食品。

添加过渡性食品，可以培养良好的饮食习惯。婴儿的食品从流质到固体食物，从单一的食品到多种多样的食物，需要一个循序渐进的过程，也是使消化功能逐步健全的过程。

▶▶▶ 宜

婴儿在6个月左右时就开始长出乳牙。在牙齿萌出的过程中，牙龈需要一定的刺激，对牙龈的刺激可以促进牙齿的健康发育，也能减轻婴儿出牙的生理反应，还能锻炼牙齿功能。添加过渡性食品就是一种刺激牙龈的方法，而单一吃流质的乳类食品达不到这种作用。

除了对牙齿发育的好处外，添加过渡性食品还有促进婴儿咀嚼能力发育，完善口腔功能的作用。婴儿通过吃过渡性食品，学会了咀嚼，在咀嚼时刺激口腔中的各种消

化酶分泌，口腔的消化功能得以发育完善。母乳喂养的婴儿，应当加喂配方奶粉，为断乳做好准备。

▶▶▶ 忌

6个月大的婴儿，是食物过敏的高发年龄段，大豆、花生、鱼、橘子等均能引起婴儿食物过敏。而牛奶和鸡蛋是引起儿童食物过敏的最常见食物，占食物过敏患者的63.6%，其中由鸡蛋引起的占45.4%。

食物过敏没有特殊的治疗手段，只能避免让婴儿食用这些会引起过敏的食物。因此，不要强迫婴儿吃不喜欢的食物，尤其是因为天天吃而可能产生厌烦的牛奶和鸡蛋。

/聪明妈妈育儿经/婴儿为什么拒哺

能闻到食物的香味儿张开小嘴，是婴儿天生就有的本领，婴儿吃得香，全家人都开心。但是，有时候却会遇到婴儿转开脸、不愿意吃奶的现象。

造成婴儿拒哺的原因有很多，包括：

奶嘴不适：人工喂养的奶瓶上奶嘴太硬，或者开的吸孔过小，吮吸乳汁费力，会造成婴儿厌乳。

疾病：婴儿患上一些疾病，如消化道疾病，或面颊硬肿时，均会不同程度地出现厌乳。

鼻塞：上呼吸道感染或感冒及其他原因造成鼻塞，婴儿得用嘴巴进行呼吸，如果吮吸乳汁，必定妨碍呼吸。

口腔感染：因疼痛而害怕吮吸乳汁。婴儿口腔黏膜柔嫩，分泌液少，口腔一般比较干燥，若不适当地擦拭口腔，或饮用过热乳汁，就会使婴儿口腔发生感染。口腔感染后，吮吸乳汁即会产生疼痛，从而拒哺。

早产：早产儿身体发育不完善，吸吮功能低下，也常会出现口含奶头不吮吸或稍吮即止的现象。

不爱吃配方奶：婴儿突然变得不爱吃牛奶，有可能是因为前一段时间食量过大、吃得太多，造成了体内负担过重。这时候，不要强迫婴儿吃，可以喂一点果汁和水，等到婴儿想吃的时候再喂。只要每天能进食100~200毫升奶，就不必担心饿坏婴儿。经过1周左右的调整，就能恢复正常。

如何逐步添加糊状食物

婴儿从6月龄到1岁左右的换乳期，其主要食物开始由液体（母乳、配方奶粉等）过渡到固体（饭菜等）。这半年左右，要开始逐步添加糊状食物，比如多种菜泥、肉泥等。

1. 从6个月开始，除了母乳或配方奶粉，要开始逐步添加喂养一些蔬菜泥、苹果泥、香蕉泥等。6个月龄后，婴儿体内贮存的铁已基本耗尽，仅喂母乳或配方奶已满足不了生长发育的需要。因此需要添加一些含铁丰富的食物。

2. 婴儿7个月时，属半断奶期，宜添加蛋黄、稀米粥、水果泥、青菜泥等食物。

3. 婴儿8个月时，添加鱼泥、菜泥、豆腐、动物血等食物，晚餐开始以添加食物为主。

4. 婴儿9个月到1岁，可以开始大量增加泥状食物，在增加食量和次数的同时，还要考虑到各种营养的平衡。为此，每餐最起码要从以下四类食品中选择一种。

淀粉：面包粥、米粥、面、薯类、通心粉、麦片粥、热点心等。

蛋白质：鸡蛋、鸡肉、鱼、豆腐、干酪、豆类等。

蔬菜、水果：蔬菜包括萝卜、胡萝卜、南瓜、黄瓜、番茄、茄子、洋葱、青菜类等；水果包括苹果、蜜柑、梨、桃、柿子等。还可加海藻食物如紫菜、海带等。

油脂类：黄油、人造乳酪、植物油等。

5. 婴儿12个月时，可以完全断奶（母乳），饮食也固定为早、中、晚三餐，并由稀粥过渡到稠粥、软饭，由泥糊状转变到软质食物，到1岁时可训练婴儿自己吃饭，并必须断奶（母乳），如果继续用母乳喂婴儿，婴儿可能既不喝奶，食欲也差。

宜与忌 不肯吃粥的婴儿怎么办

粥通常是用谷类制作的糊状食品，含糖类，可以用来供应能量，占婴儿总能量的一半左右。

▶▶▶ **宜**

粥软烂易消化，比较适合婴儿的消化特点，又可以根据需要加入不同的营养素，因此，是由哺乳过渡到普通饮食的最佳食品。

▶▶▶ **忌**

从乳汁到糊状食物的过渡，新爸爸妈妈很容易操之过急，因此一定要掌握辅食添加的原则和技巧。要让婴儿慢慢适应新的进食习惯。

/聪明妈妈育儿经/婴儿不肯吃粥的应对妙招

有些婴儿不肯吃粥，即使把粥喂到口里了也不做吞咽，这是为什么呢？婴儿出生后，皮肤感觉出现最早，包括温觉和触压觉，之后相继形成味觉和嗅觉，最后形成的是视觉和听觉。母乳喂养时，妈妈用手把婴儿抱起来喂奶，皮肤得以广泛接触，母子依偎，充满温情，哺乳的同时婴儿也能感受到妈妈身体熟悉的气味和母乳散发出来的芳香，婴儿一闻到妈妈的气味就会显得十分兴奋愉悦。长期的接触使婴儿和妈妈、母乳建立起牢固的特定关系，相应的感知觉也很快形成和发展起来。一旦改为用小勺喂食粥类，就会引起婴儿的不满，出现哭闹、拒绝进食的现象。

不要期望立即取消已经建立的饮食习惯，应尽可能满足婴儿的某些要求，保留一定的喂奶形式。喂粥时把婴儿抱在手臂上，尽可能像母乳喂养时那样，使胸部皮肤与婴儿面部接触。

可以哺乳和喂粥交替进行，使婴儿在环境变化比较小的情况下，慢慢改变单一吸吮母乳的习惯，逐渐养成婴儿用勺子进食的习惯。

还可以把粥煮得烂一些，放进奶瓶，或在粥中加入适量的配方奶粉，使粥具有奶汁的香味。

宜与忌 第11个月开始是断奶时机

断奶，是育儿过程中，尤其是母乳喂养的婴儿成长过程中的必经阶段。正确的说法应当是"离乳"，即渐渐离开以乳类食物为主的进食方式。

一般母乳哺育的妈妈，需要从婴儿半岁起就准备给其计划离乳。一方面妈妈的哺育假期即将终结；另一方面，婴儿的营养需要量增加，而且消化系统也开始逐渐发展到能接受成人食物，需要建立健全消化吸收系统的功能。

▶▶▶ 宜

从6个月开始，要给婴儿添加辅食，逐步使辅食变为主食。

开始时，每天少喂一次奶，用食品补充，在后几周内慢慢减少喂奶的次数，逐渐增加辅食，最后停止夜间喂奶，以致最后完全断奶。

自然断奶法，是不断诱导婴儿吃其他食物，同时也允许婴儿吃奶，逐步使婴儿自己停止吃奶。但是，断奶最晚也不要超过1岁半。

▶▶▶ 忌

有的父母给婴儿强行快速断奶，结果婴儿哭闹不止，易上火，吃不好，睡不好，影响健康。

也有的父母按照老辈人教给的传统做法，平时不为婴儿断奶做准备，要断奶时，就往奶头上抹辣椒水或苦味的东西，以此来胁迫婴儿断奶。这种突然断奶的方法更不好，会使婴儿感到不愉快，影响情绪，容易引发疾病，也会因为不适应而吃得少造成营养不良。

/聪明妈妈育儿经/**如果有以下的情况，不宜给婴儿断奶**

不论母乳哺喂还是配方奶哺喂的婴儿，从6个月开始添加辅食都是必需的，让婴儿的肠胃得到锻炼和适时发育，开始逐渐习惯食物转换的新方式。而在这个过程中，甚至在成年之前，最好每天都要持续供给一些配方奶粉，继续补充营养，因为，鲜奶、配方奶和奶制品毫无疑问是婴儿生长发育过程中最好的营养补充源之一。

实际上，给婴儿断奶并非彻底"断"绝了乳类食物供应，并非不让婴儿再吃母乳或喝牛奶、配方奶粉，而是换成以一般的固体食物为营养的主要来源，因此称为"换乳"或者"离乳"才更加合适一些。

因为从来没有添加过辅食，所以婴儿的消化道对断奶后食品并没有适应的能力，如果采用突然断奶的方式，会给婴儿带来不利，引起消化道功能紊乱，营养不良，影响生长发育。

婴儿患病期间，不能断奶。婴儿患病时，若再加上断奶因素，会使病情加重或造成营养不良。

给婴儿断奶，一般来说最好的时间选择以秋季为宜，不要在炎热的夏季给婴儿断奶。因为婴儿由哺乳改为吃饭，必然会增加肠胃的负担，加上天气炎热，消化液分泌减少，肠胃道的功能降低，容易发生消化功能紊乱，引起消化不良，甚至发生细菌感染而造成腹泻。

如果婴儿应当离乳的时间正巧逢上夏季，可以提前或稍微推迟一段时间，以免给婴儿带来健康方面的影响。

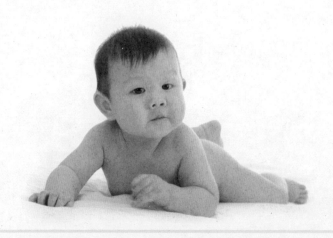

宜与忌 断奶后的饮食安排

断奶后的婴儿必须完全靠尚未发育成熟的消化器官来摄取食物的营养。由于消化功能尚未成熟，容易引起代谢功能紊乱，因此，断奶后婴儿的营养与膳食要注意适应这个时期婴儿机体的特点。

▶▶ 宜

断奶后，婴儿每日需要热能为41100～1200千卡（609.4~5020.8千焦），蛋白质35～40克，需求量较大。由于婴幼儿消化功能较差，不宜进食固体食物，应当在原辅食的基础上，逐渐增添新品种，逐渐由流质、半流质饮食改为固体食物，首选质地软、易消化的食物。可以包括乳制品、谷类等，烹调时应当切碎、煮烂，可煮、炖、烧、蒸，不要油炸和使用刺激性作料。

▶▶ 忌

在三次正餐两次加餐之外，尽量少给婴儿零食，特别是少吃巧克力，以免影响婴儿食欲和进餐质量；如果进食量过多，也会导致营养失调或营养缺乏症。

要养成良好的饮食习惯，防止挑食、偏食，要避免边走边喂、吃吃停停的坏习惯。婴儿应当在安静的环境中专心进食，避免外界干扰，不打闹、不看电视，以提高进餐质量。

/聪明妈妈育儿经/早餐要保证质量，午餐宜清淡些

断奶后婴儿的进食次数，一般每天4～5餐，分早、中、晚餐及午前、午后加餐。

例如，早餐可以供应牛乳或豆浆、蛋或肉包等；中餐可以为烂饭、鱼肉、青菜，加鸡蛋虾皮汤等；晚餐可以进食瘦肉、碎菜面等；午前加餐可以给一些水果，如香蕉、苹果片等；午后加餐为饼干。每天的菜谱尽量做到多轮换、多翻新，注意荤素搭配，避免餐餐相同。

主食应给予稠粥、软饭、面条、馄饨、包子等，副食可包括鱼、瘦肉、肝类、蛋类、虾皮、豆制品及各种蔬菜。

宜与忌 培养婴儿良好的饮食习惯

　　良好的饮食习惯是一种健康的生活行为，需要在婴儿饮食的过程中进行正确的示范和引导，让婴儿从小养成正确的饮食习惯和行为。

▶▶▶ 宜

　　1岁婴儿，手的动作越来越灵活，总是想自己动手，可以充分利用婴儿的积极性，手把手地教一教婴儿自己动手吃饭。只要让婴儿把小手洗净，就尽可能地让婴儿自己动手拿食物，训练手指的精细动作和协调能力。包括吃饭时，让婴儿也坐在餐桌上，用小勺子把饭菜往自己嘴里送。

　　好奇心强的婴儿，在餐桌上见到父母用筷子吃饭，也会感兴趣，会有自己也动手学用筷子的要求，对于婴儿的这种积极性，要多给予鼓励，做好了要多多表扬、多称赞婴儿。

　　这个时期的婴儿正是边吃边玩、进食量时多时少的时期。无论吃不吃，每一顿饭都要固定时间，过了二三十分钟后，不管吃没吃好，都要把饭菜撤掉。以防止婴儿养成边吃边玩的习惯。

▶▶▶ 忌

　　1.要尽可能地让婴儿去探索和试验，切忌嫌麻烦。不要因为婴儿学不会使用小勺子、筷子，把饭菜弄得满桌子都是却吃不到嘴里而限制婴儿自己吃饭，即使婴儿把饭菜沾到手上、脸上、头发上、衣服上甚至桌椅上，撒得到处都是，也没有多大关系。因为多鼓励婴儿自己去做，自己去动手，锻炼婴儿的自信和手指头精确运动能力，是最重要的。只要多多练习，婴儿总会学着做好的。

　　2.不注意进食氛围。有的婴儿吃不下饭或不想吃饭，父母就指责和批评婴儿，甚至大动肝火，造成婴儿每次吃饭都有委屈感，这样婴儿就会在潜意识里讨厌吃饭，害怕吃饭。吃饭成了一件不开心的事情，难免会导致厌食。家庭一方面要营造愉快的吃饭氛围，让婴儿开开心心地吃饭，尽量不要在饭桌上斥责婴儿，影响婴儿就餐的情绪；另一方面，如果婴儿不愿意吃，也不要勉强，饿一饿也并不是什么坏事。

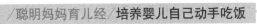 **聪明妈妈育儿经/培养婴儿自己动手吃饭**

婴儿越长大，也就越来越喜欢自己动手，包括吃饭。

妈妈喂饭很可能会被婴儿推开，用不张嘴、转开头来表示拒绝，不是不吃，只是想自己动手吃。最开始，自己动手会弄得到处都是，还吃不进嘴里，这没关系。因为婴儿的精细动作能力，需要逐步锻炼和提高。

1. 要让婴儿养成良好的饮食卫生习惯，应当每天在固定的地方、固定的位置给婴儿吃饭，给婴儿一个良好的进食环境。

2. 在吃饭时，不要和婴儿逗笑，不要分散婴儿的注意力。

3. 可以让婴儿自己拿饼干吃，也可以让婴儿自己试着拿小勺子，培养他们自己使用勺子的习惯。不要因为婴儿吃得到处都是，就不让他们自己动手吃饭。

4. 每一个婴儿的成长都要有这么一个过程，但如果婴儿只是拿着勺子玩，而不好好吃饭，就要收走手上的小勺子。

5. 定时定量，少吃零食。养成婴儿定时定量吃东西的习惯十分重要。如果给婴儿太多的零食，到正常吃饭的时间，婴儿就会没有饥饿的感觉。

6. 专心吃饭，培养婴儿对吃饭的兴趣。许多婴儿喜欢边吃饭边看电视或者边玩玩具，其实这对婴儿的饮食是不利的。吃饭需要专心，父母必须让婴儿养成专心吃饭的习惯。如果婴儿不喜欢吃饭，父母就要培养婴儿对于吃饭的兴趣。在吃饭时可让幼儿自己参与，捧饭碗、拿小勺，挑选自己爱吃的食物，这样婴儿既学会了吃饭，又培养了对吃饭的兴趣。

宜与忌 婴儿期饮食营养要平衡

所谓营养平衡是指：吃下的食物中各种营养物质的含量与人机体的需要量成适宜的比例。只有这样，婴儿生长发育所需要的各种营养成分才能得到满足，使婴儿体力和智力全面发展。

▶▶▶ 宜

爸爸妈妈要了解什么叫饮食营养平衡。食物中，能被人体消化吸收和利用的物质称为营养素，包括蛋白质、脂肪、糖类、无机盐、维生素和水共6大类物质。前3种能产生热能，也称为产能营养素；后3种不能产生热能，称为非产能营养素。

▶▶▶ 忌

在每天加一种新的食物时，切忌不遵照从少量开始到逐渐增多的原则。否则，虽然开始吃过渡性食品的时间较早，婴儿也很难能适应。

/聪明妈妈育儿经/什么是必需营养素

人体对这6种营养素的需要量，随着年龄的不同而有所不同，婴幼儿期是人一生中生长发育最快的阶段，对营养素的需要量也相对较大。蛋白质中的必需氨基酸、脂肪中的必需脂肪酸以及维生素、无机盐人体自身都不能合成，必须从食物中获得，称为必需营养素。

保健与护理

宜与忌 关注婴儿视力发育

视觉是人的最重要感官之一，视力好不好将关系到婴儿的一生。

宜

视觉障碍的治疗，最好在2岁之前，幼儿的视功能尚未发育成熟时尽早矫正，所以，及早发现婴儿的视觉障碍非常重要。

忌

婴儿时期是婴儿视觉发育的关键阶段。任何不利视觉的因素，如先天性白内障、角膜白斑、眼睑下垂以及较重的近视、远视、斜视、散光、外伤等，都可能引起婴儿的视觉障碍。

聪明妈妈育儿经 **家庭护理、检查婴儿视力的方法**

通常，用以下测试方法可以方便在家中操作：

注视反射和追随运动 出生后的第2个月就能协调地注视物体，在一定的范围内眼球随着物体运动；3个月时能追寻活动的玩具或人的所在，头眼反射建立，即眼球在随注视目标转动时，头部也跟着活动；4~5个月开始能认识母亲，看到奶瓶等物时表现出喜悦。如果这些本能和条件反射没有出现，或表现出无目的寻找，则说明可能视力不佳或有眼球运动障碍。

瞬目反应 从出生后的第2个月起，婴儿除了能协调注视物体外，当一个物体很快地接近眼前时会出现眨眼反射，又称瞬目反应，这是保护眼角膜免受伤害的一种保护性反射。它不一定要求婴儿能看清物体，只要有光觉就可完成。如果无瞬目反应，往往会提示婴儿存在严重的视觉障碍。

宜与忌　了解婴儿身高、体重规律

体重，是验证体格发育的一项重要指标，婴儿的体重过轻、过重都不是健康状态。

▶▶▶ 宜

体重：体重增加速度与年龄相关。出生后3个月内的婴儿如果喂养合理，体重迅速增长，每周增加200~250克，3~6个月时，每周平均体重增加150~180克，此后，每周可增加60~90克体重。

身高：婴儿身高增长最快的时期是出生后的1~6个月，平均每个月长2.5厘米左右。婴儿2岁时，全年约增长10厘米，以后每年递增4~7.5厘米。

▶▶▶ 忌

如果体重不按常规计算方法增加或减少，除了患病因素外，大多是由于护理不周或营养质量不高造成的，应当及时纠正。有一些婴儿发育迟缓，也可能与父母体质瘦小有关。

影响身高的因素很多，包括疾病、生活条件差、喂养不当、体力运动不适当、精神压力、各种内分泌激素变化以及骨骼发育异常。此外，还有个体差异等因素。

/聪明妈妈育儿经/ **体重与身高的标准计算方法**

体重可以分为3个年龄阶段计算。

1~6个月体重公式：

出生体重（千克）+月龄（月）×0.6（千克/每月）

7~12个月体重公式：

出生体重（千克）+月龄（月）×0.5（千克/每月）

1岁以后的体重公式：

[（年龄×2）+7或8]千克

平均每年递增2千克，男孩与女孩相比，10岁以前男孩一般比女孩重，10~16岁时，女孩一般比男孩重。

身高增长的计算公式：

如果与出生时身高相比，1岁时的身长为出生时的1.5倍，4岁时为出生时的2倍，13~14岁时为出生时的3倍。

身高增长的计算公式：

[（年龄×5）+80]厘米

（青春期例外）

宜与忌 睡眠姿势与头形

新爸爸妈妈时刻关注婴儿的一举一动。在日常的照料过程中，除了婴儿吃的好不好，就连婴儿如何睡觉也是爸爸妈妈关注的一件大事。4~6个月是塑造婴儿头形的黄金期，因此爸爸妈妈要掌握前4个月，以经常变换睡姿来改造婴儿头形。

▶▶▶ 宜

俯卧是婴儿自己最喜欢采用的一种睡觉姿势，将自己身体的胸部和腹部放在下面，背部和臀部向上，脸颊侧贴在床面，这个姿势最不易产生扁头。但由于婴儿头颈肌肉无力，特别是在3个月以内，婴儿自己转动头部的能力非常有限，如果床褥过于柔软，婴儿在睡眠过程中一旦将头埋在其中，则很容易发生窒息。

仰卧呼吸通畅，看似安全，但是婴儿非常容易吐奶，在睡眠中一旦发生吐奶，仰卧位很容易被吐出的奶堵住婴儿的口鼻，引起窒息。同时，长期采用仰卧位也最容易造成后脑勺扁平，形成小扁头。

侧卧时婴儿小脸转向一边，身体侧卧，在睡眠中如发生吐奶，奶液会顺着嘴角流到口腔外，不易发生口鼻堵塞，比较安全。同时侧卧不会使枕骨(后脑勺)受到挤压，较少出现正扁头。但如果长期固定一侧方向，也容易出现"歪扁头"。

新爸爸妈妈最好采用两侧适时交替的侧卧，这是较安全而理想的睡姿，而且可以塑造婴儿头形轮廓优美。

▶▶▶ 忌

刚出生的婴儿头颅骨尚未完全骨化，尤其是6个月以内的婴儿，头颅骨质地比较软，有相当的可塑性。随着月龄的增加，骨骼逐渐钙化，头颅骨渐渐变得坚硬起来。因此，在出生后的头几个月内，如果头部某部位长期承受整个头部重量的压力，比如一直仰卧的话，娇嫩的枕骨(后脑勺)长期受压，其正常的弧度将逐渐被压平，并随着月龄的增加，骨骼钙化成形，就会形成扁头。通常10~12个月以后，头形就会完全固定，如果在之前通过变换睡姿仍无法改善，可带婴儿到医院咨询医师，考虑用头形矫正帽或矫正头盔来协助矫正。

宜与忌 6个月的婴儿容易生病

婴儿到了半岁以后特别容易得病，一旦发现婴儿有异常情况，既不能掉以轻心，又忌自作主张乱给婴儿服用药物，要及时发现、及早治疗各种异常状况，请医生解决问题。

▶▶▶ 宜

内因

婴儿免疫系统还不完善，早期体内的免疫球蛋白并非来自自身的免疫系统，而是在胎儿期经胎盘从妈妈那儿获得的。储备的免疫物质随着生长发育而逐渐消耗，一般是3~4个月，最多6个月，这些免疫物质就会用完。这时候婴儿的免疫系统还不成熟，无法产生足够的免疫球蛋白，免疫力就出现缺口而"青黄不接"，环境中的致病因素乘虚而入，因此特别容易生病。

外因

婴儿出生之后，娇嫩的婴儿开始生活在有很多病原体存在的大环境中，6个月以内的婴儿，一旦抵抗力差就容易生病。

对此，宝宝的爸爸妈妈应特别注意。

▶▶▶ 忌

　　6个月以前的婴儿，体内仍有较多的免疫球蛋白，能抵御多种病毒和部分细菌的感染，所以，6个月以内的婴儿一般较少发生感冒，也较少发生其他感染性疾病。

　　6个月以后，婴儿体内从母体获得的免疫球蛋白逐渐减少，并开始产生免疫球蛋白。

　　6个月至2岁的婴儿，产生免疫球蛋白的能力还比较低，抗病能力比较差，正常情况下，2岁以内的婴儿每年有可能患5~6次感冒，还容易并发肺炎。如果没注射过疫苗，还容易患麻疹、百日咳、猩红热等传染病。2~5岁的婴儿，抗病能力逐渐增强，但每年有可能患3~5次感冒。5岁以后，婴儿体内产生免疫球蛋白的能力明显增强，抗病力越来越强。

　　6个月到3岁期间是婴儿抗病能力最弱的时期，这个年龄容易患感冒、扁桃体炎、中耳炎、气管炎、肺炎、脑炎、肝炎等感染性或传染性疾病。

　　这一阶段，爸爸妈妈切忌二点：一是对婴儿异常情况掉以轻心，二是自作主张给婴儿服用药物。

/聪明妈妈育儿经/ 继续给婴儿添加维生素A和维生素D

　　针对婴儿生长时期的不同特点，按时参加计划免疫，并合理安排婴儿的饮食，多晒太阳，适当补充维生素A和维生素D，能够促进婴儿免疫系统成熟，减少婴儿患病机会。

　　婴幼儿抵抗能力弱，机体防御机制容易出现问题，预防各种传染性疾病的最主要因素，是防止病从口入。要注意培养婴儿良好的卫生习惯，吃东西前一定要洗手，勤剪指甲，勤换衣服，勤洗澡，勤理发；同时居室应勤通风换气、保持空气新鲜，养成定时大小便的良好生活习惯，这些都是预防传染性疾病的有效措施。

　　冬春季节，气候干燥，灰尘多，是各种传染病病毒活跃的季节，要尽量少带婴儿去人流稠密的公共场所，减少感染机会。

　　还要注意随着季节变化，适时增减衣服，减少感冒，防止因感冒引起的肺炎、扁桃体炎等并发症。

　　远离易感染传染病源，注意良好的卫生生活习惯，是预防各种疾病发生的关键。

　　培养婴儿自身抵抗力，加强体质锻炼，正本扶固，更是强身健体之本。

宜与忌 婴儿免疫系统

从新生儿期到满月以后直至4个月月龄时，除了消化不好之外，婴儿很少生病。这个阶段婴儿从母体中带来的免疫力还在发挥作用，不过自身的免疫系统还没有完全建立起来。

▶▶▶ 宜

爸爸妈妈要明白：身体对疾病和外界感染的抵抗力随着婴儿的年龄增长而增加。新生儿虽然有母亲给予的一些抗体，可免于某些疾病发生，但新生儿的白细胞功能不好，而"补充抗体"存于血清中，成分很低，无法配合抗体作用以阻止病原入侵，因此婴幼儿抵抗力极差。

▶▶▶ 忌

婴儿生病时，不要误认为是其免疫力弱。到4~6个月以后，婴儿从母体接受的抗体会逐渐消失，自身开始有能力制造抗体。白细胞也渐趋成熟，同时随着生活接触面逐渐扩大，感染病原的机会越来越多，就会时常生病。

聪明妈妈育儿经 4~6个月的婴儿健康护理很关键

从4个月起，婴儿就总是容易感冒、发热，其他不适症也常常发生，甚至每个月要去好几次医院，做父母的不免会忧心忡忡："这婴儿是不是抵抗力太差？"回答是否定的。

一般人误以为4个月之前的婴儿有母亲给予的抗体可以不生病，其实不对。4个月之前的婴儿较少生病是因为婴儿小，通常都保护得周密，接触病原的机会也少；可是一旦被病原侵袭，就会病得比较重。

其实，随着婴儿年龄的再增长，由于疾病的一再刺激，体内抗体逐渐增多，婴儿的抵抗力也慢慢地增强，生病的次数就会减少了。

宜与忌 防疫常识

疫苗泛指所有用减毒或杀死的病原生物(细菌、病毒、立克次体等)或其抗原性物质所制成，用于预防接种的生物制品。

预防接种是指根据疾病预防控制规划，利用疫苗，按照国家规定的免疫程度，由合格的接种技术人员，给适宜的接种对象进行接种，提高人群免疫水平，以达到预防和控制针对传染病发生和流行的目的。

▶▶▶ 宜

一般情况下，接种疫苗以后在体内产生抗体需要1～4周时间。这种抗体只能在人体内维持一定的时间，抗体过了有效期以后，效果就会逐渐降低，就会有患上疾病的可能。因此，还必须按照规定的期限进行复种或加强接种，才能保持抵抗力。如乙脑疫苗，有效期只有一年，麻疹的减毒活性疫苗有效期为4～6年。再如白百破（白喉、百日咳、破伤风）三联疫苗，在基础注射时，必须连续打2次针，隔1个月注射1次，才能有效。

▶▶▶ 忌

麻疹是一种病毒引起的急性传染病，发病时会有高热、眼结膜充血、流泪、流鼻涕、打喷嚏等症状，3～5天后，全身出现皮疹，出麻疹的婴儿全身抵抗力降低。如果护理不好或环境卫生不良，很容易发生并发症。常见的有麻疹合并肺炎、喉炎、脑炎或心肌损害，严重的会造成死亡。

若不按时复种，婴儿抗体不足的时候，就不能预防疾病的发生，达不到预防的目的。只有按时接种和按照要求复种，身体内才能产生足够的抗体，防止疾病发生。

宜与忌 婴儿药箱管理

▶▶▶ 宜

药品最好按功效不同分类放置，如退热药、止咳祛痰药、止泻药、抗过敏药等，以便紧急需要时能够快速找寻。把内服药分门别类放好，贴上标签，写上药名、用法、用量及主要作用。外用药的标签应该醒目，以引起注意。如果家庭需要用无菌的消毒物品，如棉球、纱布等，最好在开袋1周内使用，最多不超过2周，并注明使用的开始时间。

婴儿的一般药品应该存放在洁净、干燥、阴凉、避光处。一些零星药片最好装入棕色的玻璃药瓶内，避光保存，以免见光分解药效。糖浆类、液体类制剂或鱼肝油等药品可以放入冰箱冷藏储存。对于易挥发、易失效以及刺激性较强的外用消毒溶液，宜装在密闭较严的容器内保管，用后应盖严，如乙醇、碘酒及红花油等。

每隔3个月应清理一次药箱，检查一下药品是否有发霉、粘连、变质、变色、松散、怪味等现象。凡是过期、变质、标签脱落、名称不详的药品，要及时清除并更新，以确保用药安全和有效。

▶▶▶ 忌

不要将成人药品与儿童药品混放在一起。许多成人药品并不适合婴儿使用，有些药品虽然名称相同，但婴儿与成人使用的剂型、规格、剂量都是不同的，不能乱用。

宜与忌 爸妈不要把病菌带回家

有一些婴儿经常感冒、发热，并不是因为没有抵抗力，而是接触病原体的机会比别人多。

在空气中和拥挤的人流里，到处都充满病原体，尤其是感冒病毒，种类众多，一旦碰上就会有发病可能。简单的例子，当爸妈下班回家，还没洗手就抱婴儿，很可能会把沾在手上的病毒带给婴儿。

▶▶▶ 宜

婴儿的体质，和所处环境各有差异，有的生病次数较少，有的较多。但一般而言，"小病不断，大病不犯"，有惊无险地长大后，父母就不再受这方面的困扰。

常跑医院小儿科的，绝大部分是6个月到4岁之间的婴幼儿，再往后长大一些，婴儿生病的次数就会从每年大约10次，减少到每年1～2次。

真正抵抗力不好的婴儿，是指三天两头反复发生一些较严重、化脓性感染的婴儿，如患中耳炎、肺炎、脓胸、皮肤化脓、严重气管炎等炎症，这些病都是较"毒"的细菌所造成的。如果婴儿经常感冒、发热、咳嗽，多数是普通的滤过性病毒引起，绝不是免疫力缺陷。

▶▶▶ 忌

有的人误以为让婴儿多吃补品、补药、健康食品或维生素等，可以增加抵抗力。少数医生和家长误以为给婴幼儿打"免疫血清蛋白"，可以让婴儿不受感冒的侵袭。其实，这些作用都不大，因为这些与抵抗力并没有因果关系。

人体对于病毒、病菌的抵抗力，来自白细胞和抗体，绝大多数的婴儿都不会有免疫缺陷的问题。只是一旦接触到未碰到过的病原体，而体内尚无对抗这种病原体的抗体时，自然会感染发病，问题在于接触病原体机会的多少。如果婴儿一直保持良好的营养状况，一旦发病，就能痊愈得较快。

/聪明妈妈育儿经/ **如何减少婴儿常生病**

尽量母乳喂养，注意各种食具的清洁，定期打预防针以及有病及早找医生诊断等都能减少婴儿患病。

宜与忌 家庭护理婴儿湿疹

婴儿湿疹，又称奶癣，是儿科常见的皮肤病，可能发生于身体的任何部位。主要表现为皮肤出现多形性、弥漫性、对称性的损害，即皮肤出现对称的针头大小的丘疹或疱疹，且往往弥漫成片，伴有剧烈的瘙痒感。

如一些婴幼儿在脸颊上、前额长有成片的小疙瘩，有些还渗液、结痂，即为婴儿湿疹。湿疹的发作时间长，且反复发作，常常引起家长和婴儿严重的不安和焦虑。

▶▶▶ 宜

湿疹的发病原因比较复杂，较一致的看法是皮肤对外界的过敏反应。爸爸妈妈应了解可引起皮肤过敏的因素，如湿、热、冷、日光、微生物、毛织品、药物、尘埃、洗涤剂等。

最常见的食品，牛奶、鸡蛋、鱼肉等必需营养品都可能引起过敏反应。婴幼儿的衣物和日用消费品也是引起湿疹的主要原因之一，香皂、护肤品等也可能引发，过敏原还包括哺乳期母体食物。

▶▶▶ 忌

不要给婴儿穿戴尼龙、化纤类衣帽，照料婴儿的人也尽量穿棉布衣服，不要使用化妆品，以避免不良刺激。最好给已经患上湿疹的婴儿戴上一副棉布小手套，防止婴儿抓挠痒痒，挠破患处发生感染。

患湿疹期间，不能给婴儿进行预防接种。

切忌用热水洗烫患部，以免刺激皮肤毛细血管扩张加重红肿。可用温水洗拭，但不宜搓擦和浸泡，要避免使用肥皂刺激婴儿皮肤。

/聪明妈妈育儿经/预防婴儿湿疹方法

患儿衣着应当宽松、柔软、清洁、干燥且无刺激性，以避免和减轻发病。母乳喂养的母亲要远离辣椒、茶、咖啡、可乐等刺激性食物和饮料，同时观察婴儿是否对鱼、虾、羊肉、牛奶等食物敏感，避免进食引起过敏的食物。

如果牛奶引起过敏，可以把煮沸牛奶的时间延长一些，或反复煮沸一两次，也可以改用豆浆及其他代乳品哺喂。

宜与忌 家庭护理婴儿腹泻

婴儿发生腹泻的情况也极其常见，婴儿消化功能不成熟，发育又比较快，所需热量和营养物质多，在家庭日常生活大量的喂养和护理过程中，稍有不当，就容易发生腹泻。

▶▶▶ 宜

爸爸妈妈应了解引起腹泻的常见原因，如吃得过多或次数过多，加重了胃肠道负担。又如喂养的食物质量不当，婴儿难以消化吸收。喂养不定时，也会使肠道不能形成定时分泌消化液的条件反射，机体消化功能降低等。

▶▶▶ 忌

不要使食物或者餐饮用具受到污染，给婴儿喂吃了带细菌的食物，很容易引起胃肠道感染而腹泻。

/聪明妈妈育儿经/照顾腹泻婴儿的方法

如果婴儿腹泻严重，伴有呕吐发热、眼窝凹陷、口渴、口唇发干、尿少，说明已经因腹泻引起脱水，应该立即去医院输液补充体液。

为防止孩子脱水，应当在腹泻次数较多时，适量减少饮食甚至禁食，让肠胃休息。同时，口服补液或自配制糖盐水喂服，少量多次，以防止脱水。

家庭护理腹泻的孩子，要注意腹部保暖，以减少肠胃蠕动，可以用毛巾裹腹部或用热水袋热敷腹部，让孩子充分休息。排便后，可以用温水清洗臀部和肛门，防止局部皮肤炎症。

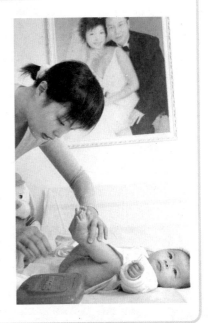

宜与忌 家庭护理婴儿腹痛

腹疼是婴儿较常见的异常症状。引起腹疼的常见原因有肠痉挛、蛔虫病、痢疾、肠套叠、阑尾炎等。由于腹疼病因的复杂，要进行多方面的综合判断才能确诊。

▶▶▶ 宜

婴儿腹疼是不是需要送医院，最好采取谨慎的态度。因为腹疼隐藏的问题可小可大，稍不注意，就会耽误病情。

特别是当婴儿痛得打滚，或伴有高热、腹泻或呕吐等任何一种症状，就应火速送到医院诊治。当然，有些单纯性的腹痛可能会只是一场虚惊，别看有些疼痛相当剧烈，婴儿哭闹不止，等送到医院以后，疼痛就消失了。这是因为婴儿肠道痉挛，痉挛一旦解除，疼痛立刻缓解，婴儿又恢复了欢蹦乱跳。但在判断不清楚的情况下，还是应及早送医院诊治。

▶▶▶ 忌

急性阑尾炎在婴幼儿中较多见，早期并无典型症状，可能肚脐周围有轻微疼痛，时有呕吐、腹泻的症状，按压肚子时疼痛不明显。婴儿的免疫功能较差，患阑尾炎时很容易发生穿孔。如果按揉婴儿的肚子或做局部热敷，会促进炎症化脓处破溃穿孔，形成弥漫性腹膜炎。

肠套叠多见于年幼儿童，特别是肥胖儿童。由于被套入的肠管血液供应受到阻碍，引起疼痛，时间长了发生坏死。如果盲目按揉，可能造成套入部位加深，加重病情。

/聪明妈妈育儿经/ 热敷与按摩都要注意

听到婴儿叫腹疼，就用热水袋给婴儿热敷，这种做法对因受寒、饭食过多引起的胃部胀痛有效，能缓解胃肠痉挛，减轻疼痛。但有些疼痛不那么简单，热敷反而会加重病情、引发危险，如蛔虫病是引起婴儿腹痛的常见原因，某种因素刺激虫体时，会使蛔虫窜上窜下地蠕动，刺激肠道引起更加剧烈的痉挛疼痛，此时按揉婴儿肚子，只会更加刺激蛔虫，甚至引发胆道蛔虫症。蛔虫还可能穿破婴儿娇嫩的肠壁，引起腹膜炎。

宜与忌 家庭护理婴儿发热

发热是婴幼儿最常见的症状。由于婴儿抵抗力弱，容易感染，所以比成人容易发热。

▶▶ 宜

婴儿自身生活能力弱，家庭护理时需要严密观察，详细记录，注意做到：

及时降温：每天要测量体温、脉搏和呼吸4次，必要时可多次反复测量，详细做好记录。发现体温高达39℃以上时，要采取物理降温法给婴儿降温，用冷湿毛巾或裹冰块的毛巾敷在额部，同时，用温水浸湿毛巾，轻轻揉擦颈部，四肢从上而下擦到腋窝、腹股沟处，动作要轻柔，不可过重，半小时后再测体温。要注意，高热寒战或刚刚服用过退热药时不能冷敷。

药物退热：物理降温效果不明显的，可遵医嘱服用退热药。如果退热药服用后出现大汗淋漓，要给婴儿饮用口服液补充流失的体液，出汗后更换湿内衣以防受凉。如果出现面色苍白、皮肤湿冷和呼吸急促等症状，是病重的表现，要及时请医生处理。

▶▶ 忌

有些家长觉得婴儿发热也算正常，但殊不知如果体温高，持续时间长，会影响婴儿的生长发育。因为发热会增加心脏负担，发热时心率加快，体温每增加1℃，心跳会每分钟加快15次；高热会降低婴儿的抵抗力，长时间发热，婴儿的体力及抵抗力逐渐降低；高热时，体内各种营养素代谢加快，氧消耗增加，消化功能减退，会发生腹泻、脱水和酸中毒。发热越高、持续时间越长，对大脑的损害越大。发热早期出现头痛、烦躁、头晕、失眠等，以及发热时间过长出现的昏迷，都是脑损伤的表现。如果体温超过42℃，不及时处理，将会有生命危险。

╱聪明妈妈育儿经╱饮食调理婴儿发热

发热期间，宜选用营养高、易消化的流质食物给婴儿吃，如豆浆、藕粉、果泥和菜汤。

体温下降，病情好转后，改为半流质食品，如面条、粥类，佐以高蛋白、高热量菜肴，如豆制品、蛋黄、鱼类以及各种水果和新鲜蔬菜。完全退热进入恢复期后，再哺喂正常食品。

宜与忌 家庭护理婴儿痱子

痱子是一种急性皮肤炎症,由汗孔阻塞引起。人体除手心、脚底之外都可能发生痱子,常发生在头皮、前额、颈、胸、臀部、肘弯等皱褶易出汗的摩擦部位。婴儿皮肤娇嫩,容易生痱子,较胖的婴儿是易发人群。

▶▶▶ 宜

预防痱子关键在于保持皮肤清洁和干燥。要勤用温水给婴儿洗澡降温,不要用冷水。温水洗后不会刺激汗腺,不会引起血管收缩,洗完后容易干爽。注意在炎热季节,不要让婴儿赤裸身体,使皮肤没有衣物的保护,更容易生痱子并发感染。

夏季给婴儿穿的衣物要宽大、吸汗、透气性良好。室内要通风,保持凉爽。要让婴儿多喝水,特别是喝一些绿豆汤、红豆汤、菊花茶等防暑降温饮品。

▶▶▶ 忌

长了痱子后,因为瘙痒和烧灼感,婴儿难免要伸手抓挠痒痒,手指甲极易抓破痱子部位,引起感染,引发汗管及汗腺发炎、化脓,形成痱疖,俗称痱毒。痱毒一般小如豆粒,大如葡萄,表面呈红紫色,疼痛、发热,局部淋巴结肿大,严重者可能诱发败血症。

如果已经发生痱毒,要在医生指导下使用抗生素,并外涂鱼石脂软膏或如意金黄散等外用药。

/聪明妈妈育儿经/ **了解痱子,才能更好治疗**

痱子分为红痱、白痱、脓痱三种,有不同的表现。

红痱:是针头大小、密集的丘疹或丘疱疹,对称分布,有轻度红晕,自觉轻微烧灼及刺痒感。婴幼儿常发于头面部、臀部,皮疹消退后,有轻度脱屑。

白痱:在颈、躯干部位发生针尖至针头大浅表性小水疱群,壁薄、微亮,无红晕,轻擦后易破,1～2天内吸收,干后有极薄的细小鳞屑。因汗液在角质层内或角质层下溢出而成。

脓痱:顶端有针头大、浅表性的小脓包,常发生在皱褶部位,如四肢屈侧和阴部,婴儿常见于头颈部。

宜与忌 家庭护理婴儿惊厥

婴幼儿惊厥，俗称抽风，一般是因为婴儿高热引起。婴幼儿因高热引发惊厥占惊厥总数的2%～3%。

▶▶▶ 宜

发生惊厥时，婴儿神志不清，两眼发直，眼神发呆，眼球固定不动，四肢僵直，紧握双拳。有的头向后仰、憋气、面色青紫，有的咬破舌头，甚至呼吸停止。发生惊厥过后，一般恢复正常，但下次再发热，又可能发生惊厥，每次发作时间长短不同，数分钟到十多分钟不等。

正确使用退热药，应当包括：一是婴儿出现高热，物理降温不起作用时；二是发生高热，为预防发生抽风时；三是按照医生嘱咐使用。

▶▶▶ 忌

婴儿发热，未经医生诊治之前，一般不要给婴儿乱用退热药。乱用退热药，可能使病情出现假象，未经医生诊断，用了退热药后，医生观察到的不是真实的病情，使医生判断错误，耽误治疗。

婴幼儿使用药量与成年人不同，乱用退热药，会使婴儿出汗过多，发生虚脱。

退热药只是起降低体温的作用，不能消除发热的病因。单一服用退热药，体温降下，会令人误以为病情转好，耽误治疗机会，延缓病情。一般退热药都会有不良反应，对婴儿不良反应会更大。

╱聪明妈妈育儿经╱采取下列措施应对婴儿惊厥

出现惊厥症状后，要采取如下方法处理：

发现婴儿抽风，要保持镇定，立即把患儿放置床上，快速解开衣领和裤带，尽可能使患儿保持安静，头偏向一侧，以防呕吐物吸入气管。为防止失控咬伤舌头，用纱布包裹压舌板或用手帕做代用物拧紧，放进婴儿上下白齿之间。口腔内如果有分泌物或食物，要及时清除干净。

如果惊厥时伴有高热，可采取物理方法降温退热，用温热毛巾敷前额，头部加枕冷水袋，也可用温热水或33%的乙醇擦浴耳边、颈窝、腋下、腹股沟等部位辅助降低体温，快速退热。

宜与忌 家庭护理婴儿腮腺炎

流行性腮腺炎俗称"痄腮"，是由腮腺炎病毒所致的一种儿科多发急性传染病。

▶▶▶ 宜

腮腺炎主要通过飞沫传染，少数通过用具间接感染。

潜伏期一般8~30天，平均18天。

起病比较急，表现为发热、畏寒、头痛、咽痛、食欲不佳、恶心、呕吐、全身疼痛等，数小时内腮腺肿痛逐渐明显，体温可达39℃以上，婴儿患病以后可终生免疫。常在幼儿园、小学里流行，发病以冬春季为高峰。

并发脑膜炎多在腮腺肿大1周后发生，出现持续高热、剧烈头痛、呕吐、颈强直、嗜睡、烦躁或惊厥，要密切观察，及时发现并送往医院。

▶▶▶ 忌

睾丸炎在腮腺肿大1周后发生，出现高热、寒战、呕吐、下腹部痛，睾丸肿胀疼痛。严重的会影响到男孩成年后的生育能力。

合并睾丸炎症由于睾丸肿大、疼痛，易被早期发现并引起重视，能得到及时治疗。而听神经受损早期，病情较隐匿，听力减退的改变感觉不明显，加上婴儿的语言表述不清，如果家长不在意，这种听神经受损很难及早发现和及时治疗，需要引起充分重视。

/聪明妈妈育儿经/腮腺炎的护理

腮腺肿大的早期，用冷毛巾局部冷敷，可减轻炎症充血的程度。用如意金黄散调茶水或食醋敷于患处，保持局部药物湿润。

定时测量体温，必要时采取降温措施。多饮水以利汗液蒸发散热，高热时采用头部冷敷、温水或乙醇擦浴进行物理降温。

患腮腺炎时，婴儿因张嘴和咀嚼食物而使疼痛加剧，应吃富有营养易消化的流食、半流食或软食，不要吃酸、辣、甜味过浓及干硬食物，这些食品易刺激腮腺使腮腺分泌增加，刺激已红肿的腮腺管口，使疼痛加剧，应采取多喝水及时将毒素排出的方法。

宜与忌 家庭护理婴儿流鼻血

两岁以上的幼儿活泼好动，自我保护意识较弱，很容易碰伤面部，也易发生流鼻血的现象。婴儿流鼻血，一般多由于鼻中隔的前部受伤引起。这个区域有数条动脉血管交会，一旦流鼻血，往往出血量多、流血不止。

▶▶ 宜

不要看到婴儿鼻子大量出血，家长就惊慌失措、乱了方寸。最好立刻用拇指及中指同时紧压两侧鼻翼，使出血的部位受到压迫而停止流血，大约5分钟后松手，看看是否止血，若继续流血，再重复紧压鼻翼5～10分钟，多数能止血。若仍不止，必须赶快找耳鼻喉科医生急诊。

▶▶ 忌

有的家长见婴儿流鼻血，常用卫生纸或棉花塞入婴儿鼻腔止血，但因压力不够或部位不对，不能止血；或者让婴儿平躺下来，误以为可帮助止血，其实这么做并不合适，因为婴儿一躺下来，原本往外流的鼻血就会向后进入口腔，流向喉咙，反而会使婴儿呼吸困难。

/聪明妈妈育儿经/容易流鼻血的几种情况

1.感冒

感冒的并发症状如鼻塞、流鼻涕或流脓鼻涕等，会使婴儿极不舒服，因而做一些伤害鼻黏膜的动作，如用力擤鼻涕、挖鼻孔等，都可能造成流鼻血。

2.婴儿鼻过敏时

由于婴儿经常抠挖鼻孔，使鼻孔及鼻前庭反复受伤、结痂，再沾上鼻涕或形成鼻痂，婴儿总有不适感，会情不自禁地抠挖，恶性循环，久而久之鼻孔和前庭部会产生溃烂，容易流血。

3.血液疾病

虽然婴儿鼻子没有受伤，却时常流鼻血，通常流血速度较缓慢，次数很频繁，这种形态的流鼻血常是血液疾病所致。发现类似情况，须立刻到医院做血液检查，以防万一。

宜与忌 家庭护理婴儿睡惊症

睡惊症是1岁半到6岁前婴儿中比较常见的现象，1岁以内的婴儿也会发生。

▶▶▶ 宜

要保持和睦的家庭气氛，对学习困难的婴儿，要端正心态，家长不能期望值过高，以免给婴儿造成过大的压力，应积极帮助婴儿采取各种措施克服困难，不要因学习而斥责婴儿。

随着年龄的增长，大脑发育逐渐成熟，心理的承受能力逐渐增强，睡惊症可自然消失，家长不必过分担心。

▶▶▶ 忌

防治睡惊症，要让婴儿从小养成良好的睡眠习惯。

按时作息，睡前不要过度兴奋或过量进食。

不要责骂体罚。

不要看恐怖影视剧。

不要给婴儿讲惊险、恐怖的故事。

平时应让婴儿多参加活动，使婴儿在心情愉快的情况下接受一些视觉、听力及运动等方面的刺激，提高婴儿对周围事物的反应性及动作的协调性，促进大脑发育。

/聪明妈妈育儿经/正确理解婴儿惊睡症

有惊睡症的婴儿，在入睡后15～30分钟突然惊醒、叫喊，有时会出现喘息或呻吟，并常伴有双目圆睁、表情恐惧、意识蒙眬、面色发白、额头汗出或全身大汗淋漓等症状，这时对受惊的婴儿安慰往往没有反应，强行唤醒问哭叫原因，婴儿又往往表情茫然，回忆不起惊叫的原因，只说很害怕，然后又迅速入睡。有些婴儿仅是偶尔发作，也有的婴儿经常发作，这种情况称"睡惊症"，是一种睡眠障碍。

当婴儿习惯的生活环境发生突然改变，或受到意外事故惊吓，或平素婴儿过度紧张、承受压力大，或睡觉前看了恐怖电影、电视、听鬼怪刺激故事过度兴奋时，都会诱发睡惊症。

宜与忌 家庭护理婴儿斜视

婴儿斜视大多为共同性斜视，又分内斜视和外斜视两种。所谓"对眼"就是内斜视，多由远视引起，而部分外斜视可能与近视有关。

▶▶▶ 宜

全部矫治过程，最好能够在6岁之前完成，以取得眼位、视力均理想的疗效。矫治斜视同时，应矫治弱视或远视。医生会根据具体病情，采取佩戴眼镜、视觉功能训练等措施，并同时治疗原发病。

▶▶▶ 忌

少数婴儿远视度数比较大，无论看远、看近物体均不清楚。平时看远近物体时，眼睛必须加强调节，才能看清楚，因此也增加两眼向内集合的作用，久而久之，固定下来，会引起内斜视。

聪明妈妈育儿经 / 斜视的危害

斜视不仅影响容貌仪态，重要的是会导致弱视。婴儿发生斜视之初，多属间歇性。当婴儿精神紧张、疲劳、情绪不佳、发热或受到外伤时，大脑兴奋性增高，会引起两侧眼球运动暂时不协调而出现斜视。时间久了会逐渐发展为固定性斜视。

出现共同斜视后，常会有复视，婴儿看东西时感受到的是双影。由于婴儿年幼，语言能力差，无法准确表达，不能发现，故无法治疗，斜眼的视力便逐渐减退，造成弱视。

共同性斜视，多发生在视觉功能发育最快的2～3岁。初生的婴儿多为远视眼，要看较近的物体，需要视力调整。由于婴儿眼肌发育尚未完善，大脑功能也不成熟，多数情况下，两侧眼球运动不能协调一致。

因此，新生儿出生数周内，因双眼单视功能不完善，常会出现暂时性斜视。随着年龄增长，6个月左右的婴儿，双眼单视能力发育即趋于完善，逐渐不再斜视，双眼成为正常的正视眼。

一旦发现婴儿出现斜视，应当及时纠正，尤其是6个月以后的婴儿如果还是斜视，就应该去医院诊治，不能等长大了再说。

宜与忌 家庭护理婴儿感冒

婴儿一般1年可能患5~6次感冒，是由于免疫系统尚未发育成熟所致。

▶▶ 宜

带着婴儿去医院，医生常会要求婴儿进行一些检查，才能诊断感冒的原因。

病毒性感冒，没有特效药，主要就是要照顾好婴儿，减轻症状，一般过7~10天会自动痊愈。

如果因细菌引起，医生会给一些抗生素，要按时按剂量吃药。

如果发热，应当按照医生的嘱咐服用退热药，体温低于38.5℃时一般不用退热药。

▶▶ 忌

感冒的典型症状，包括流鼻涕、鼻子堵塞、咳嗽、咽喉疼、疲倦、没有食欲、发热。婴幼儿感冒，常常会出现发热、咳嗽、眼睛发红、咽喉疼、流鼻涕。

感冒持续5天以上；体温超过39℃，出现耳朵疼痛，呼吸困难，持续咳嗽，流黄绿色、黏稠的鼻涕。遇以上情况，必须立即去医院，切忌拖延。

/聪明妈妈育儿经/ 婴儿感冒护理不是难事

保证充分休息，尽量让婴儿多睡一会儿，适当减少户外活动。要照顾好饮食，多喝水，充足的水分能使鼻腔的分泌物稀薄一点，容易清洁。

多吃一些含维生素C丰富的水果和果汁，尽量少吃乳制品，以减少黏液的分泌，对食欲下降的婴儿应当准备一些易消化的、色香味俱佳的食品。

要让婴儿睡得更舒服，如果婴儿鼻子堵塞，可以把头部稍稍抬高，侧卧，能缓解症状。

可以用加湿器增加婴儿居室的湿度，尤其是夜晚，能帮助婴儿更顺畅地呼吸。别忘了每天用白醋和水清洁加湿器，避免灰尘和病菌的聚集。

宜与忌 家庭护理婴儿积食

婴儿处在快速生长发育阶段，新陈代谢率高，食物的消化吸收量相对比成年人更多、更快一些。但是，因为消化器官发育不完备、功能弱，最容易出现消化不良。

▶▶▶ 宜

家庭护理与防止婴儿消化不良是日常时时刻刻要密切关注的细节，要做到规律进食，多食少餐。

不要让婴儿暴饮暴食，注意食物营养成分的合理搭配。

要让婴儿多多锻炼身体，增强体质和抵抗力。

发生消化不良后，可以吃一些煮胡萝卜汤、苹果泥、脱脂酸奶等，新鲜水果和蔬菜搭配着吃一些，也有辅助消化作用。

▶▶▶ 忌

做父母的总是盼望着婴儿多吃、快长，往往会喂多、吃多，造成营养过剩或喂养不当，超出婴儿消化系统的负担能力，也是诱发消化不良的因素。

婴儿发生消化不良，会发生食欲缺乏、呕吐、腹泻等症状，长期消化不良的婴儿面黄虚弱，易疲倦，易感染其他疾病。

/聪明妈妈育儿经/婴儿积食的原因

婴儿消化腺分泌功能不成熟，分泌量较少，消化酶缺乏或发挥作用不够，对食物的耐受力小，对食物的数量和质量变化，都不能很快适应。

因为生长发育快速，对食物的需要量相对较多，消化器官长期处于紧张状态，稍有不良因素刺激，就容易引起消化功能紊乱。

宜与忌　家庭护理婴儿皮肤炎症

婴儿的皮肤极其娇嫩，稍不注意，容易伤害细腻的皮肤，甚至形成炎症。一般最为常见的情况是摩擦红斑和臀红症。

摩擦红斑

婴儿皮肤娇嫩，极其容易发生摩擦红斑，长得较胖的婴儿更常见。

▶▶▶ 宜

预防婴儿摩擦红斑，主要是保持婴儿的皮肤皱褶处的清洁和干燥。婴儿娇嫩的皮肤发生摩擦红斑后，要先用4%的硼酸液冲洗，然后敷上婴儿专用爽身粉，要尽量让婴儿的皮肤皱褶处分开，使皮肤不再摩擦。如果因红斑发生感染，用2%的甲紫或抗感染药膏涂治。

▶▶▶ 忌

本病由于皮肤皱襞处积汗潮湿，局部湿热散发不畅，角质层易被侵软，加之活动时皮肤面互相摩擦以及汗液浸渍引起充血、糜烂而引起，常继发细菌或白色念珠菌感染。所以要特别注意以上引起宝宝摩擦红斑的几个因素。

臀红症

俗称"红屁股"，医学上称"尿布湿疹"或"尿布皮炎"。产生原因主要是尿布不够清洁，上面沾有大小便、汗水及未洗净的洗涤剂等残留，刺激婴儿娇嫩的皮肤引起局部皮肤发生炎症。此外，腹泻的婴儿常会发生臀红症。

▶▶▶ 宜

尿布皮炎重在预防，应当给婴儿勤换尿布，避免让尿湿的尿布长时间接触婴儿皮肤。尿布应当用旧的细棉布制作，要有足够数量的尿布以供换洗，并且要保持清洁、干燥、柔软。婴儿的穿衣、盖被子均不宜过多过厚，衣服也不宜穿得太紧，室内温度也应当适宜，要注意降低湿度和热度对婴儿皮肤的刺激。

▶▶▶ 忌

切忌用热水和肥皂擦洗，以免刺激皮肤，加重炎症。轻度尿布皮炎无需专门治疗，只需要勤洗皮肤，保持局部皮肤干燥、清洁，一般2～3天就能痊愈。如果发生皮肤溃烂等严重现象，则一定要及时到医院治疗。

宜与忌 必须警惕一些异常情况

一般说来，婴儿出现较为重大的异常或明显的病症时，都应当送医院检查治疗。

▶▶ 宜

爸爸妈妈要充分了解和警惕如下一些异常情况。

发热：婴儿的体温超过38℃，食欲缺乏，精神萎靡或婴儿发热，伴有上呼吸道感染症状；或婴儿发热，哭闹不止；或婴儿发热，出现惊厥。

外伤：意外较大面积的烫伤或烧伤，跌跤、摔伤引起丧失知觉，或引起呕吐，被动物咬伤，眼睛进了异物或吃进了异物。

疼痛：婴儿大哭不止，身体某一部分不能触摸，可能是疼痛。

呼吸：呼吸变粗，喘息和呼吸明显困难；腹式呼吸。

食欲缺乏：拒哺，不吃奶；或食量持续减少。

腹泻：连续几天排稀便；1天内多次水泻不止。

▶▶ 忌

然而，除了较明显的病症外，也不必将一些小毛病当做不得了的大事，对婴儿诸如疲劳、困倦、饥渴之类的情况表现出大惊小怪，杯弓蛇影。

俗话说，最不会装病的就是小孩儿，这话很有道理。只要吃饱了、睡足了，婴儿总会是显得精力旺盛，活泼可爱。即使稍有不适，一旦好转，立刻变得欢蹦乱跳。

/聪明妈妈育儿经/**现代育儿新理念**

现代家庭，父母和监护人大多数都有一定的文化程度，具备一般问题处理的能力，判断能力强，对于婴幼儿出现的暂时性不适，都能自己处理。但是，往往生活中一些不起眼的细节，能反映出疾病的先兆，如果忽视、延误，会影响到疾病的及时处理，危害到健康和治疗。

宜与忌 如何去掉头顶上的油痂

有的婴儿出生后头顶上有一片厚厚的油痂，这就是脂溢性皮炎，怎样才能去掉这些油痂呢？

▶▶ 宜

可以用植物油反复地涂在油痂上，使油逐渐渗透到油痂中溶解油痂，5~6个小时之后用棉签轻轻擦拭，再用水洗去。也可以将8~10片维生素B$_6$研成细粉后加入麻油（约20毫升）中，调匀后反复涂在油痂上，让麻油及药物逐渐渗透到油痂中溶解油痂，5~6个小时后用棉签轻轻擦拭，再用水洗去。然后，用木梳轻轻梳理头皮，把脱落的油脂梳去。如果油痂太多，1次不能完全去掉，隔3~4天后重复1次。

▶▶ 忌

千万不能用手去剥，否则会使皮肤破损，造成头皮继发感染。

宜与忌 如何去掉婴儿的鼻痂

婴儿鼻腔内常有鼻痂，尤其伤风感冒之后或患过敏性鼻炎时鼻痂会更多。鼻痂阻塞鼻腔，影响呼吸和进食。

▶▶ 宜

用热毛巾敷鼻部，使热蒸汽进入鼻腔，使鼻痂变软、松动后排出。也可用棉签蘸些生理盐水或冷开水，使鼻痂变软，然后用细棉签将鼻痂卷出，或用棉签刺激鼻黏膜使婴儿打喷嚏而将鼻痂喷出。

▶▶ 忌

婴儿鼻腔狭小，妈妈的手指伸不进鼻腔，但是千万不能用镊子夹取，因为这样会弄伤婴儿的鼻黏膜。

宜与忌 流口涎和长乳牙护理

口涎，即唾液，是由人的口腔黏膜中的大唾液腺、腮腺、颌下腺和无数个小唾液腺分泌出来的。唾液中含有多种消化酶，能够帮助人消化食物，并能中和口腔中细菌产生的酸。如果唾液缺乏，易发生口疮、龋齿等疾病。

正常成人一昼夜分泌唾液1000～1500毫升，这样大量的口水，几乎全部被不自觉地吞咽下去，所以不会有口水流出，并能够不断地保持口腔卫生。

▶▶ 宜

婴儿唾液腺不太发达，口水分泌得较少。

婴儿长到3～4个月的时候，中枢神经系统和唾液腺均趋向于发育成熟，唾液分泌量逐渐增多，有的婴儿到3～4个月大时已经开始长牙，萌生的牙齿对口腔神经产生刺激，使唾液分泌增加。

婴儿口腔较浅，吞咽功能差，所以经常会有口水流出口腔；当婴儿从卧位转换成坐位或直立位时，口水就更容易流出来。

▶▶ 忌

如果婴儿平时很少流口水，突然口水增多，伴有不吃奶、哭闹等现象，有可能与口腔溃疡等疾患有关，这种情况下就要去医院诊治了。

此外，一般在4～6个月以后，婴儿开始出牙时对三叉神经刺激，或者食物的刺激等，均可能使口水流出口腔，这些都是生理性的，不是病态。随着婴儿的长大，这种现象会慢慢消除，一般无需治疗，切忌乱投医。

聪明妈妈育儿经 / 婴儿乳牙的护理

婴儿出生4～7个月后开始萌出牙齿。一般6个月左右萌出第一颗乳牙，最先萌出的乳牙是下面正中的一对门齿，然后是上面中间的一对门齿，随后再按照由中间到两边的顺序逐步萌出。

6个月	1岁	1岁半	2岁半
下门牙2颗	上下牙齿各4颗	共12颗牙齿	共20颗牙齿

宜与忌 乳牙萌出阶段的护理

婴儿乳牙萌出的时间有早有晚，早一些长牙的在4个月已萌出，多数婴儿在1岁时已经有6～8颗牙，2岁时乳牙出齐，共20颗。

▶▶▶ 宜

多数婴儿出牙时没有特殊反应，只有少数会出现低热、流涎、烦躁、睡眠不安等症状。婴儿牙齿生长得好坏，不仅关系到面部的美观，更直接影响生长发育。因此，做好婴儿出牙期前后的家庭护理极为关键。

▶▶▶ 忌

佝偻病、克汀病、营养不良等，都可能引起出牙延迟和牙质欠佳。如果超过12个月龄还未出牙，爸爸妈妈就不能掉以轻心了，应到医院查明原因，及早诊治。

╱聪明妈妈育儿经╱ 教你怎样做好婴儿乳牙护理

保持口腔清洁：牙齿快萌出时，要特别注意口腔清洁。在喂奶或吃东西以后喝几口白开水，冲洗掉口腔内残留的食物残渣。切忌让婴儿含着奶瓶或其他食物入睡。

锻炼牙床：快出牙时，婴儿会出现经常性流涎、牙床痒、抓到什么咬什么的现象。可以使用由硅胶制成的牙齿训练器，让婴儿放在口中咀嚼，以锻炼颌骨和牙床，使牙齿萌出后排列整齐。

加强营养：出牙期营养不足，会导致出牙推迟或牙质差。除了全面加强营养外，要特别注意添加维生素D及钙、磷等微量元素。多抱婴儿去户外晒太阳，使皮肤中的7-脱氢胆固醇经太阳中紫外线照射转变为维生素D_3，补充所需维生素D_3源。

发热：有的婴儿在牙齿刚萌出时，会出现不同程度的发热。只要体温不超过38℃，精神好、食欲旺盛，就不用做特殊处理，多喝一些开水就行。

流涎：流涎是出牙期的暂时性表现，可以为婴儿戴上围嘴儿，及时擦干流出的口水。

烦躁：出牙前的婴儿出现啼哭、烦躁不安等症状时，只要给以磨牙饼让婴儿咬、并转移婴儿的注意力，通常会安静下来。

阅读延伸

婴儿出牙期的护理

在出牙期，即便婴儿只是有些很小的毛病，都可能使他失去一口健康、整齐的牙齿。父母与其等着婴儿出现了牙齿畸形，甚至影响了他的面容美观再去做矫正，不如从开始就注意帮他改掉这些坏习惯。

用舌舔：如果婴儿不停地用舌尖舔上下前牙，会导致开合。如果常舔下前牙，可导致下颌向前移位，形成下颌向前突的反合。如果用舌头同时舔上下前牙或经常吐出，会使上下颌均向前移位，导致双颌前突畸形及开合。

咬唇：如果婴儿有咬上唇的习惯，会导致下颌前突，前牙反合，上前牙拥挤并向舌侧倾斜；如果婴儿有咬下唇的习惯，则会使下颌后缩，下牙拥挤，上牙前突呈"鸟嘴"状。

下颌前伸：许多婴儿喜欢模仿下颌前伸这个动作，久而久之就成了习惯，导致双颌形成反合。

用嘴呼吸：正常的呼吸应用鼻子进行，但如果婴儿患有鼻炎或腺样体肥大等疾病，鼻道不通畅，就会形成用嘴呼吸的习惯。长期用嘴呼吸，婴儿的舌头和下颌后退，会导致上颌前突，上牙弓狭窄，牙列不齐。外观上表现为开唇露齿，上唇短厚，上前牙突出。

咬物：如果婴儿爱咬铅笔、被角、枕头等，则容易在上下牙之间造成局部间隙。而且如果长久地使用一处牙齿啃咬物品，就会形成咬物处牙齿的小开合。

宜与忌 逗婴儿开心要适度

很多父母都喜欢逗弄婴儿，但过分地逗婴儿，轻者会影响婴儿的饮食、睡眠，重者会伤及婴儿的身体，甚至危及生命。所以，逗婴儿开心要适度，需要把握好时机、强度与方法。

▶▶▶ 宜

对婴儿来说，逗乐的意义远不只是"有趣"，婴儿通过玩耍可以学会很多。逗乐玩耍可以促使婴儿使用身体各个部位和感官，能丰富想象力，开发智能。婴儿七八个月前不能独立移动自己的身体，父母要适时、适度的逗乐婴儿玩为主。

▶▶▶ 忌

进食时逗乐

婴儿的咀嚼与吞咽功能尚未完善，如果在他进食时与其逗乐，不仅会影响婴儿良好饮食习惯的形成，还可能将食物吸入气管，引起窒息甚至发生意外。如果在婴儿吃奶时逗弄他，婴儿可能会把奶水吸入气管引起呛咳，严重的会发生吸入性肺炎。

临睡前逗乐

睡眠是大脑皮质抑制的过程，婴儿的神经系统尚未发育成熟，兴奋后往往不容易抑制。如果婴儿临睡前过度兴奋，会迟迟不肯睡觉，即使睡觉，也会睡不安稳，甚至出现夜惊。

高抛婴儿

有些父母为了让婴儿高兴，就用手托住婴儿的身体往上抛，在其下落时用双手接住。殊不知，婴儿自上落下，跌落的力量非常大，不仅可能损伤父母，而且父母手指也有可能戳伤婴儿，如果被戳到要害部位，还会引起内伤。更危险的是，一旦未能准确接住婴儿，后果不堪设想。

双手抓着转圈子

有些大人喜欢用双手抓住婴儿的两只手腕，提起后飞快转圈。这种逗乐会使婴儿转得头晕眼花，有时大人自己突然站立不稳，甚至和婴儿一起跌伤，同时容易使婴儿的手腕关节脱位。

生活与环境

宜与忌 婴儿期睡眠规律

婴儿的睡眠时间一般要比成年人多1/3。好的睡眠质量是健康成长的关键，养成良好的睡眠习惯至关重要。

养成良好的睡眠规律和习惯，首先要让婴儿按时睡觉，自然入睡。有的妈妈对婴儿爱不释手，让婴儿习惯于在母亲怀抱中摇晃着、拍打着入睡，或者让婴儿叼着乳头、空奶嘴睡觉，这些都是不良习惯。

▶▶▶ 宜

婴儿从小就要注意养成睡前不哄、不拍、不抱、不摇，不吃东西、不叼奶嘴的习惯。到该睡觉的时候，把婴儿放到床上自己睡。对起初没有养成按时睡眠习惯的婴儿，可以放一点轻柔的催眠曲，帮婴儿建立起睡眠条件反射。等到婴儿养成按时入睡的习惯，就可以不再放音乐。

晚上不容易入睡的婴儿，一般精神充足。必须在白天多活动，让婴儿玩得很疲劳了，就能睡得快、睡得好。

半夜醒来的婴儿，如果吃着母乳能睡着，就可以让婴儿吃一点。一边吸奶、一边睡觉，是婴儿的特长。只要不养成半夜醒来玩的习惯就好。

▶▶▶ 忌

不要让婴儿蒙头睡觉。注意不要让婴儿压住耳朵，以防习惯后变成"招风耳"。

婴儿仰卧睡觉时，要注意把小手放在身体两侧，不要放在胸上。

婴儿喜欢朝光亮的方向睡觉，要注意帮助婴儿转换体位睡眠，以免总是朝一个方向睡觉，影响到头形发育不端正。

如果妈妈总是不分昼夜地辛劳，来呵护婴儿，反倒会让婴儿养成昼夜不分的生活习惯。

/聪明妈妈育儿经/**睡眠对婴儿成长发育的作用**

有明显的益智作用：睡眠对婴儿来说，有非常明显的益智、促进智力发育作用。有研究证明，睡眠比较好的婴儿智商发育是比较好的。

有促婴儿进生长发育的作用：生长激素70%左右都是夜间深睡眠的时候分泌的。有些婴儿睡眠特别不好，超过3个月到半年以后，婴儿的身高会逐渐出现偏离，这是因为睡眠障碍、生长激素分泌不足引起的。当然，饮食、运动等对身高体重也有影响，但是睡眠也是一个很主要的因素。

睡眠有储能作用：睡眠时能储备能量供人体完成白天的活动。睡眠对情绪状态也有很大的影响，婴儿也好，大婴儿也好，如果缺乏睡眠或睡眠质量不高，会有易怒、烦躁、行为障碍、记忆力减退、活动能力降低等情况，还容易发生意外伤害。所以说良好的睡眠对婴儿是非常重要的。

不同年龄的婴儿有不同的睡眠规律和特征，年龄越小的婴儿睡眠时间越长，如新生儿每天睡眠时间为16~18小时，6个月到一岁半的婴儿睡13~15小时，2岁以内的婴儿白天睡两次，2~6岁白天小睡1次。当然睡眠时间有很大的个体差异，不能强求一致，如果白天婴儿的精神状态很好，活泼、聪明、发育良好，那么睡眠时间就应该是合适的。

宜与忌 为婴儿配备睡袋和枕头

很多父母担心婴儿睡觉时把被子蹬开而受凉，常常把婴儿包得很紧，但这样做不利于婴儿的发育，其实，给婴儿用婴儿睡袋就可以很轻松地解决这些问题。婴儿长到5个月后开始学习抬头，脊柱就不再是直的了，脊柱颈段开始出现生理弯曲，同时随着躯体的发育，肩部也逐渐增宽。为了维持睡眠时的生理弯曲，保持身体舒适，就需要给婴儿用枕头了。

▶▶▶ 宜

枕芯的质地应柔软、轻便，透气、吸湿性好

枕芯可选择灯心草、荞麦皮、蒲绒等材料填充，也可用茶叶、绿豆皮、晚蚕沙等填充。婴儿入睡后，头部温度一般比体温低3℃，如果头部温度过高，婴儿会烦躁不安，不易入睡。此外，给过敏体质的婴儿选用枕芯时应更加注意，劣质填充物可能诱发小儿哮喘，而涤纶、泡沫塑料等做成的枕芯可能会引起婴儿头皮过敏。

枕套应柔软、透气

枕套最好用柔软的白色或浅色的棉布制作，易吸湿透气。一般推荐使用纯苎麻，它在凉爽止汗、透气散热、吸湿排湿等方面效果最好。

▶▶▶ 忌

枕头过硬、过软

婴儿的枕头过硬易造成扁头、偏脸等畸形，还会把枕部的一圈头发磨掉而出现枕秃，过于松软而大的枕头，会使月龄较小的婴儿出现窒息的危险。

枕头过高、过低

婴儿的枕头过高或过低，都会影响呼吸通畅和颈部的血液循环，导致睡眠质量不佳。婴儿在3～4个月时可枕1厘米高的枕头，以后可以根据婴儿不断地发育，逐渐调整枕头的高度。

聪明妈妈育儿经/枕头的大小与形状

婴儿枕头的长度应略大于肩宽，宽度与头长相等。枕头与头部接触的位置应尽量做成与头颅后部相似的形状。

婴儿的枕套、枕芯要经常洗涤和晾晒。婴儿的新陈代谢旺盛，头部出汗较多，睡觉时容易浸湿枕头，汗液和头皮屑混合，易使一些病原微生物及螨虫、尘埃等黏附在枕面上，散发出臭味，甚至诱发支气管哮喘或导致皮肤感染。

宜与忌 常见的睡眠问题

睡眠，是婴儿健康成长的保障，也是父母们最关注的内容。生长发育高峰期的婴儿，对睡眠的需求很高。因为睡眠与生长激素的分泌有关，人的生长发育，依赖于垂体分泌的生长激素，而生长激素只有在睡眠时分泌的量最多；人体各种营养素的合成也只有在睡眠和休息时，才能更好地完成。所以，睡眠充足，婴儿生长发育得就好、就快。

较常见的婴幼儿睡眠问题：

入睡后翻身多

▶▶▶ 宜

婴儿入睡后爱翻身，不一定是有病，但说明婴儿睡得不深，应当找一找原因。

▶▶▶ 忌

睡床有不舒服的地方。如被子垫得不平整或太厚，穿的衣服过硬、过紧等，都会使婴儿感到不适而翻来覆去。

白天过度兴奋。婴儿的神经系统较脆弱，如果白天玩得高兴过度或受到意外惊吓，晚上睡觉后大脑就不会完全平静，表现出睡眠程度不深，还会伴有啼哭。

临睡前吃得过饱。有的家长总是担心婴儿吃不饱，晚上临睡前还让婴儿吃很多东西，入睡后婴儿肚子胀满难受，睡着以后也会翻来覆去。

肠道寄生虫作怪。如肠道蛔虫、蛲虫经常在晚上活动，使婴儿睡眠难以安宁。

缺钙。婴儿缺钙会睡不安稳甚至惊醒。

发热、患病。有的婴儿平时睡觉很好，突然出现睡眠不安宁，家长应当仔细观察婴儿是否发热或有其他异常，及时把握就医的时机。

多汗

婴幼儿入睡后出汗，多属于正常生理现象。

▶▶▶ 宜

婴儿新陈代谢旺盛，出汗有助于热量的散发，以维持体温的恒定。出汗可以排出体内尿素、脂肪酸等代谢废物，汗液还可滋润皮肤，保持皮肤湿润。

婴儿神经系统发育不完善，入睡后，交感神经会出现一时的兴奋，导致浑身出汗。仅仅出汗较多，而一般健康情况较好，那么缺钙的可能性就不大。

▶▶▶ 忌

除过多出汗外，伴有睡眠不安、易醒易惊、枕部脱发等症状，则有缺钙的可能，应当及时就医。

磨牙

晚上睡眠中，婴儿发出磨牙声，对于长牙期的婴儿，是建立正常咬合所需的一种活动。

▶▶▶ 宜

由于婴儿的上、下牙刚刚萌出，咬合尚不完全合适，通过磨牙，能使上下牙形成良好的咬合接触。遇上这一类夜间磨牙的情况，父母不必担心，通常会自行消退，无需治疗。

▶▶▶ 忌

父母应注意调节婴儿不适的咬合，消除精神因素特别是焦虑、压抑等情绪，注意保持婴儿情绪健康。

宜与忌 婴儿背袋的选择

婴儿4个月以后，脖子可以挺立了，头也能竖直了，这时可以使用背袋。在背袋中，婴儿一般是竖直位，因此视野比横躺位时要开阔得多，可以"放眼世界"。对父母来说，背袋解放了双手，省事多了。

▶▶▶ 宜

婴儿4个月较适合使用背袋。月龄过小的婴儿是不能使用背袋的，因为颈肌尚未发育好，头还不能竖直，让他坐在背袋里很容易发生危险。另外，每个背袋的说明书上都注明了所能承受的体重范围，若婴儿月龄过大，体重超过了限制范围，则千万不要再使用这个背袋，否则会使背袋受损而引起意外。

▶▶▶ 忌

爸妈在购买、使用背袋时如不注意背袋的安全性、方便性、适合性等，将对婴儿生长十分不利。

检查背袋的安全性

背袋上有不少扣环，要注意检查，确定每个扣环及接缝都牢固。肩带应尽量宽一些，长度应可调整，以便能平稳地托住不同年龄的婴儿。最好选择胸前有扣环、便于打结的背袋，这样采用前抱式时可增加安全性。

方便性

背袋的脱卸应比较方便，以利于妈妈随时背起或者放下婴儿。背袋的面罩也应脱卸方便，以便于经常清洗、消毒。

舒适性

由于背袋的表面与婴儿的皮肤直接接触，因此一定要选择天然的面料（如棉布）。肩带也要柔软透气，所有的着力点都要有护垫，否则婴儿很容易因过敏或摩擦而发生皮肤疾病。

便于活动

背袋的作用是帮助妈妈托住婴儿，而不是绑住婴儿，所以在试背时一定要观察一下婴儿四肢的运动情况，避免影响婴儿的身体活动。

宜与忌 婴儿期四季护肤方法

婴儿细腻、柔嫩的皮肤，被形容为"水嫩嫩"，是有一定道理的，因为婴儿的皮肤和成年人相比，含水量要高得多，摸着柔嫩、看上去细腻光洁。

要保护好婴儿"水嫩嫩"的皮肤，一年四季根据气候变化，要注意一些细节。

▶▶▶ 宜

春防过敏

春天虽是春暖花开、万物复苏的好时节，同时也是传染病的多发季节，尤其对于过敏体质的婴儿来说，"春防过敏"，必须长久注意。

湿疹是婴幼儿常见病，以春天多发。春天里多见的致敏因子，是空气中的花粉、粉尘或螨虫，婴儿在受到一些导致过敏因素刺激后，会引起湿疹。湿疹对婴儿的健康影响较大，局部的瘙痒常常会使婴儿烦躁不安、哭闹不止、难以安睡，因此要积极防治。

春天易过敏，要经常保持房间内及婴儿生活用品的清洁无尘。

勤洗澡，保持婴儿的皮肤清洁和滋润。

夏防晒

婴儿的皮肤，黑色素生成得很少，色素层薄，皮肤很容易被阳光中的紫外线穿透、灼伤。因此，夏天里尤其是在户外运动时，一定要注意防晒。

天热带婴儿外出时，可以选择专用防晒霜，涂抹在婴儿脸、耳、四肢等暴露的皮肤上，特别是在沙滩上、水里玩的时候，尤其要注意防晒。

秋保湿

秋天，空气中的湿度降低。人们常会感觉到干燥难耐，这是由于皮肤水分蒸发加快，皮肤角质层水分缺失的缘故，皮肤严重缺水则会干裂、脱屑。婴儿也同样如此，身体内的火气也会比较重，就是中医所说的"秋燥"。

秋季要给婴儿多吃些滋润清火食品，如胡萝卜粥、芝麻木耳汤等，加以调养；多涂润肤露，保持婴儿皮肤滋润。

冬滋润

天气寒冷时，空气干燥，湿度低。婴儿的皮肤分泌功能也会减缓，造成缺脂性皮炎，是冬天婴幼儿常见的皮肤病症。此外，嘴唇干燥甚至皲裂，皮肤表面干燥也会出现在婴儿身上。

在冬日里需要注意，清除皮肤的次数，应该跟婴儿活动量、肤质都有关系。冬天婴儿汗腺、皮脂腺的分泌不是很旺盛，皮肤上有时是油垢、有时是自身分泌保护皮肤的油脂，不需过度清洁，清洗得过多，反倒容易破坏皮肤表层保护，出现因干燥引起的皲裂。

洗澡后，为婴儿涂抹滋润性的润肤露。如果婴儿嘴角出现皲裂，可用护唇膏帮助湿润口唇。

▶▶▶ **忌**

春：尽量避免让婴儿接触花和树木的花粉等过敏因素。避免食用易过敏的食物，不要让婴儿吃海鲜。

夏：给婴儿选择无机防晒品，对皮肤不会造成刺激，不会引起皮炎及皮肤过敏等不适。避免中午出门，户外活动尽量在上午10点前或下午3点后。

秋：婴儿皮肤自我防护能力还比较弱，吃刺激性强、过冷、过热的食物，都容易引起消化问题，诱发皮肤不适，饮食要特别注意。

冬：适度选择婴儿专用护肤品，不能把成人护肤品给婴儿用。

宜与忌 婴儿头发护理要点

如果婴儿的头上只长着稀疏的头发，会让父母很是烦恼。

▶▶▶ **宜**

新生儿的毛发发育，会经过胎毛、柔毛阶段，最后演变成永久毛发，时间快慢不一。家长不必过于担心。

一般在母体内4个月时，胎儿萌出胎毛。足月出生后，每位新生儿都经历了至少1次（头后部）及2次（中央部）头发的自然脱落，长出新的毛发。

▶▶▶ **忌**

如果超过1岁时头发仍没有成长的迹象，就不能不去咨询医生了。

婴儿若呈现白发状态，可能因为一些毛囊呈现衰老阶段，并无大碍。但若某块区域头发呈大量白色状态，则可能是受疾病影响，要找医生诊治。

/聪明妈妈育儿经/ **婴儿头发生长规律**

满半岁以后，头发的生长进入另一个阶段，会脱胎换毛，长出永久毛发，进入稳定的头发生长周期。

婴幼儿的头发生长，通常从额颅顶部分开始，各区域头发生长速度不一，因此会让人感觉稀稀疏疏的。民间习俗误传，要在出生满一个月时把头发及眉毛全剃掉，促使这些毛囊受刺激，就能长得又浓又密，其实不正确。出生后2~3个月，婴儿头发的生长处于迟缓阶段。通常在出生后半年左右，头发会陆续生长。

头发颜色的深浅与基因遗传因素关系密切。东方人头发的颜色多为黑色，婴儿进入永久毛发阶段，发色应呈现黑色，少数婴儿的头发呈暗褐色或较浅的棕黑色，皆属正常。

宜与忌 给婴儿准备新衣服

为天真活泼、可爱的婴儿选择衣着打扮，是很重要的内容。一般谈到育儿，讲的较多的是在喂养、健康和生长发育方面，对婴儿的穿着却讲得少，或许这是因为市场上可供选择的服饰太多很容易买，或者是大多数家长认为只要穿得暖穿得舒服就可以，没什么太大的讲究。其实，为婴儿添置合适的衣着很有讲究和学问。

▶▶▶ 宜

衣服

1岁以内的婴儿生长发育过快，要选购宽松式样的衣物。应挑选棉布制成的衣物，既吸汗，又不会引起皮肤过敏。

大一些的婴儿，在穿着方面要求不多。比如睡衣，不论白天、晚上婴儿都能穿，天气凉爽时，可以穿长睡衣，能有效防止睡着后蹬掉被子，天热时可以选择短睡衣。应当预备3~4件，方便替换。

裤子

为了护理方便，1岁以内，一般都给婴儿穿开裆裤，穿开裆裤也适宜选择较宽松的。

袜子

穿袜子对婴儿来说是必需的。宜注意选择透气性能好的纯棉袜，尼龙袜不吸汗，且影响婴儿的皮肤。还应注意选择适合婴儿脚形的袜子，避免过大或过小的袜子影响婴儿脚的发育。

鞋子

给婴儿选购鞋子要注意：婴儿生长发育很快，鞋子要买得稍大点，鞋尖部必须有空间，脚趾能自由活动。

选购鞋底松软的鞋子，鞋底较硬的鞋子穿上，会使婴儿的小脚丫感觉不适。

▶▶▶ 忌

选购时，应注意领口是否宽松。如果是肩上开口的，按扣一定要结实牢固。婴儿穿衣应当简单、方便、舒适。

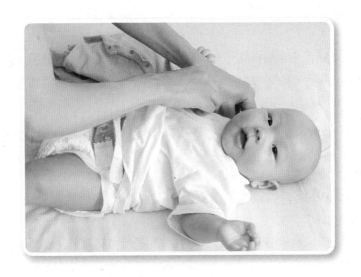

给婴儿穿新衣前，别忘记把标签和说明取下来，避免擦伤婴儿皮肤，并用清水洗干净。

如果为了防止婴儿裤子掉，就用力给婴儿系紧裤带，这种做法非常错误。婴儿的裤带不宜扎紧，否则容易引起婴儿肋骨外翻，裤腰上的松紧带也不宜过紧。

婴儿身体的各项功能发育都尚未健全，体温调节能力也差，尤以神经末梢的微循环最差。如果不穿袜子，极其容易受凉。随着婴儿不断长大，活动范围扩大，两脚活动范围增加，如果不穿上袜子，容易在蹬踩过程中损伤皮肤和脚趾。穿上袜子还可以保持清洁，避免尘土、细菌等对婴儿皮肤的侵袭。

/聪明妈妈育儿经/ **婴儿的衬衣分为三种类型**

侧开口式：适合较小婴儿用，有些型号的衬衫上有一块垂片，可以把尿布别在上面，能防止尿布掉下来。

单片式衬衫：优点在于可以防止婴儿的腹部受凉。

套头式：前面不开口，没有扣子，不会硌着婴儿。婴儿睡觉起来后，可以把套头衫穿在睡衣里面或外面，保护婴儿不受凉。

宜与忌 给婴儿穿开裆裤

开裆裤，一般指婴儿穿的裆部开有口的裤子。开裆裤穿着比较舒服，婴儿不用整天包着小屁股，也不用担心尿布把屁股捂出红疹。对家长而言把尿方便。一般婴儿长到1岁半左右，就应当把开裆裤换成闭裆裤。

▶▶▶ 宜

穿开裆裤很方便，但同时也应采取一些措施，做好健康防护。

在家时可以穿开裆裤，以方便为婴儿更换尿布，方便婴儿坐便盆、练习排便。

外出时，穿上纸尿裤再套开裆裤，这样既有利于保护婴儿，在公共场合也显得更文明。

1岁半以后，要逐步训练幼儿自己排解大小便的能力。

婴儿穿着开裆裤便于每天为婴儿清洗屁股，保持外阴局部清洁。

此外，有一种在裆处有扣的连体裤，可以供需要时常要换尿布的婴儿使用。

▶▶▶ 忌

婴儿期的婴儿，大小便次数多，而且自己不能控制，一不小心就会弄脏裤子，所以有些爸爸妈妈通常给婴儿穿上开裆裤，以方便排便。然而，开裆裤穿到1岁半左右就可以了，因为随着婴儿逐渐长大，接触到的东西增加，穿开裆裤会带来不少问题。

首先，婴儿活动范围增大后，穿开裆裤不仅有可能冻着小屁股，还会使冷风直接灌入腰腹部和大腿根部，使婴儿受凉感冒。

其次，穿开裆裤会使臀部、阴部暴露在外，极易受到感染或造成阴部外伤。婴儿玩得高兴时，常常会席地而坐，这更容易引起尿道口炎、外阴炎等，特别是女孩尿道短，极易引起尿路感染。

此外，穿开裆裤还很容易使婴幼儿感染上蛲虫症。因为婴儿可能会因肛门瘙痒用手抓挠，沾染上虫卵，虫卵再经手进口，进入消化道而引起感染。

宜与忌 选购和使用婴儿车

婴儿车是最适合育儿的交通工具，更是妈妈带婴儿上街购物、户外活动时的必备。

根据婴儿的成长、使用用途，婴儿车可以分成很多种类，主要以载重量为标准。一般的婴儿车能使用4~5年。

应根据不同年龄阶段为婴儿选择不同的婴儿车，除坐卧两用婴儿车，另一类是外出时专用的便携式折叠婴儿车。

宜

选择婴儿车时，要注意外观和质量，除了选择车的颜色图案外，更要看一看车架表面有无油漆脱落、划伤及各种瑕疵。

然后要审视车身结构，检查各接合处是否牢靠，有无螺丝松脱现象。

还应该把婴儿放进小车中，试着推动小车走一走，看车身有无变形，车轮旋转、转向是否轻松自如。

忌

带婴儿外出散步时，要注意尽量不要往高低不平的地方推婴儿车，上下颠簸、左右摇摆的路上不仅推起来费劲，婴儿在里面更难受。

还要注意，婴儿坐在车里，要比推车的人低，离地面近，容易呼吸到地面上的灰尘，于健康不利。因此，推着婴儿车带婴儿外出散步时，要到地面情况好，环境好，来往车辆行人少的地方，公园和郊野的大自然是首选的理想处。

 阅读延伸

如何选择不同款式的婴儿车

坐卧两用多功能婴儿车：适用于1岁以前婴儿。

这种车可以折叠，体积较大，但功能较多。车厢可以按不同角度调节靠背，既能当床、当摇篮，也可以把靠背扶起，让学会坐的婴儿倚靠。

两用婴儿车带有较大车篷和遮阳纱罩，婴儿小的时候，可以每天连车推到屋外，在室外小睡一会儿，享受户外新鲜空气，做空气浴和阳光浴。

有的车还可以把卧垫掀起，下面有小三角坐垫，学走路的婴儿可以骑坐，扶着前面的护栏，成年人在后面轻推，帮助婴儿学习走路。

两用婴儿车一般还备有杂物筐，外出时可以存放一些婴儿用品。

但这种车不便于带婴儿远途外出，如果中途需要换乘公共汽车就更不方便。

如果家住高层楼房，用这种车带婴儿出来玩也不很方便，搬上、搬下较吃力。

宜与忌 汽车安全座椅

一般的汽车座椅和安全带是专门为成人设计的，不适合婴儿体型，既不安全也不舒适。专门为婴幼儿设计的汽车安全座椅兼顾了材料力学、人体工程学、儿童心理学等多方面的因素。因此，婴儿乘坐汽车时，应配备汽车安全座椅。挑选、安装汽车安全座椅时，要注意以下几点。

▶▶▶ 宜

选择跟婴儿的年龄和体重相配的汽车安全座椅。汽车安全座椅有3类，第一类是婴儿专用座椅，必须放在后座上，且婴儿面向后；第二类是面向前、带专用安全带的座椅，适合1岁以上且体重超过10千克的幼儿；第三类是提升座椅，使用的是成人安全带，但为肩带，而不是横向安全带，适合3～4岁、体重为20～40千克的婴儿。

将第一类和第二类结合的称为可转换式，适合于体重20千克以下的婴儿。将第二类和第三类相结合的称为组合式，适合于体重10～40千克的婴儿。此外，还有多种适合不同需要的汽车安全座椅。一般地说，在婴儿的成长过程中，至少需要买2个不同种类的汽车安全座椅。

1岁以下的婴儿之所以要使用面向后的汽车安全座椅，是因为婴儿的骨骼（尤其是颈部）十分脆弱，最容易受到致命的伤害，而婴儿与成人相比，头部比例要大得多，颈部受力就更大。大多数的撞车事故都有急刹车的过程，如果婴儿面向前坐，婴儿脆弱的颈部极容易受到过大的冲力而造成伤害。面向后坐的汽车安全座椅有椅背、靠垫、颈部安全枕等重重保护，能最大限度地吸收撞击冲力。

▶▶▶ 忌

选择与汽车不匹配的汽车安全座椅。最好开车去购买，购买时将座椅安装在汽车座位上，看看是否合适。汽车安全座椅要安装在后座上。相比较而言，后排乘客的安全系数更大。一定要安装牢固。汽车安全座椅的使用时间不能过长。使用时间不能超过10年（推荐5年），且应没有遭受过车祸的损坏。

宜与忌 户外活动和锻炼

天气适宜的季节应常带婴儿到户外去接受阳光浴，使婴儿的皮肤得到锻炼，增加抵抗力，减少和防止呼吸系统疾病发生，有利健康。

▶▶▶ 宜

婴儿阶段的婴儿，要多与外界空气接触。除了寒冷的天气外，只要没有风雨，每天都可以带到院子里、户外去，让外面的新鲜空气接触婴儿的小手、小脚、小脸皮肤，使皮肤得到锻炼；呼吸比房间里温度要低的室外空气，对预防呼吸系统疾病有好处。能让婴儿的皮肤接触到阳光，防止缺钙和佝偻病。

常带婴儿户外活动，能参加与小朋友的活动和玩游戏，开阔眼界，增加见识、增长知识的同时，增加记忆信息。有利于智力开发和语言能力发展，也有利于培养婴儿的人际交往能力，对于情商和社会能力都是极好的锻炼机会。

▶▶▶ 忌

户外不像室内，安全隐患要比在家里高出无数倍，带婴儿去户外活动，必须有成年人监护，切不能大意。带婴儿坐婴儿车去户外，要特别注意，防止婴儿从小车中爬出、掉出，发生意外。

婴儿车的重心较低，比成年人的高度更低得多，要特别注意，不能在灰尘较大、污染环境里带坐婴儿车的婴儿活动。

婴儿开始学站、学走以后，具备了独自移动、活动能力，安全问题更加重要，千万要精心照料，防止户外的种种不安全因素的威胁。

/聪明妈妈育儿经/婴儿在户外活动要注意什么

每天可以带婴儿出去2次，每次5~10分钟。但室外的温度在10℃以下时，太小的婴儿就不宜去户外了。要避免强烈日光的直接照射，最好在早上9~10点及下午4点左右。

随着婴儿的生长发育逐渐成熟，每天最好能保证婴儿有2~4个小时的户外活动时间，有利于健康，更利于体能、智力的综合、协调发展。

进入学步阶段以后，更应当多去户外活动，在户外练习走路，从蹒跚举步，到能走稳、走好，都适合在宽阔的户外练习、进步、巩固。

宜与忌 婴儿期家庭环境

家庭环境包括物质环境和人文环境。人文环境主要强调家庭氛围、人际关系，后面的章节在智力开发和早期教育方面有专题。

从满月到1岁的婴儿阶段，家庭育儿的物质环境是否合理、和谐，对于婴儿的成长至关重要。

▶▶ 宜

一般说来，整洁、有条理的环境会给人以美感，会使孩子感到心情愉快，有利于从小养成文明的举止与良好的生活习惯。反之，污浊杂乱的环境，会使孩子心情烦躁、抑郁，容易养成松懈、懒散的不良习惯。应当充分注意室内的整洁，东西放置有条理，对孩子良好习惯的形成大有好处。

▶▶ 忌

心理学家提醒人们，家庭空间的局促狭窄，可能导致宝宝心理上产生一种压抑感。而且，过于花哨杂乱的摆设，还会引起心情浮躁，进而妨碍宝宝性格的正常发展。因而，家中宁可少放置些可有可无的家具、杂物，少摆设一些装饰品，也要尽量给孩子多留一些活动空间，保证宝宝在家里能心情平和、情绪欢畅。

/聪明妈妈育儿经/合理布置家庭环境

从教育孩子、让孩子健康成长的角度来说，家庭物质环境应当具有以下两个特点：

布局合理：家庭住房室内是否显得宽敞，很大程度上不取决于住房面积的大小。同样的面积，安排得井井有条，可以显得很宽敞。也可以被一些繁复的家具、花哨的点缀与散乱的杂物挤占，给人一种透不过气的感觉。

文化氛围浓厚：如果家庭中拥有昂贵的摆设，却很难找到一本书刊，显然不利于对婴儿的文化熏陶。有的家庭书架上放着许多书，虽然孩子一时还看不懂，但有许多书也是一种熏陶。父母爱书，会使孩子受到感染，启发追求知识、热爱知识的情怀。

体能与早教

宜与忌 婴儿期的模仿能力

▶▶ 宜

模仿是婴儿学习语言、社交等能力发展的重要基础。

婴儿的模仿行为，是成长中的一种最重要的学习方式，通过对生活中人和事物的模仿，婴儿将会学到很多技能。

▶▶ 忌

婴儿生长发育过程中，会有一个发音、"玩"自己的声音过程，利用婴儿发音，用回音反应练习发声，是一种语言教育的良策。如果婴儿一直没有发出声音，家长就不能掉以轻心，要及时找医生查诊。

/聪明妈妈育儿经/**婴儿的能力**

口唇模仿：是一种有益的婴儿游戏，在孩子面前学做唇形，能促进婴儿口唇模仿能力。从新生儿期开始，婴儿就能模仿妈妈的面部表情。1~3个月的婴儿，会经常独自做口唇游戏，抓住这种时机，和婴儿做一做唇部动作，引导婴儿唇舌活动，起到促进能力发展作用。

表情模仿：抱起婴儿，在婴儿面前做张口、吐舌或者多种表情，婴儿会逐渐模仿妈妈的面部动作表情，也会模仿微笑。

发音模仿：经常用亲切的声音，与婴儿谈笑，注意口形和面部夸张的表情。偶尔，婴儿会发出单一的声韵："啊、呜、哦、喔"或者"咕、咯"声，用婴儿发出相同的声音回应，引逗婴儿再次发声回应。

婴儿在啼哭时，妈妈如果学着婴儿的哭声发出同样的声音，正在哭闹的婴儿会停下哭泣，好奇地看着妈妈，数次以后，婴儿就能"认识到"自己的这个能力，并且会逐渐形成运用自己能力的习惯。

学哭声是一种良好的回应性反应，也是教给婴儿发音练习的正确方法。学着哭声和婴儿做一应一答，可以使婴儿早一些认识到自己的声音和发音能力。

宜与忌 学发音和咿呀学语

6个月以后的婴儿，会发出各种简单的迭音，"啊啊、吗吗、吧吧、嗒嗒、哗哗……"，并饶有兴趣地把练习发音当做游戏。这就是婴儿都要经历的咿呀学语阶段。

▶▶▶ 宜

刚开始，婴儿是出自"玩"声音的乐趣而不断发声，因为妈妈爸爸们对婴儿开始咿呀学语感到高兴，利用婴儿咿咿呀呀"玩"声音的机会，常对婴儿的声音回应，直接鼓励了婴儿学习语言、利用声音的兴趣。

半岁以后，婴儿的兴趣，会从单纯"玩"自己的声音，转向模仿从外界听到的声音。

日常生活中妈妈和爸爸说的话，婴儿最爱模仿，这种模仿是学习语言的基础。婴儿虽然还不能正确地发音，会努力学习父母说话的节奏、韵律或整体语感觉，用自己的声音来重复。

在咿呀学语阶段，每天可以面对着婴儿，带着愉快的表情，发出"妈——妈"等重复音节，引导婴儿注意妈妈的口形，每发出一组重复音节后，停下来给婴儿张口发声模仿的机会。开始时，婴儿可能会伸手去抓妈妈的嘴，坚持做下去，婴儿就会跟着妈妈学发音。

接近1岁时，由于听觉功能进步，嘴、腭、舌头的动作逐渐灵活，呼吸、发声的功能逐渐成熟，发出的音节会更准确。不同于以前的直接模仿，随着视野和活动范围的扩大，婴儿能逐渐了解哪些音节是指称某些事物的声音，利用声音进行有意义的沟通。

▶▶▶ 忌

爸爸妈妈切忌因为婴儿不会说话而不与他作语言交流，也不要在他面前争吵叫骂。

/聪明妈妈育儿经/学习语言要靠早期的模仿

学习语言必须通过模仿，从听父母的语言到学会分辨，再发出与听到的声音相似的语音，然后以听觉、视觉来认识外界所发生的各种现象，再把现象和语音联系起来，才能学会使用语言。

虽然婴儿还听不懂语言，但可以和婴儿一起"玩一玩"声音，让婴儿通过"玩"声音的过程，逐渐形成语感，学习对话和交流。

宜与忌 玩手、吃手是能力

到2个月龄左右，婴儿能自己伸出手，把小手拿到眼前看看，持续时间超过10秒钟。这个动作出现说明婴儿具备了初步的手眼协调能力。玩手、抓握、吃手，是能力发展的新阶段。

▶▶▶ 宜

婴儿吮吸手指，是一种学习和自己玩的能力，等到再长大一些，手脚活动能力和范围大了，会玩玩具以后，把手指往嘴里放的现象会越来越少。

喜欢吃手指头、咬东西，并不代表想吃东西。是婴儿想通过自己的能力，了解自己和对外部世界积极探索的表现，这种动作出现，说明婴儿支配自己行动的能力有了大提高。

▶▶▶ 忌

吃手指头、见什么都往嘴里喂的行为，是一个必经过程，一般到8～9个月以后婴儿就不再吃手指、或见什么咬什么了。如果长到1岁左右还爱吃手指，就得注意帮助婴儿纠正。

婴儿吃手或见什么咬什么的时候，要注意保持婴儿小手的清洁，玩具要经常清洗和消毒，保持卫生。

注意过硬的、锐利的东西或小物件如纽扣、别针、豆粒之类的东西不能让婴儿有机会抓到喂进嘴里，防止发生意外。

/聪明妈妈育儿经/**这是婴儿的小能力**

玩手：从能用眼睛看自己的小手，渐渐地增加手的活动能力，能相互握住，手指来回活动，成为自己娱乐自己的新"玩具"。

抓握：这时，先天性抓握反射能力逐渐减弱，常常会握不住，把抓住的东西掉下去。需要经常把手指放进婴儿的掌心，或常用小玩具放进婴儿手心，训练婴儿握住物品。

吃手：学会握物并能送到口中是一种本能，出自动物自己觅食的生存需求。婴儿只要能把东西抓握住，都会放进嘴里，尝一尝是不是能吃，这种现象会持续很长一段时间。

宜与忌 婴儿微笑也是交流

▶▶▶ 宜

微笑是婴儿与成年人交往和表示自己快乐的一种方式，更是婴儿博得人们喜爱，尤其是令父母疼爱最有效的方法之一。

婴儿喜欢亲人微笑着和自己说话，感受亲人的爱。常常对婴儿微笑，有利于婴儿的成长，有利于婴儿和自己生活中重要人物之间建立感情联系，有利于婴儿的心理健康发展，母子、父子之间的微笑十分有利于亲情交流，父母们也从中能够感受到与婴儿在一起时的欢愉。

▶▶▶ 忌

婴儿听到各种类似语言中的单音，会试着模仿。如果父母与婴儿交流，就能扩充这些早期发音的数量和范围。婴儿有时候还会发出一些社交性的声音，如果父母用微笑、话语应答婴儿，这种交流就能不断地得到发展。

婴儿发出声音时父母切忌毫无反应，这会让婴儿失望，从而减少发音和学习语言的兴趣。

婴儿模仿发音时，一定不要打断，要表现出很感兴趣地、微笑地看着婴儿，及时给予相应的应答。

/聪明妈妈育儿经/给婴儿一些微笑，有利婴儿身心发展

婴儿在愉悦的情绪中时，各种感官能力，包括眼、耳、口、鼻、舌、身等感觉能力都最灵敏，接受能力也最好，而愉悦情绪的持续，有利于健康成长。

经常微笑，而且能遇到很多情况都发笑，证明婴儿对引起笑反射条件的感受积累得多，大脑中枢神经联系广泛，这种联系越多，婴儿也就越聪明。

到半岁以后，婴儿已经能懂得父母的赞许表扬和不满意的表情、动作和简单语言。因此，对婴儿表现出好的行为，要及时加以肯定和赞许，用点头、微笑、拍手、亲吻等方式鼓励婴儿。

用微笑进行亲子交流，用微笑鼓励婴儿，微笑能给婴儿增加自信心。常常受到父母微笑鼓励的婴儿，自然也会经常对妈妈爸爸回报以微笑。

宜与忌　换手、对击的能力

一般说来，4～7个月的婴儿，会出现两只手各拿一个玩具玩、换手拿玩具的能力。应当注意观察婴儿，是在什么时候开始有了两只手拿东西和换手的能力。

▶▶▶ **宜**

婴儿的手上动作属于精细动作能力，要反复训练，因为人的手部动作联系，在大脑相关区域所占的比例很大，能够用手进行各种各样的精细动作，是人类智慧的重要表现。

为了反复训练婴儿手的动作能力，可以适当进行对击练习。选择各种质地的玩具，例如积木或敲打的小锣、小鼓、小木鱼等给婴儿玩耍，教婴儿用一块积木对击另一只手上拿的积木。

对击练习，可以促进婴儿"手—眼—耳—脑"的综合联系，刺激感知觉能力协调发展。

▶▶▶ **忌**

大多数婴儿在6个月能学会双手传递，但有1/3的婴儿要到7个多月才能做到，不必为此而操之过急。

学会对击能力以后，婴儿会有一个喜爱敲打的过程，拿到任何东西，都会敲打。这个阶段也会持续很长时间，通过敲打，认识物质之间、自己的手和外界物质世界的关系，不要因为婴儿总是敲敲打打而烦躁。

╱聪明妈妈育儿经╱和婴儿一起玩"换手"游戏

练习换手拿玩具，可以在婴儿坐在床上或童车中的时候，递给婴儿一块积木，等到婴儿拿住以后，再向婴儿的另一只手递另一块积木，看看婴儿是不是把原来拿到的积木换到另一只手，再来接递过来的积木，或者直接用另一只手伸出来接积木。

如果婴儿把手中已经接到的积木扔掉，再来拿妈妈递的新积木，就要引导婴儿学着换手，把手上的积木传递到另一只手上后，再来拿妈妈递的另一块。

宜与忌 3~4个月婴儿常见手势

3~4个月的婴儿开始用手势表达自己的意愿，是智力发展、自我意识形成的标志之一。

婴儿已经认识到自身与环境、家人的关系，理解到自身能从环境和家人那儿索求到需要的东西，并且开始尝试用自己能够使用的方式，向家人表示需求。

▶▶▶ 宜

婴儿躺在婴儿床上伸出小手要妈妈抱。如果得到妈妈的回应，下一次再见到妈妈时，就会伸出双手向妈妈要求抱。连续几次后，就能认识到，通过手势能与妈妈交流，表达要抱的意愿，并能得到满足。

天长日久，婴儿会认识到，可以用手势表达自己的需求和意愿。先通过手势表达方式和家人交流，才能有进一步语言交流。

▶▶▶ 忌

婴儿学会手势，只是机械性地模仿和习惯性地做，有意识地运用手势表达，还需要再生长发育一段时间。

婴儿对于手势表达并不能完全理解，绝大多数婴儿要到9~10月龄时，才能完全做到对成年人的语言指令作出动作反应。

训练婴儿用手势表达，适合当做日常生活中的启智游戏来做，忌操之过急。

/聪明妈妈育儿经/半岁前是学习手势的最佳时段

半岁前的婴儿，是学习手势表达的最佳时段。让婴儿坐在妈妈的怀里，妈妈分开两手抓着婴儿的双手，捏住婴儿的食指，教婴儿把两食指的指尖对拢，点上几下，然后分开。指尖对点时，说"逗，逗，逗虫虫"，点一下，说一次。分开两只手时，说"飞，飞了"。做得次数多了以后，只要妈妈说"逗，逗，逗虫虫"，婴儿就会用双手指尖对拢点，说到"飞，飞了"，婴儿就能够张开双手。

爸爸离开外出时，对婴儿挥手说"再见"，教婴儿也挥手学招手。婴儿如果不会模仿，妈妈可以拿起婴儿的手臂，边挥边说"爸爸再见"，经常和反复地做练习，婴儿就能学会表示再见的挥手手势。学会招手以后，可以让婴儿在家人离开时，主动挥手"再见"。

宜与忌 婴儿期的运动发育

2~3个月龄的婴儿，觉醒后主要姿势是仰卧，但婴儿已有了一些全身性肌肉的运动，因此，在适当保暖的情况下，可以辅导其自主活动。

▶▶▶ 宜

翻身：一般3个月的婴儿能从仰卧翻到侧卧，在这之前就可以适当训练婴儿翻身。

组合翻身：4个月的婴儿可以先做仰卧到侧卧，再到俯卧，然后再从俯卧到侧卧、到仰卧的过程。

打滚：到了5个月龄以后，随着婴儿的中枢神经系统、骨骼和肌肉的不断发育，随意运动能力开始发展。通过婴儿学习组合翻身，再给予适当帮助，由翻身动作过渡到学会"打滚儿"的能力。

开始婴儿会翻得很吃力，用肘部支撑前胸，慢慢抬起胸部，完成翻身动作。但经过多次练习，会逐渐学会翻身，由翻身发展成打滚儿这项新本领，而且，婴儿会从完成这些动作的过程中，找到自信，得到无穷的乐趣。

婴儿学会向左右两侧熟练地翻身，然后把翻身动作组合成打滚儿，对婴儿的颈肌、腰肌和四肢肌肉运动的配合都是极好的训练。

▶▶▶ 忌

翻身：3个月龄的婴儿只要求学会侧翻，不要求从仰卧改翻到俯卧，如果做不到打滚儿，父母不必失望，因为做到180°的大翻身是5个月龄完成的任务，能做到最好，做不到也不必急于求成。

组合翻身：注意俯卧的时间不宜太长，避免使婴儿的面部受到压迫。

帮助婴儿学习翻身，一定要循序渐进，不能操之过急，切忌对婴儿粗暴。婴儿翻身成功以后，要抱起来，亲吻、表扬和鼓励，使婴儿产生愉悦情绪，感受到成功的乐趣和父母的爱意，保持继续进行尝试的兴趣。

练习翻身的床，要硬一些好，以木板床或大桌面为佳。还要注意，床面应当平滑，提供给婴儿翻身的空间要大一些，并严密注意婴儿的安全。

打滚：特别要注意的是学翻身、打滚儿后，婴儿如果独自躺在床上时，一定要放好婴儿床围栏或者做好防护，防止婴儿坠地、摔着。

聪明妈妈育儿经／如何教婴儿学翻身

如果婴儿有侧睡的习惯，学翻身会比较容易，只要在婴儿左侧放一个玩具或者一面镜子，再把婴儿的右腿放到左腿上，然后再把一只小手放在胸腹之间，轻轻托婴儿右边的肩膀，轻轻在背后向左稍推，婴儿就会转向左侧。

练习几次后，不必再推动，只要把婴儿腿放好，用玩具逗引，婴儿就会自己翻过去。

再往后，光用玩具不必帮助婴儿放腿，婴儿就能做90°的侧翻。以后可用同样的方法，帮助婴儿从俯卧位翻成仰卧位。

如果婴儿没有侧睡习惯，可以让婴儿仰卧在床上，手拿婴儿感兴趣、能发出响声的玩具，分别在婴儿两侧逗引，对婴儿说："宝宝看，多漂亮的玩具！"训练婴儿从仰卧位翻到侧卧位。婴儿完成动作后，可以把玩具给婴儿玩一会儿作为奖赏。

婴儿一般先学会仰卧—俯卧位翻身，然后再学会俯卧—仰卧位翻身。

一般每天训练2～3次，每次训练2～3分钟。

组合翻身的整个过程中，需要头、颈、腰、四肢的参与。先练习仰卧到侧卧，妈妈可以先把婴儿的双脚交叉，一手拉着婴儿的双手放在胸前，另一只手轻推婴儿的背部，帮助婴儿转向侧卧位。要注意，翻身练习训练，应当交替向左和向右进行。

5个月的婴儿可以练习从侧卧位到俯卧位，然后从俯卧位到仰卧位。改变体位的同时，应当对婴儿亲切地说话，并且用玩具诱导婴儿，使婴儿产生翻身的欲望。

婴儿学会180°翻身，证明身体和下肢动作配合能力良好。也有些婴儿在学会90°翻身后不久，就能完成180°翻身。多数婴儿能够在5个月学会侧卧翻身，6个月时完成180°翻身，俗话说：三翻六滚七坐八爬，是前人的育儿经验归纳。

翻身动作的完成，是婴儿出生后第一个全身性协调的动作，对于婴儿的大脑和内耳平衡器官的发育会带来极其重要的益处，也会为以后学习爬行、翻滚等大动作打下良好的基础。

宜与忌 婴儿坐的练习

　　满3个月后的婴儿可以开始进行独坐练习。婴儿独坐后眼界开阔了，可以接触许多未知的事物，有利于双眼的协调、视觉的发展、感知的发育，另外，婴儿能独坐后，脊柱开始形成第二个生理弯曲，即胸椎前突，对保持婴儿身体平衡有重要的作用。

▶▶▶ 宜

　　4个月的婴儿可练习拉坐。具体方法：婴儿仰卧位，妈妈双手的大拇指插入婴儿手中，让他握着，其他手指则轻轻抓着婴儿的手腕，使婴儿双手伸直前举，手掌向内相对，两手距同肩宽，然后轻轻向前拉起婴儿双手，使婴儿头、肩膀离开床面抬起。在训练过程中妈妈可以一边做一边说"宝宝坐坐，宝宝真棒"等来进行鼓励。

　　5个月时婴儿可练习靠坐，将婴儿放在有扶手的沙发上或小椅子上，让婴儿靠坐着玩，以后慢慢减少他身后靠的东西，使婴儿仅有一点支持即可坐住或独坐片刻，每日1~2次，每次2~3分钟。

　　一般6~7个月，婴儿可开始独坐，刚开始独坐时，婴儿可能协调不好，身体前倾，此时坐的时间不宜长，慢慢延长每次坐的时间，直到能稳定的坐。

父母可以让婴儿做适当的拉坐被动操训练。婴儿拉坐的目的是活动颈部腹部和腰部的肌肉，为了促进婴儿动作的灵活性。具体方法如下：

先让婴儿仰卧在平整的床上，妈妈双手握住婴儿的两臂拉向胸前，一边喊着口令"一、二，宝宝坐起来"，一边轻轻拉着婴儿坐起来。再一边喊着口令"三、四，宝宝躺下去"，一边把婴儿轻轻放至仰卧，如果婴儿头部较软，也可一手托婴儿头部，一手握住婴儿双手。最后让婴儿的两臂下放还原即可。如此反复，每日数次。

▶▶▶ 忌

在日常生活中，婴儿有许多机会练习坐，如坐在妈妈的腿上逗乐，竖起抱时坐在大人膀子上，喂饭时可坐在大人腿上或婴儿车里。在晴好无风天气，可让其坐在婴儿车里大人推着到户外散步，环视周围事物。大人可充分利用这些机会让婴儿练习坐，而不必为练坐而坐。

婴儿的肌肉力量较弱，长时间地让婴儿坐是有害的。一般在婴儿学会坐后可每天间断地、短时间地让婴儿坐一会儿，从每次坐几分钟，以后慢慢延长。

宜与忌 婴儿学习爬行

爬是一个很重要的动作发育阶段，婴儿只有会爬了，才能自己移动身体到要去的地方，婴儿的活动范围要比坐着、抱着宽阔得多，要去探索周围世界就方便得多，所以会爬的婴儿能学到得更多，也灵活得多。

▶▶▶ 宜

学爬：爬要经过不少步骤，先是能俯卧抬头抬胸，上肢能把上身撑离床面，开始婴儿只能肚子贴着床面匍匐爬动，以后四肢训练时也要按次序进行。

在1~3个月龄阶段，就要经常让婴儿有俯卧机会，用玩具训练抬头、转头，手臂前撑抬胸，3个月时开始练翻身，学会翻身以后，就可以训练婴儿学习爬行。

用有吸引力的玩具放在婴儿头前方，却让婴儿伸手够不着。然后在前面鼓励婴儿努力，移动自己的身体向前。一般情况下，婴儿往往会向后退，可以用双手推抵住婴儿两侧脚底，帮助婴儿向前匍匐移动，婴儿能抓到玩具，会因成功而非常高兴。

　　3个月时开始进行的爬行训练，与8个月时的爬行有着明显的区别。做练习的目的，不是让婴儿学会爬行，而是要通过练习，促进婴儿大脑感觉统合系统功能的健康发展，同时也是激发婴儿愉悦情绪的重要方法。

　　4~5个月，让婴儿俯卧抬头、挺胸。如果婴儿的两膝关节屈曲后伸直，表示要爬，用手掌向前推婴儿的双脚，使其身体向前移动，手就可以拿到玩具。

　　刚开始，婴儿还不会收腹，爬时腹部离不开地面，会横爬或倒爬，都是正常现象。

　　横爬或倒爬时可以在婴儿腹部下面放一块大毛巾，当婴儿向前爬时，用力提起大毛巾，使婴儿的腹部离开地面而向前移动。反复练习后，动作协调，这样的爬是"手膝爬行"。

　　婴儿努力爬到"终点"时，要给予鼓励。

　　爬行：7~8个月以后的婴儿，能坐得很稳，可以开始"真正"爬行。

　　先学习手和膝盖的爬行，然后再学习手与脚的爬行。

　　把婴儿喜欢的玩具放在够不着的地方，但不要太远，婴儿想要拿，往前移动就能拿到。婴儿就必须先翻身俯卧，然后伸手够。

　　开始时，婴儿肚皮贴地往前移，前肢后肢都用不上力。妈妈可以在此时推动婴儿的脚，鼓励婴儿用力向前。可以在练习时，用手或者大毛巾托起婴儿的腹部，减轻身体的重量，训练婴儿两条腿一前一后蹬动的力量。婴儿就能渐渐学会用上肢支撑身体，用下肢使劲蹬，协调地向前爬行。

　　学会用手和膝盖爬行以后，接着可以学用手和脚爬行。

　　让婴儿趴在床上，用双手抱住婴儿的腰，抬高小屁股，使婴儿的膝盖能够离开床面，用两条胳膊支撑身体。婴儿的胳膊支撑力量增加以后，妈妈只要稍加用力，就能促使婴儿往前爬。多次的反复练习，慢慢地掌握仅仅靠手和脚支撑的爬行。

　　学爬是一个渐进过程，妈妈要有耐性，每天都和婴儿玩一会儿，婴儿会逐渐熟练。

　　婴儿会爬以后，就扩大了活动的范围，不再是再放在哪里就待在哪里了。可以把婴儿的玩具藏在身后，逗引婴儿来找。婴儿把玩具找出来后会很高兴。

　　爬行的游戏也可以由易到难，从近到远，变换玩具和方法，给婴儿带来欢乐。

　　爬行，是手脚等各部位最先综合协调使用的大动作。爬行时婴儿必须用四肢支撑身体的重量，会使手、脚及胸腹背部、四肢的肌肉得到锻炼，逐渐发达，为站立和行走打下基础。

▶▶▶ 忌

　　如果不早一些进行训练，可能要到11个月以后才能爬，或者根本不会爬行，就直接直立行走，容易导致大脑统合系统失调。

　　要特别注意，对待3~4月龄的婴儿，只是让婴儿试一试爬，不宜过早地要求婴儿。而且，必须等到婴儿学会了俯卧抬头和抬胸动作之后，再学爬。

　　爬行这么重要，有些家长就担心自己的婴儿不会爬行是否正常？没有经历过爬行的婴儿，智力发育会不会差一些？

　　爬行是婴儿站、走的准备动作，但并不属于婴儿生长发育的必经阶段，不要因为婴儿不会爬而担心会影响婴儿的生长发育。虽说爬行有利于婴儿胸部发育和四肢的协调能力，但是不经历爬行的婴儿同样可以在今后成长过程中加以完善。

　　爬行前，把婴儿放在地毯上，要收拾好周围的东西，收起地上的电源插座等危险品。

宜与忌 婴儿扶持站立

站立动作需要婴儿的腰部和下肢骨骼和肌肉组织发育完善。6个月以后，下肢有了一定的支撑能力，就可以有意识地锻炼婴儿扶持站立。

▶▶▶ 宜

在8~9个月时，有意识地进行扶持站立练习，能起到立竿见影的效果，因为婴儿不仅能站得越来越久，而且，很快就能自己扶持着婴儿床围栏、家具边缘等能够扶持的物体，小心翼翼地独自站立起来。

在人类远古的先祖进化的过程中，站立，对于促进大脑发育、四肢分工的协调和解放意义非同寻常。对于发育中的婴儿来说，扶持站立的意义也可想而知。

扶持站立的最初训练可以从6~7个月时开始，由成年人扶着婴儿的腋下，使婴儿的两条腿伸直，站立在床上。开始练习时间不宜太长，也可以把婴儿轻轻地举起来，使脚离开床面，然后再放下，帮助婴儿反复做跳跃动作，这样做有利于激发婴儿的兴奋情绪，也有利于锻炼腿脚的支撑能力。

到7个月后，可以训练婴儿扶手站立，扶着婴儿的手，使婴儿站立在床上。到8个月以后，只需要扶着婴儿的一只手，婴儿就能站立。

扶持站立的过程，可以从开始的紧紧扶抓到逐渐放松，让婴儿自己体会直立和平衡的感觉。

能够站稳以后，每次站立的时间可以由短到长，然后从扶持站立，变为让婴儿自己扶着栏杆站立。

到了9个月的婴儿，就逐渐能扶站得很稳当。到了10个月时，站立训练就可以进入独自站立阶段。

随着婴儿动作能力的进一步发展完善，会逐步形成无需成年人扶持、自由地从坐位站立起来，再由站立姿势，自主完成蹲下、坐下的动作能力。

等到婴儿具备双腿稳定站立的能力以后，可以再接着训练只用一条腿支撑全身重量的能力，即做"金鸡独立"的模仿动作，把双手向前方伸展，用一条腿支撑身体，站立片刻。

▶▶▶ 忌

不能让婴儿站得时间太久，而且一定要在成年人的密切监护下站立。

不能单独练站，要着重训练从站到蹲、从站到坐，再站起来的连贯动作。

宜与忌 婴儿开始学步

9个月以后的婴儿已经掌握了爬行的本领，能从卧姿坐直起来，下一步就要开始学习站立和行走。

一般到11个月时婴儿就能够独站，不必扶持物体也能够保持平衡。婴儿脊柱开始出现腰部前凸，有利于直立行走和保持身体平衡。有个别发育较早的婴儿已经能够扶持着栏杆或妈妈的手迈步行走。

▶▶▶ 宜

可以先训练婴儿扶着小车站立，站几分钟后改成坐姿，还可以从坐姿变成爬行姿势。通过反复训练，能锻炼手和脚的灵活性。

能独站后，婴儿开始学习扶着东西走路，最初会很谨慎，尝试探索着像螃蟹横行，还常常会有双脚绊在一起的情况，但不久就逐渐能改为直行。此时，让婴儿尝试着一个人慢慢走，当然，妈妈爸爸的赞许和鼓励必不可少。

一般发育好的婴儿，到1岁时已经会走了，有的婴儿要等到2岁，这与婴儿肌肉力量、平衡和协调能力有关。经常训练翻、爬、站的婴儿，早走的概率要高得多。

此外，婴儿个性的影响也不容忽略。平时行为比较冲动、好动的婴儿，会走路的时间一般较早；个性温和，对事物采取观望、等候态度的婴儿，走路比较迟。

偏瘦的婴儿动作相对比较敏捷，比起胖一些的婴儿要先学会走。

一般说话早的婴儿会走路的时间，比说话晚的婴儿要迟一些。但是，学会走路的时间早或晚，与今后智力和运动技能的发展没有直接的联系，不必为此担忧。

▶▶▶ 忌

受到挫折，如跌倒、碰伤、与亲人分离或生病以后，婴儿走路能力会出现"下降"，与婴儿学走的自信心下降、肌肉力量减弱有关，这种现象是暂时的，短期内就能够恢复，不必怀疑婴儿的能力。

婴儿开始学步时，每移动一步注意力都非常集中，不能分神在同一时间内做两件事，否则容易摔倒，这时不能误认为婴儿反应迟钝。如果婴儿正在走路，又要听妈妈的指令，婴儿一定会先停下脚步，再听妈妈说什么。

婴儿开始学走路时并不是朝着一个方向直走，而是来来去去，围绕着一个中心走动，父母对此也不必感到担忧。

宜与忌 "认生"不是坏事

从5~6个月起，宝宝对于周围的人开始持自己的选择态度，看到陌生人的面孔时，会变得敏感、紧张，表情僵化甚至躲避和哭闹，不喜欢被生人抱和逗玩，这种行为一般称为"认生"或者"认人"。

▶▶▶ 宜

宝宝"认生"是新的进步：能区分陌生人和熟悉的人了。并且，宝宝会对亲人萌生依恋，才是正常的。在遇到生人时会躲藏进妈妈的怀里，因为宝宝感到只有在妈妈身边才能安全，从半岁到1岁半，宝宝对妈妈的依恋会越来越明显。应保护宝宝的依恋感，经常给宝宝爱抚和呵护，使宝宝能从父母亲的爱抚和呵护中得到安全感，才能够大胆地继续探索，适应周围环境中的人和事物。

随着宝宝认识能力的逐步提高，认生现象会逐渐好转。

在认生阶段，可以有意识地带宝宝见见陌生人，开始只和生人说说话，等到宝宝逐渐放松警惕后，再让生人拿玩具逗一逗宝宝玩，对着宝宝笑，表示亲热。等到宝宝的面部表情放松有笑容后，还可以让对方抱一会儿宝宝，但妈妈要待在旁边，让宝宝随时可以回到妈妈的怀中。几次这样的锻炼后，宝宝对生人会渐渐地熟悉，下次再见到就不会躲避和怕生。

▶▶▶ 忌

切忌封闭式育儿。处在人口较多的大家庭的宝宝，比住在单元楼中的宝宝容易接近生人，因为有比较多的接触生人的机会。因此，高层楼居住的家庭，应当常常带宝宝到户外、大院、小区里有意识地接触人，使宝宝习惯于经常见到生人，减少对陌生人的畏惧。多提供与人接触的机会，对宝宝形成开朗、大方的性格，对于宝宝的情绪教育来说，看似事小，实则事关重大。

宜与忌 "黏人"是健康依恋

半岁到1岁的宝宝会对父母产生依恋感。宝宝总会"黏"着妈妈，像一个"小尾巴"似的，让妈妈感到无奈，称作"亲子依恋"，是健康、正常的现象。

▶▶▶ **宜**

良好的亲子依恋，是一种积极的、充满深情的感情联系。所依恋的人出现会使婴儿有安全感，有这种安全感宝宝就能在陌生的环境中克服焦虑或恐惧，从而去探索周围的新鲜事物，会尝试与陌生人接近，能使宝宝视野扩大，认知能力得到快速发展。

家庭是能够给宝宝温暖和自信心的地方，提供这些动力的是宝宝和母亲之间温暖、密切、持续不断的亲情——适度的依恋，也就是"黏人"现象，不仅可以促使宝宝得到情感满足，还可让宝宝享受愉悦。适度的依恋有助于建立个人的信赖度和自我信任感，成年后能够成功地与伴侣、后代和睦相处。

6~12个月，正是形成亲子依恋关系的关键时期。妈妈是否能够敏锐、适当地对宝宝的行为作出反应，积极地跟宝宝接触，正确认识宝宝的能力及软弱等，都会直接影响着母子依恋的形成。

以母亲为核心的稳定的养育者，对宝宝的心理健康发展至关重要。妈妈不仅能满足宝宝生理上的"饥饿"，也是宝宝心理上的"安全岛"和快乐的源泉。母亲不宜长期离开自己的宝宝，更不要忽略宝宝抚触、宝宝体操等科学育儿手段，要尽可能多地给予宝宝爱抚和鼓励，无论是充满感情的言语表达还是搂抱、亲吻等身体接触，都不要吝啬。

▶▶▶ **忌**

有些人把宝宝"黏人"视为缺点，"黏人"不仅不是坏习惯，适当黏人直接有利于将来的沟通和交流能力。

当今社会生活节奏加快，多数父母已经没有办法全天候养育和照顾宝宝，只能请保姆或者是祖父母来照料宝宝的生活起居，这样，宝宝和父母之间的关系会疏远。

婴幼儿时期，没有产生"黏人性"，成年后就可能很难与别人沟通，影响以后的社会生活和家庭生活。

半岁到1岁的宝宝，如果不依恋亲人，未来的生活会受影响，这段时间的宝宝最好自己带。

宜与忌 婴儿照镜子游戏

婴儿很小的时候就爱照镜子，婴儿对镜子里的自己特别感兴趣，可以利用镜子和婴儿做游戏。

▶▶▶ 宜

从镜子里让婴儿认识自己，唤起自我意识。4~5个月时，妈妈就可以抱着婴儿照镜子，指着婴儿本人和镜子里的婴儿映像说"这是宝宝"，也让婴儿认一认妈妈和镜子里的妈妈，反复教婴儿这样玩，就能让他逐渐认识自己，配合认知发展和建立自我意识。

7~8个月可以做在镜子里认识自己身体的游戏，抱着婴儿坐在大镜子前，点点婴儿的鼻子，再指指镜中的小鼻子说"这是宝宝的鼻子"，还可以拉着婴儿的小手去摸自己的鼻子，再摸一摸妈妈的鼻子。

游戏反复做，婴儿就能认识自己的鼻子和别人的鼻子，听到"鼻子在哪里"这句问话，就会伸手指自己的鼻子。指认成功后，再一个一个认识眼睛、耳朵、嘴巴、头发、小手、小脚等，慢慢地，就能认识自己身体的各个部位。玩的时候还可以编一支简短儿歌配合着朗诵，也可以做一做不同的动作，如眨一眨小眼睛，拉一拉小耳朵，张一张小嘴巴，拍一拍小手等。

指认身体：半岁到9个月的婴儿，已经能够记忆并且理解一些日常生活中常用到的词汇，虽然还不会说，但是在日常生活的耳濡目染中已经能习惯于理解妈妈的一些指令性话语。例如，穿衣服时，妈妈说"把手抬起来"，喂饭时妈妈说"张开嘴"，婴儿都能配合。因此，指认身体的部位，也是婴儿能够初步掌握的能力。

婴儿一般最早认识的是自己的小手。对婴儿说"再见"时，婴儿会摇动小手，说到"握手"时，知道伸出小手。

有的婴儿喜欢蹬踢玩具，可以趁着婴儿兴趣浓厚的时候教婴儿认识"脚丫"。如果婴儿喜欢玩照镜子游戏，可以先学认脸部的器官。

▶▶▶ 忌

婴儿有发烧、不舒服症状的时候，不要照镜子。

不要给婴儿玩太小的化妆用小镜子，以防婴儿长得大一点后喜欢扔东西时砸破镜子，受到伤害。

不能带着婴儿在镜子前面玩做鬼脸的游戏，婴儿模仿能力强，会养成习惯，不易纠正。尤其是不要示范做把面孔贴上镜子、挤压五官的游戏。

宜与忌 婴儿语言需要积累

语言发展是婴儿心理发展过程中最重要的内容之一。语言在婴儿认知和社会性发展过程中起着重要作用。

▶▶▶ 宜

婴儿在高兴时会喊出一连串音节，比如 "啊——加加加"、"噢——妈妈妈"，听上去像是在说话，但又不知道在说什么。特别明显的是连续重复的音节、各种声音，都比较清楚。婴儿喊出一串 "爸爸爸爸……" 时，做父亲的听了会很高兴，认为婴儿会叫爸爸了。其实，婴儿还不会有意识地叫爸爸，嘴巴里发出的音节并不是实义。

9个月时，婴儿会模仿成年人说话发音，像鹦鹉学舌，一会儿 "爸爸"，一会儿 "妈妈"，"帽帽"、"哥哥" 等无含义地乱 "冒" 一气。有时候会连续几天发同一个音，不管什么东西都会用这一个音来替代，如说出 "舅舅"，指代所有想要的东西，包括玩具、杯子都只用一个音。

接近1岁时，婴儿会喜欢独自唠叨，学着成年人读书的样子，咿咿呀呀地说个不停，时而拉长音调，好像说话，又像唱歌，自个儿越说越起劲，别人一点儿也不明白。

父母应当为婴儿高兴，因为婴儿认真地学习发音，值得鼓励。

随着成长，婴儿逐渐学会把一定的语音和某个具体事物联系起来，比如问："灯在哪里？" 婴儿懂得用手指着灯，问鼻子、眼睛、嘴巴、耳朵在哪儿，都能指得很准确。

但真正能把词义和事物联系起来，要经过一个很长的过程，有待多次训练，反复地把词与事物联系起来才能最终形成牢固的神经联系。

婴儿说话的规律是：先听懂，然后才会说。

1岁以前能听懂的词很多，会说的很少，想说说不出来。这时，正是需要大量积累语言信息，进而掌握语言的阶段，尤其是需要有人多和婴儿交谈，培养词汇理解力和逐步形成表达能力。

▶▶▶ 忌

1岁以前的婴儿，能逐渐听懂叠音字、语速较慢的 "妈妈语"，如 "手手"、"高高"、"婴儿" 等，这是成长阶段的需要，不必强行用规范化语言来教婴儿。

宜与忌　"爱扔东西"不是淘气

接近1岁的婴儿，会出现"爱扔东西"的现象，往往一件玩具只玩一会儿，婴儿就往地上扔。

▶▶▶ **宜**

喜欢扔东西，并不是淘气，也不是坏习惯，而是婴儿的成长特征。在反复扔东西的过程中，婴儿能得到情绪上的满足感和愉悦感，并积累认知能力和经验。

在不断地、反复地扔东西的活动中，婴儿能开始意识到自己的动作（扔）和动作对象（物体）的区别，探索自己动作的后果——会出现什么效果和变化。

例如，婴儿每次扔球，都能使球滚动，月龄小的时候有这种现象偶然发生，并没有引起注意，婴儿也没有意识到自己的力量。现在，经过多次重复这个动作，相同的现象（球会滚动)再次发生。婴儿逐渐开始认识到自己扔的动作，能使球发生变化、出现滚动的效果，从而使婴儿意识到自己的力量、自己的存在和客观物体之间的关系。

这种扔东西的动作，显示出的力量和事物发生的变化，促使婴儿再尝试，用扔的动作去作用于物体，观察是否能发生变化，扔出铃铛，掉下去能发出声响，但不会滚动。扔下毛巾，既没有声响又不滚动。

有时候婴儿扔东西，是希望引起父母的注意。在婴儿扔下和父母拾起的过程中，建立"授受关系"，发展人与人之间的社会交际关系，在动作与语言的交往中，使婴儿的认知能力不断地发展。

▶▶▶ **忌**

如果不能花很多时间专门为婴儿拾东西，可以让婴儿坐在铺有席子或垫子的地板上，让婴儿自己扔东西玩；教会婴儿先扔出东西，自己爬过去拾起来。

逐步让婴儿知道，什么东西可以扔，什么不能扔。可以做沙袋、豆袋，准备一些带响铃的塑料玩具等，用来专门给婴儿扔。

要制止婴儿乱扔食物、扔易碎的玩具和易损坏的东西，但忌用训斥的方式，以免强化婴儿类似的不良动作。

婴儿喜欢扔东西，不必为此烦心，这个过程很短暂，婴儿渐渐学会了正确地玩玩具和使用工具后，兴趣及注意力会逐渐转移到其他更有趣的活动上，"爱扔东西"的现象会自然消失。

宜与忌 适当对婴儿说"不行"

婴儿学会了爬行，并且随着月龄的增长，行动范围扩大，随之而来的危险也不断增加。

婴儿在家里开心地到处爬，有好奇的东西就想冲上去，用自己刚刚会使用的认识方式，摸一摸……突然听到妈妈一声断喝："不行，很烫！"吓得一哆嗦，慌忙地缩回正要靠近炉火的小手，然后会很委屈地看着妈妈。

溺爱自己的妈妈一反常态地严厉，会让婴儿眼泪在眼眶里转，委屈得要哭。

让婴儿委屈的并不是"不行"这句话，而是妈妈一反常态的语调。因为婴儿并不能理解"不行"这句话的意思，妈妈的语调却传达了制止婴儿行为的喝令。

对已经能够自由活动、却没有判断能力的婴儿来说，如果不能及时赶到婴儿身边时，这一句"不行"、"不准"至少能起到暂时的制止作用。

▶▶▶ 宜

要制止婴儿做的事，必须严厉。

如果不是非制止不可，妈妈爸爸当然不会说。出现危险前的一声喝止，往往会吓得婴儿哭起来。过后，妈妈可以抱起婴儿，等到婴儿哭声止息平静下来，拉着小手靠近火炉感受热度，对婴儿说："看，很烫吧？"然后告诉婴儿："不小心被烫到会很痛！"

虽然，有时候危险要亲身经历才能了解到后果，但父母更适宜用严厉的语言及时表达出禁止的信息，让婴儿了解到世界上存在着各种危险。

随着婴儿的逐渐成长，以社会的各种规范为基础的被禁止行为越来越多，能够独立自主移动身体以后，更应当让婴儿认识到世界上有很多被禁止做的事，让婴儿接触到规则并制止自己不妥当、不安全的行为。

▶▶▶ 忌

古人曾经用针尖来教会婴儿认识：顶端尖细的东西很可怕！刺痛了，婴儿就懂得不再去动针尖。如果一味地姑息迁就，连有危险性、威胁性的事都不及时禁止，只会养成婴儿任性、肆无忌惮的性格，往往隐藏着更多危险。

Part 3
幼儿期
(12～24月)

满1周岁的幼儿，已经长出6～8颗牙齿，能和家人坐在餐桌上一起吃饭。幼儿能准确指认自己身体的部位，喜欢到户外、人多的地方去，也能在做游戏中找到被藏起来的东西。和幼儿阶段相比较，幼儿的生长速度会减慢，到下一个生长高峰期——少年期之前，幼儿的体重、身高增长都会显得比周岁以前慢，却会很稳定地增加。

省时阅读

饮食结构要逐渐向成人过渡，由于消化功能还不够健全，因此要遵循循序渐进的原则。进餐可以逐渐改为一日三餐为主，早、晚配方奶或牛奶为辅，慢慢过渡到完全断奶为止。

培养独立生活能力和预防意外事故。因为幼儿能够独立行动，还不太懂得危险和规则，又充满了好奇心和探索兴趣，因此，家庭保健护理中除了日常注意预防感冒和消化不良等问题之外，主要在于防摔伤、防事故、防意外等方面。

循序渐进地锻炼幼儿体能，提高走、跑、跳、拿、够取等动作能力，另外，教幼儿学习语言、了解日常生活中的禁忌、懂得规范，是这个阶段教育的关键。

饮食与营养

宜与忌 1~2岁幼儿一日饮食安排

1~2岁的幼儿陆续长出十几颗牙齿，主要食物也逐渐由以奶类为主转向以混合食物为主，但消化系统尚未成熟，因此，还不能给幼儿吃成年人的食物。

▶▶▶ 宜

要根据幼儿的生理特点和营养需求，制作可口的食物，保证其获得均衡营养。

保证蛋白质：在肉类、鱼类、豆类和蛋类中含大量优质蛋白，用这些食物炖汤，或用肉末、鱼松、豆腐、鸡蛋羹等容易消化的食物喂幼儿。每天应吃肉类40~50克，豆制品25~50克，鸡蛋1个。

多吃蔬菜、水果：蔬菜是主要营养来源，特别是橙色、绿色蔬菜，如：西红柿、胡萝卜、油菜、柿子椒等。加工成细碎软烂的菜末，炒熟调味，拌在饭里喂食。1~2岁的幼儿每天应吃蔬菜、水果共150~250克。

牛奶：营养丰富，富含钙质，利于吸收，每天应保证摄入250~450毫升。在总量原则下，可以灵活掌握，分为5~6餐。

一日食谱安排推荐：

早点：蛋花粥1碗（大米或小米50克，鸡蛋1个）

加餐：9：30，牛奶或配方奶250克，新鲜水果适量

午餐：12：00，肉末碎菜汤面条（瘦肉25克，蔬菜50克，面条50克）

加餐：15：00，胡萝卜泥，饼干或面包

晚餐：18：00，菜粥或米饭1碗，炒菜1份

睡前：牛奶或配方奶250克。

▶▶▶ 忌

幼儿胃容量有限，宜少吃多餐。1岁半以前，可以给在幼儿三餐以外加餐两次，时间可在下午和晚上。1岁半以后减为三餐一点，加餐时间放在下午。加餐时要注意，一是食物要适量，不能过多，二是时间不能距正餐太近，以免影响正餐食欲，更不能随意给幼儿零食，否则时间长了会造成营养失衡。

宜与忌 准备丰富的食材

充足而全面的营养是保证幼儿健康成长的物质基础，为维持幼儿的正常生理功能和满足生长发育的需要，每天必须供给幼儿六大类人体不可缺少的营养素。而必需营养素来自多种不同的食物，因此，要吃得种类丰富。

▶▶▶ 宜

营养需求和进食量，是家庭育儿中哺喂幼儿的首要问题，这里提供幼儿每天所需食物的参考量。幼儿平均每天的食物摄入量不要过少或过多，因为每个幼儿的生长发育水平不同，食物的需求量也会有所不同。

1～3岁的幼儿，每天需摄入谷物类150～180克，如各类米、面等粗细粮食品；豆制品类每天需摄入25～50克，如豆腐、豆皮等；蛋类每天摄入量应为40克，可以是鸡蛋、鸭蛋、鹌鹑蛋等；肉类每天需要量为40～50克，包括猪肉、鱼肉、鸡肉及动物内脏等。

幼儿在这个时期应多吃一些蔬菜，每天摄入量应为150～250克，其中绿叶菜应占50%以上。

水果应吃50～100克，根据季节选用不同品种，注意有些易上火的水果，应控制食用量，如荔枝、龙眼、橘子等。

另外，还应保证幼儿每天吃到奶类食品250～500毫升，如果牛奶吃得少，可以用豆奶、豆浆、酸奶等补充。

▶▶▶ 忌

幼儿再喜欢吃的食物，也不能一次吃得太多，免得"伤食"。

出现伤食现象主要是因为幼儿的消化能力还不强，某种食物一次吃太多，引起消化功能紊乱，下次再吃就会有忌惮。

不能把丰富理解为吃得数量足。吃得种类杂、品种多，吃的量要适可而止，才是真正的"丰富"。

宜与忌 不强迫吃饭，快乐进餐

进餐通常都是家庭育儿的难题，让不到1岁的幼儿乖乖地吃好一日三餐，不是一件容易的事。

▶▶▶ 宜

1岁以后的幼儿以辅食为主，最好把粥或烂面条作为正餐，接近成年人的午餐与晚餐的时候喂。母乳或牛奶安排在加餐的时间里吃，或早晚各一次，每天"三餐两点"。食品要多样化，要清淡可口，不要太油腻或过甜。

吃什么、吃多少，应根据月龄和食量决定。不能用填鸭式的方法喂饭或勉强喂食，既影响食欲和消化能力，还会引起呕吐，有害而无益。

幼儿喜欢摆弄食具，可以给一个小勺、一个盘子或碗，放一点食物让幼儿自己吃，引发幼儿自己吃饭的乐趣。

婴幼儿对食物的外观要求比较高。如果食物不能吸引幼儿，幼儿就会把吃饭当成一种负担。因此为幼儿准备食物要尽量做得漂亮一些，色彩搭配得五彩斑斓，形状美观可爱。这样，幼儿感到吃饭这件事本身充满乐趣，自然就会集中精力，吃得香、吃得好。

幼儿喜欢用手抓食物，喜欢能一口放进嘴里的食物。因此，块状食物的体积要小，不要让幼儿总感到吃不完。不妨做一些特别小的馒头、包子、饭团之类，让幼儿感到这是属于自己的食物，增加就餐的成就感。

训练幼儿用杯子喝水，起初幼儿常会洒到衣服上，要先戴上围嘴或垫上一块毛巾。开始少喝一点，等咽下一口后再喝第二口，逐步使幼儿口唇、舌、咽吞咽动作协调。动作熟练了再用杯子喝牛奶，就不会洒出而造成浪费。

▶▶▶ 忌

幼儿在学习用勺进食、自己吃饼干、用杯子喝水等动作时，需要精心帮助和培养，妈妈不要因为幼儿吃一身、洒一地或弄湿了衣服而不耐烦。

这样做或许会觉得很累、很麻烦，然而用爱心和创造带领幼儿长大，也是父母健康心理和快乐生活方式的一部分。如果能把幼儿的食物制作得富有情趣，让幼儿快快乐乐地吃饭，也是享受美好的天伦之乐的方式。

有些父母每一顿饭都紧盯着幼儿，总是催促幼儿："再吃一口，再多吃一口！"所以造成幼儿在玩耍的时候，心情轻松食欲旺盛，但是一旦坐到餐桌前，看到那么丰富的菜肴，再感受到父母这种"进攻式"的逼迫态势，食欲就会消失得无影无踪。

尽管幼儿也努力想吃，可就是吃不下。因为幼儿在父母的这种压力下处于应激状态，精神会异常紧张，于是影响到唾液和胃液的分泌，即使努力吃着，也味同嚼蜡，给幼儿心理上造成强大的压力，怎么吃也吃不完，也颇费时间。

宜与忌 吃水果一定要适度

给幼儿吃水果一定要适量，不要因为酸酸甜甜、色香味美的水果口感好，幼儿又爱吃，就多多益善。

▶▶▶ 宜

给幼儿吃水果要适度、适量，原因在于水果多性寒、凉，而幼儿通常都"脾胃虚弱"，中医认为脾胃为后天之本，生化之源，而幼儿脾胃虚弱，消化吸收功能差，另外，为满足幼儿不断生长发育的需要，对饮食营养要求迫切，从而加重了脾胃的负担。这两者相互矛盾，一旦饮食失调，会导致脾胃功能紊乱，而水果又大多属寒凉之品，易伤脾胃，因此，幼儿吃水果一定要有所节制。

▶▶▶ 忌

杏子、李子、梅子、草莓等水果中所含的草酸、安息香酸、金鸡纳酸等，在体内不易被氧化分解，经新陈代谢后所形成的产物仍属酸性，容易导致人体内酸碱失去平衡，吃得过多还可能造成酸中毒。

有些水果可能导致水果病，如橘子性燥热，吃多了易"上火"，令人口舌发燥，过食会造成皮肤和小便发黄及便秘等；柿子如果空腹吃，易导致"柿石症"，表现为腹痛、腹胀、呕吐；还有荔枝，因为好吃，极易吃多，会导致幼儿四肢冰凉、多汗、乏力、心动过速等；幼儿还爱吃菠萝，易发生过敏反应，出现头晕、腹痛，甚至休克。

水果吃多了，大量的糖分不能全部被人体吸收利用，在肾脏里与尿液混合，使尿液中的糖分大幅度增加，引起尿糖升高，长久下去，易给肾脏增加负担。

宜与忌 1～1.5岁幼儿应"自食其餐"

1～1.5岁之间，是幼儿自己吃饭的"黄金诱导期"。这段时间，手、眼协调能力迅速发展，给予适当的诱导，会有事半功倍的成效。要先做好心理准备，这段时期难免会吃得全身"脏兮兮"的，不要太在意。

▶▶▶ 宜

准备色、香、味俱全的食物，是促使幼儿自己吃饭的法宝，除了考虑香气、口感及营养外，"色"的应用是相当重要的。例如分别用胡萝卜、绿色蔬菜、西红柿等搅成泥后拌饭，就会做成橙色饭、绿色饭及红色饭。

一次给的食物量不要太多，因为较容易地吃完会增加幼儿的成就感，再加上言语的鼓励，如："哈！爸爸才吃两碗，可是你吃了三碗！好棒啊！"幼儿就会有成就感，就会喜欢吃饭。

准备一套幼儿喜欢的餐具，能增加对吃饭的良好感觉。带幼儿亲自去选购喜欢的餐具会有更好的效果。餐具的选择上，市面上种类非常多，以"平底阔口"为佳。

让幼儿学习吃饭的过程，不可能保持"整洁美观"，事前应准备吃饭用的围巾，在餐桌上加餐垫，在幼儿座位周遭的地板上铺些旧报纸，避免抛撒得到处都是。

饭桌教育只是辅佐，平时要有意识地多给幼儿灌输"好好吃饭，长得更快，变得更聪明"一类的观念。

如果幼儿成功地自己吃饭，饭后父母可以陪着一起玩作为奖赏，让幼儿产生关于吃饭的快乐的记忆，以后就不会排斥吃饭。

▶▶▶ 忌

幼儿如果正在兴致勃勃地玩游戏，假如强制其中断游戏来吃饭，那么幼儿对于吃饭的好印象自然会大打折扣。应该在开饭前十分钟提醒幼儿，让幼儿有时间准备。

要告诉幼儿，吃饭就是吃饭，要规规矩矩地坐在饭桌前，定时定量，不要养成一边吃饭一边看电视或玩玩具的不良习惯。

就餐氛围要轻松愉悦，吃饭时父母可以和幼儿一起谈论哪些食物好吃，哪些有营养，唤起幼儿对吃饭的兴趣。

不要强迫吃饭，如果一时不想吃，过了吃饭时间后可以先把饭菜撤下去，等幼儿饿了，有了迫切想吃的欲望时再热热吃。几次过后，幼儿就能建立认识：不好好吃饭就意味着挨饿，自然就能按时吃饭了。

宜与忌 挑食和偏食需注意

幼儿挑食是家长普遍非常头疼的问题。1~2岁的幼儿，虽然生长发育速度较1岁以内有所减慢，但还是相对比较快，因此为幼儿挑选合适的食品大有学问。

▶▶▶ 宜

纠正幼儿的偏食，家长既要有耐心，又要讲究方式方法才能取得成效。如果在婴幼儿时期，给幼儿频繁地换吃各种各样的食物，幼儿长大了以后就很少会有挑食的毛病。

幼儿1~2岁时，乳牙已出齐，但咀嚼能力还差，应注意挑选软烂、易消化的食物。

为满足对优质蛋白的需要，应该继续喝牛奶或豆浆等作为点心；每天吃一个鸡蛋；猪肉、牛肉、鸡肉、猪肝都要切细煮烂；鱼肉容易消化，蛋白质吸收率甚高，但要注意把鱼刺挑干净。

每天应给幼儿食用豆腐、豆腐丝等豆制品，以增强蛋白质的供给。蔬菜要选用有颜色的、营养较丰富的青菜、胡萝卜等。

日常的膳食中，主要提供热能的是谷类。幼儿胃肠的消化吸收没有问题，米饭、馒头等主食对幼儿较适宜，带馅的包子、饺子等食品较受幼儿欢迎。

当幼儿已经具有一定咀嚼能力，只需要把蔬菜切成细丝、小片或小丁，既能满足幼儿对营养素的需求，又适应幼儿咀嚼能力锻炼。

▶▶▶ 忌

要注意少给幼儿吃零食。家中零食多会养成爱吃零食的不良习惯，扰乱幼儿胃肠道消化功能，进而降低正餐的食欲。零食吃得越多，幼儿越不正常吃饭，长期下去会造成恶性循环，会出现营养不良、消瘦，严重影响幼儿的生长发育。

有的幼儿喜欢吃油炸类的食品，有的幼儿喜欢吃酸辣味的膨化食品，还有的幼儿常常吃虾、蟹等高蛋白类海鲜。这些味浓、味重的食品吃多了，也会让幼儿觉得吃别的食物没有味道，容易形成挑食的习惯。

油炸食品不易消化；酸辣食品刺激性强；腌制的、熏制的食品也不易消化，在制备过程中，营养素会丢失，还会产生有毒物质；脂肪过高、过甜的食品常使食欲降低；硬豆、花生、瓜子等容易呛入气管造成窒息，不宜给幼儿食用。

宜与忌 "不爱吃蔬菜"的应对

到1岁以后，有的幼儿对某些饮食会流露出明显的好恶倾向，不爱吃蔬菜的幼儿特别多。不爱吃蔬菜会使幼儿维生素摄入量不足，造成营养不良，影响身体健康。

▶▶▶ 宜

培养幼儿爱吃蔬菜的习惯，要从添加辅食做起。添加蔬菜辅食时可先制作成菜泥喂幼儿，比如胡萝卜泥、土豆泥。现在市售也有为断奶期幼儿特制的罐装蔬菜泥产品，可根据情况选用。

幼儿慢慢适应后，再把蔬菜切成细末，熬成菜粥，或添加到煮烂的面条中喂给幼儿。

等幼儿长牙后，有一定的咀嚼能力时，就可以给幼儿吃炒熟的碎菜，可把炒好的碎菜拌在软米饭中喂幼儿。有的蔬菜的纤维比较长，注意一定要尽量切碎。

这样循序渐进，幼儿会很容易接受，一般长大后吃蔬菜也就不会有什么问题。

父母要为幼儿做榜样，带头多吃蔬菜，并表现出津津有味的样子。千万不能在幼儿面前议论自己不爱吃什么菜，什么菜不好吃之类的话题，以免对幼儿产生误导作用。

多向幼儿讲吃蔬菜的好处和不吃蔬菜的后果，通过讲故事的形式，让幼儿懂得吃蔬菜可以使身体长得更结实、更健康。

注意改善蔬菜的烹调方法。给幼儿做的菜，应该比为成人做的菜切得细一些，碎一些，便于幼儿咀嚼，同时注意色、香、味、形的搭配，增进幼儿食欲。也可以把蔬菜做成馅，包在包子、饺子或馅饼里给幼儿吃，幼儿会更容易接受。

▶▶▶ 忌

如果从小吃蔬菜少，偏爱吃肉，幼儿长大后很可能不太接受蔬菜，就要多花工夫纠正了。

不要采取强硬手段，特别是如果幼儿只对某几样蔬菜不肯接受时，不必太勉强，可通过其他蔬菜来代替，过一段时间幼儿会自己改变。

最有效的方法是在1岁以前就让幼儿品尝到不同的蔬菜口味，为以后的饮食习惯打好基础。

宜与忌 水果、蔬菜不能少

现代家庭生活条件越来越好，有许多幼儿不爱吃蔬菜，家长往往会用水果来替代，可是水果毕竟不是蔬菜，两者有很大差别。

▶▶▶ 宜

爸爸妈妈要了解水果和蔬菜各有各的特点和作用，谁也不能替代谁。

1. 水果和蔬菜有许多相似的地方。比如，所含的维生素都比较丰富，都含有矿物质和大量水分，但是水果和蔬菜毕竟是有差别的。

2. 水果中所含的单糖或双糖，如果吃得过多，易使血糖浓度急剧上升，从而使人感到不舒适。若是蔬菜，吃得多些，也不会出现上述问题。

3. 水果中的葡萄糖、蔗糖和果糖进入肝脏后，易转化成脂肪使人发胖。尤其是果糖，会使人体血液中三酰甘油和胆固醇升高。所以，用水果代替蔬菜，大量给幼儿吃并不好。

4. 水果和蔬菜虽然都含有维生素C和矿物质，但其含量是有差别的。除去含维生素C较多的鲜枣、山楂、柑橘等，一般水果，像苹果、梨、香蕉等所含的维生素和矿物质都比不上绿叶菜。因此，要想获得足够的维生素，还是应当多吃蔬菜。

5. 水果也有水果的作用。比如，多数水果都含有各种有机酸、柠檬酸等，它们能刺激消化液的分泌。另外，有些水果还有一些药用成分，如鞣酸，能起收敛止泻的作用，这些又是一般蔬菜所没有的。

▶▶▶ 忌

虽然水果和蔬菜都含有维生素C和矿物质，但是，苹果、梨、香蕉等水果中维生素和矿物质的含量都比蔬菜少，特别是与绿叶蔬菜相比要少得多。因此，不能用水果替代蔬菜，只有多吃蔬菜，才能获得身体所需要的维生素。

大多数水果所含的糖类，多是葡萄糖、果糖和蔗糖一类的单糖和双糖，所以吃到嘴里都有不同程度的甜味，幼儿一般都比较爱吃。而大多数蔬菜所含的都是淀粉一类的多糖，所以吃到嘴里时，感觉不到什么甜味，幼儿就不大爱吃。

从人体的消化吸收的生理功能来看，葡萄糖、果糖和蔗糖进入肠道，人体只需稍加消化或完全不加消化就可以直接吸收进入血液。而淀粉就不行，它需要体内的各种消化酶在消化道内不停地工作，直到消化、水解成为单糖后，才能缓慢吸收进入血液。因此，水果中的葡萄糖、果糖和蔗糖，很容易在肝脏转化成脂肪，如果幼儿本身不爱运动，就容易发胖。

宜与忌 巧为幼儿选零食

所谓零食，就是给幼儿在一日三餐之外再加一到两顿点心。幼儿普遍爱吃零食，适当吃一些零食对幼儿有益，关键是要把握好选择什么时间喂食，选择什么食品作为幼儿的零食。

▶▶▶ 宜

给幼儿吃零食注意量要少，质要精，要有计划、有控制。

注意时间不能距正餐太近，宜以水果、点心为主，避免高热量、高糖分的食物。

有一些干果，如瓜果干、花生、瓜子、核桃仁等，营养丰富，有益于幼儿生长发育，可以适当选用。

▶▶▶ 忌

幼儿的口味与成年人不相同，成年人觉得淡而无味的东西，恰恰会符合幼儿的口味特点。父母们出于疼爱幼儿之心，总是根据自己的愿望，把"好吃"、"有味道"的东西给幼儿吃，这种疼爱的方式对幼儿的健康成长不一定有益处。

除了口感因素外，多吃高糖饮食会引起肥胖。吃糖多的幼儿，不仅易生龋齿，患多动症、忧郁症的比例也比较高。

高盐食物对幼儿也不好，会增加肾脏负担，对心血管系统存在着潜在的不良影响。

吃零食的量要有度。幼儿吃饭不好与吃多了零食有关，不好好吃饭会造成营养不良。

市场上销售的小食品常出现的问题有：凉果蜜饯类中糖精、甜糖素和色素超标；膨化食品中致病菌指数、色素超标；肉干鱼干类中防腐剂、色素、香精超标；果冻类食品中香精、色素、细菌指数超标……面对小食品普遍存在的问题，在为幼儿购买时千万要更留心，看清楚生产地址、商标、食品检验合格标志、生产日期等信息。

宜与忌 幼儿饮食不可过于鲜美

一些年轻的父母见幼儿畏食或胃口不好而不愿吃饭时，往往会在菜肴中多加些味精，以使饭菜味道鲜美来刺激幼儿的食欲，或者让幼儿一次进食大量美味的鸡、鸭、鱼、肉而不加控制，这种做法是不可取的。

▶▶▶ 宜

对于正在生长发育的幼儿，美味佳肴不可一次吃得过多。幼儿的自控力差，容易偏食，父母在饮食上一定要把好关，有粗有细，荤素搭配，不可暴饮暴食，导致美味综合征。

▶▶▶ 忌

味精的主要成分是谷氨酸钠。医学专家研究发现，味精（谷氨酸钠）进入人体后，在肝脏中被谷氨酸丙酮酸转移酶转化，生成谷氨酸后再被人体吸收。近年，德国科学家通过研究证实，过量的谷氨酸能把婴幼儿血液中的锌逐渐带走，导致肌体缺锌。大量食入谷氨酸钠，能使血液里的锌转变为谷氨酸锌，从尿中过多地排出体外。

一味追求鲜美还会使幼儿产生美味综合征。美味综合征的病因是鸡、鸭、鱼、肉等美味食品中含有较多的谷氨酸钠，它是味精的主要成分，食入过多会使新陈代谢出现异常，导致疾病的发生。美味综合征的表现一般是在进食后半小时发病，出现头昏脑涨、眩晕无力、心悸、气喘等症状。有些幼儿会表现为上肢麻木、下肢颤抖，个别的则表现为恶心及上腹部不适。

宜与忌 少给幼儿吃冷饮

几乎所有的幼儿都爱吃冷饮，但是无限量地吃冷饮不仅对幼儿健康无益，相反，还会使幼儿的健康受到损害。

▶▶▶ 宜

盛夏之时，少量吃些冷饮能使人暑热顿消，心舒气爽，对于防暑降温大有裨益。冷饮中含有一些营养物质，但常以糖类为主，有些冷饮脂肪含量又过高，如果幼儿长期嗜食冷饮，就会影响正餐的摄入，导致营养不良，因此应少量食用冷饮。

▶▶▶ 忌

贪食冷饮容易引起肥胖

冷饮中糖与脂肪的含量较高。对于有些食欲旺盛的幼儿，虽然不会明显地影响正餐的用量，但却等于在正餐之外又增加了许多糖和脂肪的摄入，会导致超重和肥胖。

冷饮不解渴

当人体的血浆渗透压提高时，虽然体内并不缺水，也会感到口渴，直至将体内渗透压调节到正常水平为止。而幼儿喜欢的冷饮中含有较多糖分，同时还含有脂肪等物质，其渗透压要远远高于人体，因此，食用冷饮并不能解渴，只是当时觉得凉爽，但几分钟过后，胃肠道温度复升，便又会感到口渴，而且会越吃越渴。所以，解除幼儿口渴的最好办法是饮用凉开水，而不是无限制地吃冷饮。

过食冷饮引起肠胃不适

幼儿食用冷饮后，胃肠道局部温度骤降，可以使胃肠道黏膜上的小血管收缩，局部血流减少。久而久之，消化液的分泌就会减弱，进而就会影响胃肠道对食物的消化吸收。不明原因的经常性腹痛是许多幼儿夏天易得的病，这大多与过量食用冷饮有关。另外，夏天幼儿的胃酸分泌减少，消化道免疫功能有所下降，而此时的气候条件又恰恰适合细菌的生长繁殖，因此，夏季是幼儿消化道疾病的高发季节。

宜与忌　如何为幼儿选择零食

幼儿生长发育快，新陈代谢迅速，对营养摄入和食物的需求量较大。因此，零食作为正餐的补充，每个幼儿都不可避免地要吃一些。

谷 类

▶▶▶ 宜

可经常食用：煮玉米、无糖或低糖燕麦片、全麦饼干、全麦面包。

理由：属低脂、低盐、低糖的食品。

适当食用：月饼、蛋糕及甜点。

理由：添加了中等量的脂肪、盐和糖。

▶▶▶ 忌

限制食用：膨化食品、巧克力派、奶油夹心饼干、方便面、奶油蛋糕。

理由：含有较高的脂肪、盐及糖。

蔬菜水果类

▶▶▶ 宜

可经常食用：香蕉、苹果、柑橘、西瓜、西红柿、黄瓜。

理由：新鲜、天然。

适当食用：海苔片、苹果干、葡萄干、香蕉干等。

理由：加工的果蔬干会损失营养。

▶▶▶ 忌

限制食用：水果罐头、果脯、枣脯等。

理由：含糖量较高，又加入了防腐剂和色素。

薯 类

▶▶▶ 宜

可经常食用：蒸煮烤制的红薯、土豆等。

理由：营养价值高，蒸煮的烹饪方法很健康。

适当食用：添加盐、糖的甘薯球、地瓜干等。

理由：加工过的薯类会损失营养。

▶▶▶ 忌

限制食：炸薯片和炸薯条。

理由：加工方式导致食物中含有很高的油脂、盐、糖。

肉类、蛋类

▶▶▶ 宜

可经常食用：水煮蛋、清蒸蛋羹、煮肉类。

理由：低脂、低盐、低糖，天然。

适当食用：牛肉干、松花蛋、火腿肠、肉脯、卤蛋等。

理由：含有食用油、酱油、味精等，损失营养。

▶▶▶ 忌

限制食用：炸鸡块、炸鸡翅等。

理由：高脂肪且高盐。

坚果类

▶▶▶ 宜

可经常食用：花生米、核桃仁、大杏仁、松子、榛子。

理由：含有丰富的维生素、矿物质、磷脂酰胆碱。

适当食用：琥珀核桃仁、鱼皮花生、盐焗腰果等。

理由：已穿上糖或盐的"外衣"。

▶▶▶ 忌

限制食用：炒瓜子、炒花生。

理由：油脂含量高，保存不当容易变质。

奶及乳制品

▶▶▶ 宜

可经常食用：纯鲜牛奶、酸奶、奶粉等。

理由：营养丰富，有益健康。

▶▶▶ 忌

限制食用：全脂或低脂炼乳。

理由：炼乳含糖量过高。

冷饮类

▶▶▶ 宜

适当食用：鲜奶冰激凌、水果冰激凌等。

理由：以鲜奶和水果为主，不太甜。

▶▶▶ 忌

限制食用：特别甜、色彩很鲜艳的雪糕、冰激凌。

理由：过多摄入冷饮会引起小儿胃肠道疾病。

糖果类

▶▶▶ 宜

适当食用：黑巧克力、牛奶纯巧克力等。

理由：营养含量相对丰富，但含脂肪和添加糖。

▶▶▶ 忌

限制食用：棉花糖、奶糖、糖豆、软糖、水果糖及话梅糖等。

理由：吃糖太多对牙齿不好，会影响食欲，导致发胖。

饮料类

▶▶▶ 宜

可经常食用：不加糖的鲜榨橙汁、西瓜汁、芹菜汁、胡萝卜汁等。

理由：新鲜蔬菜瓜果榨汁是幼儿最好的饮料。

适当食用：果汁含量超过30％的果（蔬）饮料。

理由：加过糖。

▶▶▶ 忌

限制食用：碳酸饮料。

理由：甜度高或加了鲜艳色素，高糖分。

宜与忌 补钙要注意方法

处于幼儿时期的幼儿生长发育速度快，对于各种营养物质的需求量较大，尤其是钙质，因为生长期需要量较大，加上换乳以后过渡到吃成年人食物，进食量会有一个适应过程，因而容易缺钙。

▶▶▶ 宜

幼儿缺钙，一方面是因为食物中摄取的钙质不足，另一方面则可能是对于食物中的钙吸收不好。前者，需要调整饮食结构，多吃含钙较高的食物，后者，要注意让幼儿多到户外活动，适度晒太阳，有助于吸收钙。

给幼儿服用钙片不宜擅自做主，要遵医嘱。

牛奶是钙质的最好来源，每100毫升牛奶中通常含有110～130毫克的钙，每天喝500毫升的牛奶就可以满足幼儿对钙质的需求量。

如果幼儿不喜欢喝牛奶，喝一定量的酸奶、豆浆，吃豆制品可以起到辅助的作用。肉类、蛋类、鱼类中，通常也都有较高的钙含量，连同高蛋白一起，补充多种营养。

▶▶▶ 忌

有的父母被传媒广告误导，误解钙质的作用，误以为单纯补钙就能补出健壮的身体，把钙片作为"补药"或"零食"长期给幼儿吃，是极其错误的。

只要坚持平衡膳食的原则，如每天喝1～2杯牛奶（约250毫升），再加上蔬菜、水果和豆制品中的钙质，已经足够满足人体所需，不必另外再补充钙片。如果盲目地给幼儿吃钙片，反而可能造成体内钙含量过高。

幼儿如果长期服用过量钙片，会导致血压偏低，增加日后患心脏病的危险。眼内房水中的钙浓度过高，可能沉淀为晶体蛋白聚合，引起白内障；尿液中钙浓度过高，在膀胱中容易形成结石，给泌尿系统埋下隐患。如果同时摄取较多维生素D，肝、肾等重要的生命器官都会像骨骼一样"钙化"，后果非常严重。

体内钙水平升高，可能抑制肠道对锌、铁、铜等元素的吸收，幼儿易患微量元素缺乏症。因此，幼儿是否需要补钙，到底要补多少，还是要请儿科医生指导，绝不可滥补。

保健与护理

宜与忌 幼儿1岁家庭体检

在家里做体格检查是发现幼儿发育有否异常及是否生病的最佳途径。医院人多病杂，总是去医院容易被感染。爸爸妈妈最好能懂得一些相关知识，自己在家为幼儿做体检，以便及时发现异常，有利于幼儿的生长发育。

▶▶▶ **宜**

每月应做家庭自助检查的项目有以下几种。

体重：体重是幼儿全身所有器官与组织的重量总和，最能反映其体格发育状况。一般规律是：出生时平均3千克，前半年每个月增长0.6千克，后半年每个月增长0.5千克，以后每年增长2千克，具体可用"岁数×2+8千克"的公式来推算。幼儿的体重在此计算值的上下10%之内，均属正常；超过20%为肥胖，低于15%为营养不良。

身高：幼儿出生时平均身长50厘米，前半年每个月增长2.5厘米，后半年每个月增长1.2厘米，第二年增长10厘米，以后每年增长5厘米。还要关注上半身与下半身的比例是否正常，上下半身的分界点是耻骨联合上缘，出生时上半身比下半身多1.7厘米，5岁时1.3厘米，10岁时多1厘米。

头围：头围大小可以反映出幼儿脑发育是否优良。

测头围的操作方法是：用一根软尺，前面经眉弓，后面经后脑勺，绕头一周。出生时头围一般为34厘米，6个月时为42厘米，1岁时为45厘米，两岁时为47厘米，10岁时为50厘米，过小或过大都应去找医生。

牙齿：半岁左右萌出下门牙2颗，8个月左右萌出上门牙2颗。萌出的牙齿颗数=月龄-6。出牙过迟要请医生找原因，及时调整食谱，补充营养。

囟门：位于头部接近额头的地方，是额骨与顶骨边缘形成的菱形间隙。出生时为1.5～2厘米（两对边中点连线）。出生后2～3个月，随着头围增大而有扩大，以后逐渐缩小，常于1～1.5岁时闭合。若闭合过迟，可能患有佝偻病、呆小症等，应请医生诊治。

舌系带：指舌头下面的一根筋，与舌头运动有关。如果幼儿说话不清晰，很可能是舌系带过短，最好在学习说话之前予以手术，以免影响语言发育。

宜与忌 怎样及时发现疾病

▶▶▶ 宜

一般情况下，婴幼儿疾病初发之时，可从食欲、睡眠、呼吸、情绪和大小便排泄情况来判断异常，及早发现疾病先兆。

食欲改变：健康状况正常的幼儿能按时饮食，食量正常。食欲过旺或食欲缺乏都应当引起注意。

睡眠不宁：几个月的婴儿，病前多表现为睡眠不安，烦躁或不时哭闹，哭声尖厉或无力，阵发性哭闹伴有面部痉挛等。另有类似夜惊，但症状更为严重的突然单侧面部及四肢肌肉的抽搐；嗜睡，贪睡过度或睡眠时间过长。

呼吸异常：健康幼儿呼吸平静、均匀而有节律性。若出现呼吸时快、时慢，呼吸深浅不均匀、不规则，应引起注意。

情绪改变：健康的情绪表现为愉快、安静、爱笑、不哭闹、两眼灵活有神等。有病时会一反常态，不仅出现一系列身体不适，幼儿的情绪也会改变，烦躁、爱哭闹或反常的乖甚至无精打采都属异常。

体重改变：如果幼儿体重增长速度减慢，或不增加反而下降，必定有某些疾病隐患存在，如营养不良、发热、贫血等慢性疾病。

▶▶▶ 忌

婴幼儿处在比较特殊的生理阶段，生病时常常症状不明显，不典型，又不会用语言表达自己的不适，有了病，不容易被及时发现。

幼儿生病后的表现与成年人不同，并且病情变化和进展迅速，短期内即可恶化，如果不及时发现，不但耽误诊治时间，也还会因为保健不到位，使得病情发展变重，引起不良后果。所以，应当了解一些小儿常见病的基本常识，提高警惕，做到有病及早发现，及早治疗。

宜与忌 抗菌与防病常识

人们谈到细菌、病毒时往往色变，是因为它们会侵害人的机体，让人生病，影响正常生活。对于育儿家庭来说，更是把抗菌、防菌当做防疾病的大事。

其实，细菌也分有益菌和致病菌，在人体消化道内就存在不少帮助分解、消化食物的有益菌群，如双歧杆菌、乳酸杆菌等。

▶▶▶ 宜

人体内菌群都有一个平衡状态，如果这个平衡被打破，幼儿就会出现腹泻等症状。如有时幼儿患呼吸道疾病，服用很多的抗生素，结果把体内一些有益菌群也杀灭了，而一些致病菌却因为没有了天敌而在体内迅速繁殖，或出现变异，使药物越来越失去效力，导致细菌的耐药物性却越来越强。

如果人类不接触细菌，就没有任何抗病能力。人需要接触自然，自然界也有很多有利因素如氧气、绿色植物、糖类等，虽然有一些细菌和病毒混在灰尘中间、土壤里或物体表面，却不能因为怕这些东西而不去接触自然。

人的抗病能力是逐渐养成的。主动形成抗病能力的方式是注射防疫疫苗，被动方式就是去接触这些细菌和病毒，逐渐地认识它，机体自身就会形成对它的识别和抗病能力。

从这个意义上讲，让幼儿过度"干净"反而更易生病。

▶▶▶ 忌

幼儿平时接触细菌过少，免疫系统缺乏识别能力，身体抵抗疾病的能力就较弱。

幼儿需要良好的生活环境，但是好环境不等于真空环境，更不是要给幼儿营造"远离细菌"的环境。要想增加幼儿的免疫力，除加强身体锻炼，注射疫苗等方式以外，也可以让幼儿在没有刻意消毒灭菌的自然环境中受到磨炼、摔打，通过与细菌的适当接触，让机体免疫系统认识细菌，进而具备强大的、战胜细菌的免疫功能。

宜与忌 什么是家庭非处方用药

▶▶▶ **宜**

做好家庭保健，大病到医院，小病自己看。对一些常见病、多发病进行自我药疗时，需要学会使用非处方药，又称OTC药品（Over-The-Counter），学会在家庭日常生活中，在没有医生指导的情况下治疗轻微的疾病。

通过自己获取的信息和拥有的常识，对不适症状进行判断，如鼻塞、咽痛、周身不适、体温高于正常，可以判断患了感冒，选用抗感冒的药物。

学会正确选用药品，查看所购药品详细使用说明书，也可以在购买时向药剂师询问。查看药品包装，不要购买"三无"产品，不要购买包装破损或封口已被打开过的药品，更不要购买过期的药品。

详细阅读说明书，严格按说明书中标示的剂量使用，切不可超量使用，一定要看说明书中注明的禁忌。如果确有说明书中所列的禁忌，万万不能心存侥幸违禁使用。还要注意药物说明书中的注意事项，如服药时应禁食的东西、服用时间、服用方法等都要仔细读懂。

注意保管好药品，通常应放置于阴凉干燥通风处。需要放置在低温处的一定要按要求放置。

▶▶▶ **忌**

用药过程中，如出现高热、抽搐等病情加重的症状，应立即去医院就诊。

用药3天后，症状仍不见缓解或减轻，应当及时找医生。

药品不要放在幼儿可以拿到的地方。

特别要提醒的是，并不是所有症状、所有疾病都可以"自己诊断，自我用药"。

同时还要认识到，包括非处方药在内的所有药物，都会具有某些不良反应，"是药三分毒"。

宜与忌 安全用药常识

家庭护理婴幼儿,通常会让妈妈差不多变成 "半个医生",充分了解用药常识。给幼儿服药不同于成年人吃药,幼儿吞咽能力差,又不懂事,喂药时很难与家人配合,喂药难是躲避不开的现实。

▶▶▶ 宜

糖浆剂:糖浆剂中的糖和芳香剂能掩盖一些药物的苦、咸等不适味道,又适宜于区分剂量,一般幼儿乐于服用。比如幼儿止咳糖浆、幼儿健胃糖浆、幼儿硫酸亚铁糖浆、幼儿智力糖浆等。

干糖浆剂:与糖浆剂相似,是经干燥后的颗粒剂型,味甜、粒小、易溶化,而且方便保管,不易变质。如幼儿驱虫干糖浆、幼儿速效伤风干糖浆等。

果味型咀嚼片剂:这类片剂因加入了糖和果味香料因而香甜可口,便于嚼服,适合1周岁以上的幼儿服用,如幼儿施尔康、幼儿维生素咀嚼片、脾胃康咀嚼片、板蓝根咀嚼片等。

冲剂:药物与适宜的辅料制成的干燥颗粒状制剂。一般不含糖,常加入调味剂,独立包装,便于掌握用药剂量。如思密达、板蓝根冲剂、幼儿咳喘灵冲剂、幼儿退热冲剂等。

滴剂:这类药物一般服用量较小,适合1周岁左右的婴幼儿,能够混合在食物或饮料中服用,如鱼肝油滴剂等。

口服液:由药物、糖浆或蜂蜜和适量防腐剂配制而成的水溶液,是目前最常用的幼儿制剂之一。特点是分装单位较小,稳定性较好,易于储存和使用。如抗病毒口服液、柴胡口服液、幼儿清热解毒口服液、幼儿感冒口服液等。

混悬液:由不溶性药物加上适当的辅型剂制成的上层液体、下层固体制剂。如吗丁啉混悬液、布洛芬混悬液、对乙酰氨基酚混悬液等。

▶▶▶ 忌

1. 糖浆剂打开以后不宜久存,以防变质。这类药物要注意妥善保管,以免被幼儿误当"糖水"过量食用,引起药物中毒。

2. 必须严格按说明书,或者一定要遵医嘱使用药量。

3. 使用悬液时,一定要摇晃均匀后再服用,只喝上层的澄清液体起不到治疗作用。

4. 对较小或不懂事的幼儿,切忌捏着鼻子强行灌药,以免发生意外。

宜与忌 如何给幼儿喂药

幼儿从小长到大难免会有大小病灾发生，对做父母的来说，给幼儿喂药是一个最普遍的难题。

家庭给幼儿服药，需要注意一些细节。

▶▶▶ 宜

要严格按照医生嘱咐的服药方法给幼儿喂药。服药前，要了解药物的名称、服用量、给药方式和服用次数等，一般这些内容不仅医生会仔细告诉家长，还可以在药瓶签上找到。

服药前

要询问医生或者药剂师，是在给幼儿喂奶前或喂奶时用药，还是在两次喂奶之间给药。喂药的时间选择对药物的吸收是有影响的。不仅要知道为什么给幼儿喂这种药，而且要知道这种药有什么不良反应。

给幼儿喂药时要特别耐心

先把幼儿抱在怀里，让他的头略仰起，或者放在喂奶时的体位。然后，用注射器或滴管慢慢地把药滴到幼儿嘴里的后中部位，轻轻地晃动幼儿的脸颊，以促使把药咽下去。也可以把药放进空橡皮奶头里，然后把橡皮奶头放进嘴里让幼儿来吮吸，如果喂的量较大，幼儿可能会打嗝，那就要歇一会儿，然后再喂。另外，喂药时要有恒心，即使幼儿不太喜欢药物的味道，也一定要让幼儿把药吃完。幼儿服完药后，应该抱着幼儿睡。

如果幼儿开始作呕，就要停止下来，休息一会儿，安抚一下后再服药。如果在服药后呕吐，就把幼儿头斜向一边，轻拍打背部。呕吐后，看看幼儿吐出来的药物量有多少，咨询医生，是否可以继续使用此药物。切忌给吃饱肚子的幼儿再喂药。

如果幼儿大一些，能吃些食物，可以把药放在少量的食物里。药片可以压碎拌在果酱里让幼儿吃。但某些药物如果和奶或者食物掺杂在一起，就不能被很好地吸收，应当事先咨询医生或药剂师。

▶▶▶ 忌

1.服用药品后应注意观察，如果幼儿服用某种药后出现了皮疹或发痒，就要找医生诊治。

2. 家庭所用的茶匙大小差别很大，最好用有标准量度的匙。当然，可以把注射器当测量工具用。

3. 幼儿不配合服用药物是很令父母伤脑筋的事，有的家长趁着幼儿睡熟后，掰开嘴唇给幼儿喂药，这样做非常危险。幼儿的神经系统发育不全，咽喉道狭窄，若突然刺激咽喉神经，会引起喉部痉挛而导致窒息，造成危险，所以，给幼儿喂药一定要在清醒状态下。

4. 不能捏着鼻子给幼儿喂药，拒服药的幼儿常常会紧闭小嘴，捏着鼻子让幼儿张口后灌药，是许多家长喜欢的做法。鼻子被捏，呼吸只好以嘴巴代劳，这样容易把药液呛进气管或支气管，轻则引起呼吸道或肺部炎症（吸入性肺炎），重则会因药物堵塞呼吸道而引起窒息。

5. 不要仰卧位服药。如果在仰卧位吞服片剂、胶囊剂，易使药物黏着在食管，造成直接刺激，引起溃疡。因此，在咽下药物后，要保持身体直立至少90秒，饮水至少100毫升。

宜与忌 幼儿意外窒息如何抢救

幼儿呼吸困难、嘴唇发紫且无法发出声音时，就要怀疑幼儿是否已经呛到或气管被堵住了，要进行急救处理。

常见窒息的情况有两种，一种是吃固体食物被噎住，另一种则是喝液体食物被呛到。如喝奶时忽然改变动作或是幼儿溢奶、呕吐时呛到，此时有可能产生窒息。幼儿睡觉时姿势不对，或床上用具过于多、柔软，脸部陷入其中鼻子被堵住无法呼吸而发生窒息。

➡➡ 宜

先使幼儿俯卧，前倾约45°，脸朝下且略微头低脚高，施予幼儿5次有效的背部拍击，之后翻成正面施予5次胸外按压，反复进行直到阻塞物被排出。如果幼儿只是呛到而尚未有窒息的状况，通常都能自己将异物咳出。

➡➡ 忌

不要为了帮幼儿把异物吐出而用手指去做挖的动作，这样通常会导致异物更加深入，若幼儿已出现窒息症状，妈妈们请先确认幼儿的呼吸道是否部分堵塞，同时拨打120急救电话请求帮助。确认幼儿呼吸道是畅通或呼吸道未完全受阻时，可为幼儿进行口对口人工呼吸直到幼儿窒息症状解除或救护车已到达。

宜与忌 幼儿吞食异物急救法

若是异物卡在食管，幼儿会不断流口水、无法再吞咽其他东西、咳嗽、呼吸急促等情形；若是阻塞了呼吸道，会哭泣且脸部会发紫；若吞下的异物为尖锐物，嘴巴还可能出血、受伤。幼儿的呼吸道非常狭窄，若气管被阻，脸部就会发紫，如不能及时将异物排出，很快就会窒息，在短时间内可能就会停止呼吸甚至死亡。若暂时还没有明显的异状，吞食异物的幼儿上呼吸道被卡住，呼吸时通常会出现"咻咻"的喘鸣声，如果发现幼儿长期咳嗽或不明原因有类似气喘的情形，要到医院检查。

▶▶▶ 宜

倒立拍背法（适合1岁以内幼儿）

家长可立即倒提幼儿两腿，头向下垂，同时轻拍其背部。这样可以通过异物的自身重力和呛咳时胸腔内气体的冲力，迫使异物向外咳出。

立位腹部冲击法（适合1岁以上幼儿）

1. 施救者站在幼儿背后，让幼儿弯腰、头部前倾，双臂环绕幼儿腰部，两手置于腹前。

2. 将一只手握拳，大拇指朝内，使拇指侧顶住腹部正中线肚脐上方，远离剑突尖。

3. 另一只手压在拳头上，有节奏地快速向上、向内冲击。连续6~10次。这样可使肺内产生一股气流冲出，有可能将异物冲到口腔里。

4. 检查异物是否排到口腔里，若有则及时让幼儿侧头，用手掏出，若无可再冲击腹部6~10次。每次冲击都应是独立的、有力的动作。

▶▶▶ 忌

气管中进入异物的现象尤为常见，家庭中的预防是最重要的，切忌在家乱扔容易误入幼儿气管的异物。常见的容易误入幼儿气管的异物有：花生、瓜子、豆类、小果冻、葡萄、针、玻璃珠、石子、玩具零件、笔帽等。家长们一定要做好以下预防措施：

1. 为幼儿购买玩具时，要查看是否适合3岁以下幼儿。在外包装上，一般有详细的说明，如果里面有小零件，则不适合。

2. 培养幼儿良好的进餐习惯，在进餐时，不要说话、大笑、跑跳，更不要训斥幼儿。

3. 家中幼儿能触及的地方不要放细小物品，如扣子、钱币、小球等。

4. 幼儿吃东西时一定要有人看护，并要看着他咽下去。

5. 幼儿吃果冻、花生、瓜子、葡萄、爆米花、水果糖等食物时，要格外小心，而且尽量不要让幼儿吸入口中，而要用勺子放入口中。尤其是果冻，它质地柔软，进入气管后极易随气管变形，完全堵住呼吸道，因此最好不要给小幼儿吃。

6. 叮嘱幼儿不要口中含着东西跑，也不要让幼儿养成嘬食固体食物的习惯。

7. 幼儿睡觉前，不要口中含着食物入睡。

8. 大些的幼儿换牙时，要让幼儿及时将掉落的牙齿吐出。

宜与忌 意外骨折处理

如果幼儿跌伤较重，要观察是否出现骨折征象。骨折表现为剧烈疼痛，患肢运动受限，患处压痛极明显，局部出现肿胀，皮肤变色，在关节脱位和严重骨折时，发生肢体变形。

▶▶▶ 宜

如果肢体活动不能自如或明显受限，跌伤部位出现明显肿胀、畸形等，应马上去医院。在去医院过程中，应避免挪动骨折部位，如四肢骨折，应找一块木板把骨折两端固定在木板上；如腰部或胸背、肋骨骨折，应找一副担架，担架上放一块木板，或直接用木板把幼儿抬到医院，尽快诊治。

▶▶▶ 忌

切忌背着或抱着受伤幼儿移动，否则可能会因骨折部位活动错位而损伤神经、血管和脊髓加重病情甚至危及生命。

对骨折处出血，送医院前可采用压迫止血或橡皮筋管、橡皮带环扎肢体止血。每隔30分钟左右放松1次，以免影响血液循环导致肢体缺血坏死。

宜与忌 意外擦伤处理

幼儿擦伤以肘部、手掌及膝关节处为多见，一般表现为出血和皮肤破损。

▶▶▶ 宜

如果擦伤浅，创面比较干净，范围较小，为使创面结痂，只需在伤口周围皮肤涂一些碘伏，用干净消毒纱布包扎一下即可。如果伤口有泥土或污物，则要用生理盐水或冷开水冲洗干净，涂碘伏后再涂上一些抗菌软膏，外敷纱布包扎。若2～3天内局部无红、肿、热、痛等炎症现象，就会结痂痊愈。

▶▶▶ 忌

如果擦伤面积太大，伤口上沾有无法自行清洗掉的沙粒、脏物，或受伤位置重要如颜面部，切勿自行处理，而要及时带幼儿去外科做局部清创处理，并注射破伤风针剂。

宜与忌 意外扭伤处理

最容易扭伤的部位是脚踝。幼儿学步时、户外活动时，一定要注意保护脚。幼儿扭伤后，表现为受损的关节肿胀，活动受到限制，疼痛与触痛会随着患部的活动增强，肌肉会不自主痉挛，几天后伤处还会出现青肿。

▶▶▶ 宜

幼儿刚刚扭伤时，要把扭伤处垫高，避免患处活动，切忌立即揉搓按摩。为减轻肿胀，应在第一时间，用冷水或冰块冷敷约15分钟。然后，用手帕或绷带扎紧扭伤部位，既保护和固定受伤关节，还可减轻肿胀。48～36小时后也可以就地取材用活血、散淤、消肿的中药外敷包扎。

▶▶▶ 忌

要注意伤后48小时内不能对患部做热敷。1～2天后可在患处进行按摩，促使血液循环加速，使肿胀消退。

特别要注意，由于扭伤常常伴有骨折和关节脱位，尤其婴幼儿容易发生桡骨头半脱位，所以如果疼痛日渐加重，应去医院就诊。

宜与忌 眼部意外受伤处理

双眼是人类的最重要感觉器官，也最为娇嫩易受伤害。婴幼儿自我保护防范能力差，最容易伤害眼部，家庭护理中发生眼部外伤的情况屡见不鲜。出现眼睛受伤，要判断清楚受伤部位、受损伤程度，区别不同情况对症处理。

眼睑外伤

▶▶ 宜

如果仅仅属眼皮受伤，可以按一般皮肤外伤处理，清洗伤口做消炎处理，不要沾水。

▶▶ 忌

眼睛如果受到碰撞，眼皮出现外伤表象，不宜自行处理，而应仔细察看眼眶有无骨折、眼球有无损伤，幼儿有无头晕、呕吐、昏迷等症状，如有，则立即送医院。

结膜异物

▶▶ 宜

屑粒、灰尘、沙粒等异物误入眼内，幼儿自感有异物、疼痛，伴流泪等刺激症状发生，翻转上眼睑可见异物。

可以把眼皮往前轻拉，让泪腺分泌泪水冲出异物，或用冷开水将异物冲洗出来。若无效时，让幼儿向下俯视，然后用生理盐水冲洗，或用消毒棉签蘸生理盐水轻轻擦拭出异物，然后滴上婴幼儿专用眼药水。

▶▶ 忌

出现此症千万不可揉眼，以防异物移动损伤眼结膜。如果异物不能清出，应即时送医院眼科处理治疗。

角膜损伤

黑眼球外层是角膜，如果受伤，会出现剧痛、畏光、流泪等现象。

▶▶ 宜

出现这种情况，应及时加滴护眼药水，将眼部用干净湿毛巾敷住，立即送往医院。

▶▶▶ 忌

不要让幼儿用手揉眼睛。

眼球撞击

眼球受撞击后可能发生挫伤或振荡伤，造成眼内出血，引起视物模糊、疼痛，甚至失明。

▶▶▶ 宜

发生眼球撞击后，要让幼儿躺下，找救护车急送医院抢救。

▶▶▶ 忌

不要让幼儿受震动。

锐器伤眼

▶▶▶ 宜

用干净毛巾盖住伤眼，保护不受压迫，急送医院抢救。要注意让幼儿仰卧，搬送过程中要平稳防震荡。

▶▶▶ 忌

如被锐器刺入眼内，扎破眼球，一定要在最短时间内送医院，不能冲洗伤口，不能拔出扎进眼睛的异物，也不要把脱出的眼组织推回眼眶内。

强光灼伤眼睛

无意中被电焊弧光晃眼灼伤，或是被医用紫外线灯晃眼后，都会造成眼睛角膜和结膜上皮组织损伤。

▶▶▶ 宜

对症处理，通常使用0.5%的丁卡因眼药水止痛，滴入药水5分钟后，痛感就会消失，一般24小时后，眼组织上皮细胞就能修复如初。

▶▶▶ 忌

通常遇上耀眼的强光，婴幼儿往往出自好奇，会多看上几眼。这一类光线灼伤眼睛后，当时不会有什么感觉，一般在4~8小时后，受伤的角膜和结膜上皮细胞会坏死脱落，并发眼睑红肿，结膜充血水肿，眼部出现强烈的异物感和疼痛、畏光、流泪、睁眼困难和视物不清等症状。严重者痛苦难忍，坐卧不安，不能入睡。

宜与忌 意外受刺激"晕倒"

有一些幼儿情绪受到刺激时，会大声哭闹，随即出现屏气，口唇、面色青紫，两眼上翻、手足舞动、不省人事的"晕死"症状，一般历时2～3分钟后缓解，医学上称作"屏气发作"，俗称"气死病"。

屏气发作是婴幼儿神经症的一种表现，也是出现在特殊阶段的现象。

▶▶▶ 宜

幼儿出现屏气发作时，不要惊慌，可以稍稍用力击打幼儿面颊部，疼痛感和意外刺激传入幼儿大脑时，幼儿就会先深吸一口气，然后哭出声来，发作便会停止，青紫也随之消失。

在运用击打法时需注意：击打幼儿面颊部时需稍用力。如果力量不足，不能引起面颊疼痛感，就不会产生刺激，起不到效果。

▶▶▶ 忌

拍打屏气发作的幼儿面颊时，部位要低一些，不能高，部位太高有可能打到外耳，损伤鼓膜，影响听力。

屏气发作时，幼儿看上去"不省人事"，实际上幼儿"脑子糊涂心里清楚"，对家长的情绪反应很敏感。家长越是表现出惊慌，发作过后越是迁就幼儿，以后幼儿的发作会越频繁、越严重。

当然，最好的办法是锻炼幼儿的神经承受能力，要受得起刺激，经得起斥责。

宜与忌 幼儿触电后怎么办

小小的电器插孔易吸引幼儿前去探索，但因内藏数百伏的电压，足以让幼儿休克甚至丧命。触电与烧烫伤的伤害有类似处，不过烧、烫伤伤害较表浅，触电伤害较深入，严重时可能造成 II 至 III 度烧伤。家长可仔细观察幼儿，一旦发现幼儿有休克、身体发紫或是意识不清、呼吸、心跳停止的现象，可先做初步处理，再送医急救。

▶▶▶ 宜

切断电源

如果幼儿触电，应以最快的速度使幼儿脱离电源。最有效的方法是立即关闭电源，或用干燥的竹竿、木棍、塑料玩具等非导电物将电线从触电幼儿的身上挑去。禁止用湿布或用手直接接触幼儿，以免急救者自身触电。切忌急救者用双手同时拖拉幼儿。

查看幼儿的意识状态

如果通过身体的电流很小，触电的时间较短，脱离电源以后孩子只感到心悸、头晕、四肢发麻。要让他平卧休息，暂时不能走动，并在孩子身旁守护，观察呼吸、心跳情况。待病情稳定后去医院进行进一步检查。

如果触电时间较长，通过身体的电流较大，此时电流会通过人体的重要器官，造成严重的损害，幼儿表现为神志不清，面色苍白或青紫等表现，必须迅速进行现场急救，同时呼唤他人打120电话并协助抢救。

开放幼儿气道

让幼儿面朝上平卧，一手放在额头上将头略微后仰，另一只手将下颌轻轻抬起，判断幼儿有没有呼吸。

对幼儿进行人工呼吸

如果幼儿有呼吸但呼吸不规整，要迅速进行人工呼吸。对幼儿实施口对口吹气，吹气时要观察幼儿的胸部，轻微起伏即可，避免过度进气引起肺泡破裂。吹气后要停留1秒钟再离开幼儿的嘴，使其胸部自然回缩，气体从肺内排出，连续2次吹气。如果是1岁内的幼儿，可以给予口对口的人工呼吸，将施救者的口完全包住孩子的口鼻，操作程序与口对口人工呼吸一致。

进行胸外心脏按压

如果幼儿没有呼吸或2次人工呼吸后幼儿仍然没有意识、没有呼吸，需要进行心脏按压。将幼儿平放在硬地或木板上，救护者在幼儿的一侧或骑跨在其腰部两侧，一手的掌根放在幼儿胸骨中下部，另一只手按在第一只手的手背上，有节奏地按压胸骨下半段，使其下陷3~4厘米，速度每分钟100次左右，按压和放松时间大致相等。抢救1岁内的幼儿可把一手放在胸骨中下1/3处，用掌根按压，深约2厘米，连续按压30次。以2次人工呼吸和30次心脏按压为一个循环，不间断地抢救，直至医务人员到来或幼儿苏醒。

▶▶▶ 忌

幼儿常常喜欢玩弄插座、插头和家用电器。父母应排除家中幼儿触电的隐患，防止幼儿发生的触电危险，同时要安装防触电保护装置。

幼儿把手指或物体插入插座中

解决方法：安装有保护功能的电插座，确保总是将插头稳固地插入插座中。将家具放在插座前，不让幼儿在那附近玩。

幼儿咬电线或插头

解决方法：将电线放在幼儿够不着的地方，不要在幼儿的卧室里放太多的电器，以及用过长的电线。

幼儿将手指或物体伸入到灯泡座里

解决方法：将照明装置置于幼儿够不着的地方，确保所有的插座上都安装有合适的灯泡，同时也要告诉幼儿千万不要自己去碰电灯泡。

将电器置于浴室或浴盆中

解决方法：不要将吹风机、卷发棒或电动牙刷放在有水的地方，也不要在有水的地方使用这些东西。所有电器在使用完后，都应及时收好，避免幼儿接触。平时要教育幼儿注意安全，告诉幼儿乱动电器的危害，在没有成年人的情况下，不乱摆弄电器设备。

宜与忌 哭声表达幼儿的心情

▶▶▶ **宜**

爸爸妈妈应充分了解，幼儿的哭声会表达这样一些信息：

需要爱抚：幼儿哭闹，一抱起来就不哭，是因为幼儿感到孤独，需要亲人的爱抚。幼儿出生前在母亲的子宫里，无时无刻不受到羊水和子宫壁的轻抚。初来乍到人世间，孤零零地独自躺在小床上，会感到害怕。抱起幼儿在怀里，接触到亲人会使幼儿感到安慰。这时候，可以把幼儿紧贴在胸前，幼儿听到熟悉的母亲心跳声，会慢慢地安静下来。

饿了：饥饿是幼儿哭闹的最主要原因，吃饱就不哭。有时只差几口幼儿也会不答应，不吃饱就会使劲儿哭。只要幼儿饿了就喂，不用定时、按时喂养，不要教条地使用时间表，什么时候饿了就什么时候吃。

冷或热：幼儿的房间不宜过冷或过热，幼儿盖的被子不要太多。如果室内冷，幼儿哭了要试一试看体温有无变化。

脱衣服：幼儿最不喜欢脱衣服，脱衣服会使幼儿感到紧张。因此，给幼儿换衣服时要尽量快一些。脱衣服时，要对幼儿说话，转移幼儿的注意力。

尿了：尿湿了或大便后，幼儿会使劲地哭，要求妈妈给自己换尿布，否则会感到不舒服。

累了：幼儿睡眠时间长，吃饱后就要睡，不要总逗弄、打扰幼儿。累了、烦了都会哭闹。

受惊吓：幼儿受到光线、声音、物品的突然刺激，感到不安全时也会哭，应当抱起来安慰安慰。

疼痛：疼痛会使幼儿哭闹不止。妈妈要紧紧地抱着幼儿，找到幼儿疼痛的部位和原因。

生病：幼儿不舒服，除了哭以外，还不爱吃奶。幼儿如果出现类似症状，不可大意，要尽快去医院。

▶▶▶ **忌**

幼儿嗷嗷的哭啼声中，大有学问、大有讲究，做父母的，千万别以为幼儿的哭声没有什么内容。幼儿不会说话，唯一表达方式是啼哭。身为父母，需要掌握幼儿哭的规律，懂得幼儿通过哭声要求什么，因为哭声是幼儿表达意愿的主要方式。

宜与忌 如何处理毒虫蜇伤

幼儿因好动、好奇而被毒虫蜇伤的情况常有发生。发生毒虫蜇伤情况后，不要过分紧张，以防吓着幼儿。要根据被蜇伤的部位、伤口情况、幼儿玩耍的具体环境，判断清楚究竟是什么毒虫蜇伤了幼儿，以对症治疗。

常见的虫蜇伤一般为被蜂、蜈蚣、毒蝎、蜘蛛等毒虫蜇咬的伤。一般蜇咬伤都在暴露部位，局部红肿，有刺痒感或灼痛感，明显能看见被毒虫叮咬的痕迹。

蜂蜇伤

包括黄蜂、马蜂、蜜蜂、胡蜂等各种蜂虫的蜇伤。

▶▶▶ 宜

发生蜂蜇后，可先找到蜇伤的准确部位，用镊子小心把蜂刺拔出，并用温开水反复清洗伤口，冷敷伤口局部，减轻疼痛。幼儿被蜂蜇后，伤处有出血点或红色疙瘩、水泡，被蜇部位周围皮肤红肿，剧痒或刺痛难忍，严重者会引起发热、头晕、恶心、呕吐、四肢麻木，还有可能出现全身性过敏反应。如果病情严重或出现过敏症状，要送医院处理。

▶▶▶ 忌

拔蜂刺时，不能用手去掐拔，不要碰破伤处皮肤上出现的水疱。

蜘蛛咬伤

▶▶▶ 宜

立即找救护人员或去医院皮肤科，有些蜘蛛咬伤会引起人严重的组织损伤。冷敷伤口。注意调整受伤者的体位，让伤口低于心脏。

▶▶▶ 忌

野外生存的蜘蛛，普遍毒性较强，容易引发生命危险。如果可以的话，抓住咬人的蜘蛛或记下它的特征。但是，不要因此耽误照料受伤者。

生活与环境

宜与忌 合理安排每一天

对幼儿的一日生活做出合理的安排，有助于增进幼儿的健康，促进良好生活习惯和优秀素质的养成。

▶▶▶ 宜

根据幼儿的生理特点，科学地安排饮食、睡眠、户外活动和游戏的时间，进食以两餐之间相隔4个小时为宜，每天除了早、午、晚三餐之外，可以在上午和下午各加一次点心。

1~2岁的幼儿每天需要睡眠14～15小时，包括午睡2小时。另外，为了让幼儿能健康成长，应当充分利用阳光、空气、水来锻炼幼儿，安排适当的户外活动和游戏时间，到大自然中去。

有耐心的父母，还可以为幼儿设计好一日活动安排表，让幼儿知道自己的每天作息时间和活动安排，养成良好生活规律和学习习惯。

一日生活安排参考

时　　间	安 排 内 容
7：00～9：00	起床，大小便，盥洗，早餐
9：00～11：00	室内外活动，洗手，吃点心
11：00～11：30	喝水，第一次午睡
11：30～13：00	起床，小便，洗手，吃午餐
13：00～15：30	室内外活动，喝水
15：30～16：00	第二次午睡
16：00～18：30	起床，小便，吃点心，室内外活动
19：99～20：00	洗手，吃晚餐
20：00～21：00	盥洗，大小便，准备入睡
21：00～次日7：00	睡眠（22：30左右可再喂奶一次）

▶▶▶ 忌

内容总是重复，让幼儿感觉到单调枯燥，应当避免让幼儿过度劳累。应当掌握好动静结合的大原则，由于幼儿还太小，很容易感到疲劳，应当把各种不同强度和不同性质的活动结合起来，做交错安排，相互配合协调进行，使婴幼儿既不会特别累，又能对每一项新的活动内容感到新鲜好奇，保持探索欲和兴趣。

宜与忌 健康生活习惯

▶▶ 宜

芳香居室： 生活在有自然芳香环境中，视觉、知觉、接受能力等方面拥有明显的优势。柠檬、茉莉和桉树香味，能消除人没精打采的状态，提高用脑效率。

睡足睡好： 如果缺少充足的睡眠，大脑的记忆系统对新技能或新信息的接收会发生障碍。睡眠对于各种记忆的形成也有重要的作用。每晚睡眠10小时的幼儿，记忆力优于每晚睡眠少于8小时的幼儿。让幼儿的大脑充分休息，才能提高智力水平。因此，培养幼儿良好的睡眠习惯，保证睡眠质量是很重要的。

常听音乐： 音乐旋律中所含的一些合适音频的刺激，能促进相关的大脑锥体细胞增长树突和树突棘，建立起更多的联系，促进大脑更好发育。经常选一些柔和的音乐给幼儿听，有益于幼儿的智力发展。

运动手指： "心灵手巧"，人的大脑中，与手指相连的神经所占的面积较大，平时如果经常刺激这些神经细胞，大脑会日益发达，达到心灵手巧，有助于大脑的积极思维，手指运动能激发大脑右半球的细胞活动，开发人的智力。

▶▶ 忌

噪声： 嘈杂的家庭环境，对婴幼儿的大脑发育有害。持续的嘈杂声会对婴幼儿的大脑造成压力，影响到婴幼儿的听力和语言能力的发育。

肥胖： 人的智力情况，与大脑沟回皱褶多少有关，大脑的沟、回越明显，皱褶越多，智力水平越高。但食物中如果摄入脂肪过多，会使沟回紧紧靠在一起、皱褶消失、大脑皮层呈平滑样，而且神经网络的发育也差，智力水平就会降低。

便秘： 发生便秘以后，代谢产物久久滞积在消化道，经肠道细菌作用后会产生大量有害物质，如吲哚、甲烷、酚、氨、硫化氢、组胺等。这些有害物质容易经肠道再吸收，进入血液循环，刺激大脑，使脑神经细胞慢性中毒，影响大脑的正常发育，妨碍大脑正常功能，影响到幼儿的记忆力、逻辑思维和创造思维能力。

宜与忌 幼儿房间物品选择

幼儿成长到1岁以后，应当在家庭中有自己的专用家具了，常用的儿童家具包括：

床：最好选择能调整高度及长度的床，一直伴随幼儿成长。

衣柜：抽屉型的衣柜比壁橱更加方便实用，幼儿的衣服以折叠存放为主，需要挂起来的比较少，使用抽屉型衣柜能节省空间。

橱柜：放置幼儿生活日用品，如医药箱、体温计、冰袋等物品，还可以准备一个紧急电话号码本，以备不时之需。

大箱子：最好能移动，装幼儿的玩具。

游戏桌椅：幼儿可以舒服地在上面做游戏或者涂写画画，高度要适宜。

夜灯或能调光的台灯：夜间给幼儿喂奶或察看幼儿睡眠情况时照明用。

宜

为幼儿选择家具，要特别注意：

幼儿长得快，购买儿童家具应选择能从小用到大的家具。好的儿童家具应富于变化、易于配套，设计上充分考虑幼儿成长的因素。

购买有童趣的家具，会使幼儿有一个快乐的活动空间，有利于幼儿的成长。

安全第一。注意家具的强度是否符合标准、家具的棱角是否经过妥善处理、设计是否存在对幼儿的潜在危险。幼儿天生好动，家具必须安全稳固，必要时可以固定，避免幼儿把家具掀翻而受到伤害。检查制做家具的材料、胶、漆及工艺过程是否使家具含有有害的化学物质，幼儿处于身体发育期，对有害物质的抵抗力很弱，家具的化学安全对幼儿的身体发育和一生健康不可忽视。劣质家具会释放出有毒的成分，如重金属、甲醛、苯等，这些有毒物质会严重影响幼儿的健康，所以最好到大商场或专卖店去买环保产品。

忌

挑选儿童家具，颜色不宜太鲜艳，以中性色调为主，可以适合不同年龄阶段，适应幼儿成长的需求。

书桌、椅子的高度不宜固定不变，最好可调，这样不仅可以使用长久，而且对幼儿的用眼卫生和培养正确的坐姿有利。

宜与忌 让幼儿爱上刷牙

洗头、洗澡和刷牙，是照顾幼儿的三大难题。尤其是以刷牙最难，因为要把牙刷伸入小嘴里，又要让幼儿刷得干净，的确让人伤透脑筋。

大部分幼儿都排斥把牙刷放入口内，尤其是刚满1岁的幼儿，敏感的还会引起恶心呕吐。

▶▶▶ 宜

开始教幼儿刷牙时，可以先选一支大小适中、软毛的儿童牙刷，市面上的牙刷颜色非常鲜艳，有些还有卡通图案，可以吸引幼儿的注意力，也有分年龄段使用的（0~2岁，3~5岁，6~9岁）。

刚长出乳牙的幼儿，正处在口腔发育期，先把牙刷当做玩具放入口内，让幼儿不会排斥牙刷在口腔中感觉。不必马上要幼儿学会自己刷牙，父母每天刷牙时，让幼儿也拿着小牙刷在旁边观摩，听任幼儿自己伸入口中比画。

慢慢地，父母在幼儿学习刷牙的动作之后，开始教幼儿正确的刷牙方式，"左刷刷，右刷刷，上下刷"，幼儿自己刷完之后，要夸奖，让幼儿头向后仰，检查一下刷干净没有。

每次幼儿刷完牙，可以让幼儿躺在自己怀里，用小刷头、软刷毛的牙刷轻刷幼儿牙齿（无须使用牙膏），顺便检查牙齿是否刷干净。

每次临睡前，帮幼儿刷牙，也是一项很好的亲子活动。如果要使用牙膏，只需少量，要多漱口，以免吞下太多氟化物。

▶▶▶ 忌

幼儿刚开始练习刷牙时，不要求刷得有多干净，而是要掌握好方法。幼儿尝试刷牙时，父母千万不能在旁边指责幼儿刷得不对，而是应当自己也拿着牙刷在一旁给予示范，尽可能将气氛弄得轻松点，从而让幼儿觉得刷牙是一件既有趣又好玩的事。

宜与忌 保护小脚丫的方法

1岁后幼儿的脚差不多已有成年人的1/3大。幼儿胖乎乎的脚丫，扁平又圆润，由韧带和神经末梢连接下的26根骨头组成。

▶▶▶ 宜

幼儿在家里时，最好光脚，锻炼脚上的肌肉，增加脚趾抓攀的能力，有助于学步。带着幼儿出门，就要穿上软底鞋。

为幼儿选鞋时要注意，量好幼儿的脚长和脚宽，在买鞋时就可以"心中有数"。鞋的前面必须有空间让幼儿的脚趾自由扭动。要确保幼儿的脚尖和鞋头有一指的距离。要买鞋底可以弯动的鞋子，用两个手指捏住就可以弯动的，但鞋跟周围的部分要不易弯曲。

不要买塑料凉鞋，这种凉鞋容易变形、传热。可以买柔软的皮革制鞋、棉布制鞋。鞋后面最好要有带子，走起路来鞋子才能跟脚。

▶▶▶ 忌

幼儿刚会走路的时候，脚底没有像大人一样的足弓，很像平足，不要为此担心，幼儿平足很常见。幼儿的骨头和关节很有弹性，当站立时就会显得像是平足；幼儿脚底堆积的脂肪也会使足弓变得不明显。幼儿的这种"平足"会一直延续到6岁，直到脚变得较硬，足弓才会显现出来。

如果发现幼儿有一点内八字，也不必大惊小怪，这种习惯主要是来源于幼儿在妈妈子宫里的姿势，慢慢就能纠正过来。

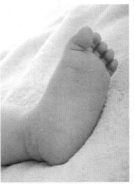
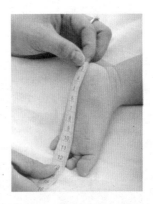

宜与忌 训练幼儿如厕的能力

让幼儿学会控制大小便，看似是一件小事，其实不容易。每个幼儿的发育进度并不相同，如果操之过急，会给幼儿心理和生理的正常发育带来不利影响，更难以成功。

自理如厕的前提条件如下：

幼儿能在椅子上独坐3~5分钟，在便后能感觉到尿布或者纸尿裤潮了，通过语言或者动作表达不舒服的感觉，拉扯湿了的尿布或者扭来扭去；幼儿在大小便前能通过语言、动作或者其他方式表示他需要大小便；也可能突然涨红脸，两腿夹住不动，或者通过声音报告；幼儿能简单穿脱自己的裤子。

▶▶▶ 宜

为幼儿选择一个合适的坐便器。安全舒适最重要，款式不要太复杂。

帮幼儿养成良好的坐便习惯。大小便时，不让幼儿玩玩具，不吃东西。要特别注意避免幼儿长时间坐在坐便器上，以免形成习惯性便秘。

细心观察幼儿大小便前的信号。比如当看到幼儿突然涨红脸不动时，问幼儿，是不是要小便，然后立刻带幼儿进入厕所使其坐在坐便器上。

教幼儿自己脱、穿裤子，在训练期间不要给幼儿穿背带裤。

及时表扬幼儿，让幼儿为自己能控制大小便感到自豪。应就事实本身肯定幼儿的努力，不要过于夸张。

▶▶▶ 忌

对于此时的幼儿来说，尿湿裤子是难免的，父母一定要有耐心，多鼓励、少责骂，培养幼儿快乐的如厕情绪，如此幼儿才能更快地学会自理。

聪明妈妈育儿经／父母应正确看待幼儿突然尿床的现象

有时，幼儿明明已经学会控制大小便，却又突然尿了床，或者白天大小便时不愿意喊人。这种情况多半与幼儿的情绪有关，可能是环境突然改变，熟悉的看护人离开，或者这段时间玩得太兴奋等。这种反应是非常正常的，父母应以宽容的态度看待幼儿的突然倒退，并找出原因，帮幼儿轻松度过过渡期。

宜与忌 幼儿防晒知识

夏天是幼儿玩耍的最佳季节,很多父母都会让幼儿到户外玩耍。经常让幼儿晒晒太阳,可以帮助合成更多的维生素D,有利于幼儿的健康成长。虽说阳光是幼儿成长的催化剂,但别忘了烈日可能也会给幼儿的皮肤带来伤害,因此父母要了解幼儿的防晒知识。幼儿的皮肤虽然有与生俱来的天然防晒能力,但由于幼儿的皮肤尚未发育完全,非常薄,约为成人皮肤厚度的1/3,耐受能力差。另外,幼儿皮肤黑色素生成较少,色素层较薄,容易被紫外线灼伤。如果长时间暴晒在烈日下,并没有做防御措施,常会导致日光性皮炎、多型性日光疹、荨麻疹等皮肤病的发生。

▶▶▶ 宜

选好时机出门

尽量避免在10:00~16:00带幼儿外出活动,因为这段时间的紫外线最为强烈,非常容易伤害幼儿的皮肤。最好能赶在太阳刚出来或即将下山时带幼儿出门走走。

准备好防晒用品

外出时除涂抹防晒品外,还要给幼儿戴上宽边浅色遮阳帽,或使用遮阳伞。这样的防晒方式,可以直接有效地减少紫外线对幼儿皮肤的伤害,也不会加重幼儿皮肤的负担。

幼儿外出活动的服装要轻薄,吸汗、透气性好。棉、麻、纱等质地的服装吸汗、透气性好、轻薄舒适,便于活动。另外,穿着长款服装可以更多地为皮肤遮挡阳光,有效防止皮肤被晒伤。

选择阴凉的活动场所

在室外应给幼儿选择有树荫或有遮挡的阴凉处活动。每次活动1小时左右即可。这样既不会妨碍幼儿身体对紫外线的吸收,也不会晒伤幼儿的皮肤。

▶▶▶ 忌

每天晒太阳时间过长

通过适当地晒太阳可以促进维生素D的合成,但对于幼儿来说,每天晒太阳的时间不宜过长。夏天选择在适合的时间段,每天晒2~3次,每次10分钟左右,就可以满足幼儿对维生素D的需求,还不会让幼儿的柔嫩肌肤受到日晒的损伤。

出门时不使用防晒露

幼儿专用的防晒产品，是针对幼儿皮肤的特点设计的，能有效防御紫外线晒黑、晒伤皮肤。一般以防晒系数15为最佳。因为防晒值越高，给皮肤造成的负担越重。物理型或无刺激性不含有机化学防晒剂的高品质婴儿防晒产品是最佳选择。给幼儿用防晒用品时，应在外出之前15~30分钟涂用，这样才能充分发挥防晒效果。

宜与忌　自我保护也是能力

对于1~2岁的幼儿，可以利用平时日常生活时间，注意一点一滴地教给幼儿一些有关水、火、电的安全常识。

▶▶▶ 宜

幼儿渐渐地有了害怕的意识，更加应当让幼儿对安全、危险和威胁的各类情况有所了解，有些事虽然不用幼儿做，但要让幼儿知道正确的过程，遇到紧急情况，幼儿同样能发出警告。

训练幼儿熟记各个紧急电话号码，包括匪警110、火警119，以及父母办公室联络电话，甚至记下附近可以提供援助的朋友电话，以备不时之需。

平时可以通过讲故事、做游戏，甚至借助看电视、看新闻，教给幼儿应对紧急状况的措施。

▶▶▶ 忌

闻到煤气异味时，懂得应该马上关闭煤气总开关，并打开门窗通风，绝不可以开关任何电器，以免引发火灾。

随手关好水龙头，用完电器随手关闭插头开关，不用煤气时要把总开关关掉，开、关煤气要由成年人做。

宜与忌 带幼儿出游须知

带上幼儿出游无疑是一个能让幼儿长知识、增见识，让全家人在一起互动的好时机。

▶▶▶ 宜

散步：如果要带可以自己走路的幼儿去散步，建议最多让幼儿持续走路30分钟，就必须休息，不要走得太久，以免脚部疲倦，发生肌肉疼痛、抽筋等问题。

球类：带幼儿到户外玩，应当尽量选择球类运动，球类运动对幼儿的身体发展有帮助。可以带幼儿到公园里，练习让幼儿接球或拣球，训练手部运动能力及四肢的平衡能力、肌肉张力。

公园游乐设施：溜滑梯、摇椅、跷跷板、弹簧木马、沙堆，这些在公园里常见的游乐设施，都很适合幼儿玩，可以训练幼儿的平衡感，有些公园有幼儿游乐区，可以让幼儿试着爬，训练手脚协调及手眼协调能力。

▶▶▶ 忌

带幼儿去游乐园，要注意场地是否安全、游乐的设施是否符合标准，有多大的场地让幼儿玩乐。幼儿溜滑梯时最好在旁边看，不要离开太远，不要让幼儿人单独玩任何器械。

游乐园里，通常会有很多小朋友一起玩，要注意小朋友太多的时候容易发生推挤或跌倒的状况，注意幼儿与小朋友的互动，减少跌倒或擦伤等情况的发生。

幼儿游乐园属公共场所，小朋友在一起玩除了接触传染源之外，飞沫也会传染疾病。因此，最好注意游乐的环境是否通风良好，避免让幼儿把公共物品衔到嘴里，一定要留心幼儿手部的清洁，避免感染传染病。

宜与忌 居家安全细节指南

家有1岁以上的幼儿特别要当心居家安全，要注意家庭中易出事故的源头，对于常见的安全隐患，采取适当措施应对。

电源插座

▶▶▶ 宜

电视机、DVD机等比较重的电器，要远离桌子，把电线隐蔽好。在电源插座上装上安全电插防护套，或用胶带封住插座孔。可以换用安全电插座，这种产品没有电插头插入时，插眼会呈自动闭合状态。

▶▶▶ 忌

各种电线、电源插座暴露在外，距离地面不高，幼儿容易触摸到，电源插座上的那些小孔小洞，对幼儿却有很大吸引力，幼儿容易去用手指插、捅。

门

▶▶▶ 宜

在家中所有门的上方装上安全门卡，也可以用厚毛巾系在门把手上，一端系在门外面的把手上，另一端系在门里面的把手上，当风吹过时，即使把门吹动也不会关上。

▶▶▶ 忌

门被大风吹刮动或无意推拉开时，容易夹伤幼儿的手指。

茶几

▶▶▶ 宜

桌角、茶几边缘等这样的家具边缘、尖角要加装防护设施，安装上圆弧角的防护垫，或选择边角圆滑的家具。

▶▶▶ 忌

茶几边缘和家中楼梯、桌椅、橱柜、梁柱等有尖锐端的都是危险源。在幼儿学习

"坐、爬、站、走"的过程中，危险指数上升。矮茶几上不要放热水、刀、剪等利器和玻璃瓶、打火机等危险物品，以防被幼儿拿到造成伤害。

地板

▶▶▶ 宜

地面溅上水或油渍的时候，要及时清理，以免增加地板的滑度；幼儿活动比较频繁的区域，地板上最好铺上泡沫塑料垫。即使摔倒，危险度也会降低。

▶▶▶ 忌

光亮整洁的石质地板比较坚硬，容易打滑，练习爬行、站立、行走的幼儿容易摔倒。坚硬的地板更容易磕伤幼儿的头部，伤到胳膊和腿。木质地板不要打蜡，蹒跚学步的幼儿容易跌倒。

抽屉

▶▶▶ 宜

可以使用抽屉扣，防止幼儿任意开启抽屉；橱柜中的小抽屉可以使用安全锁，把橱柜抽屉的一侧与橱柜侧面相连的转角处装上安全锁。

▶▶▶ 忌

幼儿一般会对抽屉特别好奇，会自己动手去开抽屉。滑动自如的抽屉会夹伤幼儿的手指。家庭通常会把危险品藏在抽屉中，例如，剪刀和刀叉之类的尖锐器具，幼儿如果拿到后果不堪设想。

楼梯

▶▶▶ 宜

最好在楼梯处装上安全栏杆，防止幼儿攀爬。

▶▶▶ 忌

一不留神幼儿就会摸爬到楼梯上，容易造成滚落的危险。

宜与忌 为幼儿创造良好的听觉环境

幼儿的个性虽说自出生就各有不同，但是后天环境的塑造也非常重要，比如听觉环境。

▶▶▶ 宜

游戏中学习

父母可以借游戏的形式在无形中引导幼儿，例如让幼儿闭上眼睛之后听某种声响，然后让幼儿说出听到了什么，以增加幼儿听觉的敏锐程度。另外，可以借外出游玩、接近大自然的机会，引导幼儿细听周边的声音，也可增加听觉敏锐度。

给予幼儿更多的关心

仔细地观察幼儿的动作和表情，父母可以从中了解幼儿的发展情况和心理需求。

▶▶▶ 忌

喧闹嘈杂

争吵较多的家庭，对于幼儿的成长易形成负面的影响，使他对于争吵习以为常，同时容易养成暴躁的脾气，这种情况不容乐观。居家环境应该尽可能保持平静祥和、愉悦轻松，良好家庭气氛的营造及培养，对于幼儿的成长非常重要。

急功近利

让幼儿接触音乐是很好的事，但千万不要为了炫耀或急于求成，而对幼儿做出许许多多额外的要求，这样只会剥夺幼儿学习的乐趣，而达不到听觉启蒙教育的效果。音乐的学习是一件长期的工作，并在有形之中发挥潜移默化的效果，父母应培养幼儿对音乐的兴趣，并重视幼儿学习的过程，而不是结果。幼儿的成长与正确引导息息相关，不要因为一时疏忽而造成无法弥补的缺憾。

宜与忌 教会幼儿认识危险

父母一方面要尽可能提高生活环境中的安全性，一方面还要教幼儿如何认识危险。幼儿在自我意识领域方面的发展，包括了解安全、健康的生活方式和练习各种各样的自我保护技能。要教给幼儿认识危险存在，通过积极的亲身体验帮助幼儿认识危险，掌握一定的应对危险发生的处理技巧，包括身体适应性和心理适应性。

▶▶▶ 宜

安全教育主要包括两方面——人身安全和心理安全。结合实际生活环境，具体包括：用电安全、易碎物品处理、危险物品处理（刀、剪、化学物品、温度高的物件等）、认知危险事物和危险环境、避免危险性尝试行为、交通安全、健康的交往方式、应对独处和紧急危险等。

积极的安全教育有利于幼儿形成积极的自我概念、尊重自己的身体、更好地和别人交往。

1~2岁幼儿对于事物的正确认识主要通过游戏的方式，要进行安全教育时，游戏也是最佳的途径。

认识"高"：把幼儿放在高10~15厘米的平台上，看幼儿的反应。大部分会爬的幼儿会马上翻下来，没有特别害怕的表情；然后再把幼儿放到90厘米高的桌子上，在一旁注意保护幼儿，看幼儿趴在桌子上的时候是什么表情，幼儿是否会爬到桌子的边缘就停止动作。游戏结束以后，告诉幼儿这很"高"，很危险，幼儿不能爬到上面来玩，如果下不来就要喊妈妈。

认识"烫"：用两个一模一样的杯子，在杯子里倒入冷、热两种水，让幼儿感受不同触觉感受，并告诉幼儿"烫"。然后把水壶打开，拉幼儿的手放在水壶口上方，让幼儿感受热水汽，并再次强调"烫"。还可以用两块毛巾分别浸过冷、热两种水，当把毛巾给幼儿的时候，告诉幼儿"烫"。

用类似方式，可以教会幼儿认识"扎手"、"夹手"、"咬人"、"摔跤"等危险。

▶▶▶ 忌

在游戏活动中，需要注意观察幼儿，看其是否能够判断环境和事物的变化，有没有危险意识并同时作出身体的适应性反应，这样才能达到效果。切忌为游戏而游戏，通过游戏，是为了帮助幼儿理解危险、威胁信息概念，建立相应的安全模式、自我防范能力，促进自我意识发展。

体能与早教

宜与忌 初级自我意识

幼儿早期没有自我意识，不能认知自己身体，所以会吃手，抱着脚啃，把自己的手脚当玩具玩。随着认识能力发展，幼儿逐渐知道手和脚是自己身体的一部分。

1岁以后的幼儿才开始有自我意识，知道自己的名字，能用自己的名字来称呼自己，表明幼儿开始能把自己作为一个整体与别人区别开来。此时幼儿开始认识自己的身体和身体的有关部位，如手、眼睛、耳朵等，还能意识到自己身体的感觉，如疼痛、饥饿等。

1岁左右的幼儿学会走路以后，能逐渐认识到自己能发生的动作，感受到自己的力量，如用手能把玩具捏响，用自己的脚能把球踢走，这都是初级自我意识的表现。

到2岁左右，幼儿学会说出代名词"我"、"你"以后，自我意识的发展会达到一个新的高度。这时，幼儿不再把自己当作一个客体来认识，而真正把自己当作一个主体。3岁以后，幼儿开始出现自我评价的能力，能对自己的行为评价说好与坏。

自我意识是人类特有的意识，是人对自身的认识，以及自己与周围事物的关系的认识，它的发生和发展是一个复杂的过程。自我意识，是人类个性的一个组成部分，它的发展有着许多社会因素的作用，在幼儿自我意识的形成和发展中，要教会幼儿自己教育自己，完善自己的个性。

▶▶ 宜

幼儿渐渐地长大了，开始意识到自己是一个独立的个体，有了自己的独立意识，想要尝试自己去做事，想要学会自立。帮助幼儿的自立希望变成现实，也是对其能力进行培养的过程。

想真正培养幼儿的独立性、鼓励幼儿照顾自己，就要允许幼儿不断地去探索周围的世界，挑战不同氛围的极限。所以，家庭环境的安全性对于幼儿的自立尝试非常关键。

由幼儿做主：有时候给幼儿设置一些限制很有必要，但有时候让幼儿成为家庭事务的决策者，则不失为一种新鲜的尝试——即使幼儿的决定听起来很幼稚、很可笑。

如果在大热天，幼儿决定穿滑雪服出门，那就尽管随幼儿去做吧，穿上以后他会知道热，自己就会脱下来。在给自主权、让幼儿做决定的过程中，幼儿会有学习和认知的机会。

及时引导：成功地做好一件事情，会让幼儿很有成就感。在这一过程中，需要细心仔细地引导幼儿：把一件事情分成几个层次，协助幼儿先做什么，再做什么，逐一完成。

例如，引导大一点的幼儿帮助妈妈清理餐桌，先给幼儿讲明白要领：首先要把盘子拿到水池里，然后再拿杯子，最后再把筷子拿过去。说完以后在一旁观察，看幼儿自己做完整件事，不要忘记好好地夸奖幼儿，成功的喜悦会让幼儿下一次再做的时候，兴趣盎然。

邀请参与家务：有时候，幼儿会对一些家务事非常感兴趣，如做饭、打扫、洗衣服等，幼儿很想参与和帮忙，这时候可不要拒绝，可以邀请幼儿一起来做。要想好让幼儿做一些什么，既不要帮倒忙，同时又满足幼儿的好奇心，比如帮妈妈拿一件器具、帮着把餐垫放在桌子上。

给自主，不插手：如果安排一件事给幼儿，就放手让幼儿自己做，即使花费相当长的时间，也不要失去耐心、急于插手代劳。

表达爱意：不断地让幼儿感觉到父母的爱意，幼儿会在爸爸妈妈的鼓励中，逐渐树立起自信心。

▶▶▶ 忌

不能以为幼儿到时候就能明白"自我"，自我意识不是天生具备，而是在后天学习和生活实践中逐步形成。

能走路好动的幼儿总是爱"惹祸"，当看到幼儿去动危险物品时，与其大呼小叫地急忙制止，不如把家庭中所有能带来危险的物品都收起来，给幼儿提供安全有趣的玩具，既能给幼儿更大的自主权，父母会更加安心省事。

要不断鼓励幼儿独立尝试新鲜事物，但在幼儿寻求帮助的时候千万不要推辞，因为父母永远是幼儿最坚定、最可靠的后盾。

宜与忌 培养幼儿性格

随着幼儿的活动能力增强、知识增长，幼儿的脾气也会"见长"，在此阶段如何培养幼儿的性格，如何进行教育就显得格外重要。

▶▶▶ **宜**

对待这个阶段的幼儿，家庭心理卫生教育十分重要，要注意做到：

培养独立： 为幼儿提供独立行为锻炼的机会，大胆让幼儿实践，父母可给予帮助、鼓励，但切不可包办代替。

创造交际机会，促思维发展： 多与幼儿交谈、聊天，尽管犹如自言自语，但对启发幼儿积极主动言语有很大帮助。可以在幼儿稍大一些时讲故事，提出问题。对幼儿的问题要做到有问必回答，使幼儿从家人回答的问题中获得言语技巧。这样做，幼儿言语活动的发展，必然会促进思维活动的发展。

情绪与情感发展： 1周岁后，随着言语的发展和人际交往的需要，幼儿渐渐产生了意志活动，如能有意地进行所愿意的游戏、跑跳等各种活动，能够主观控制住自己"淘气"行为等，这些都是意志活动的最初表现。有的2岁幼儿为了达到去动物园看猴子的目的，能步行2～3里路而不让抱着，这种情况下，应对幼儿所表现出的意志活动加以鼓励，并提供更多的机会和可能的条件。

注意力和记忆品质： 幼儿的注意力、记忆力等心理活动开始形成。可以有意识地锻炼幼儿的记忆能力。如使用幼儿喜欢的玩具、游戏有意识地吸引幼儿的注意力，使幼儿在短时间内达到注意力集中；利用生动活泼的图书、画册给幼儿讲故事，要求幼儿记住故事内容，经常反复地重复，锻炼幼儿的记忆力。

▶▶▶ **忌**

当幼儿发脾气时，不要呵斥幼儿，这时幼儿的注意力容易分散，用别的事情吸引一下，他会很快忘掉不愉快的事情。

宜与忌 教幼儿懂得规则

1岁以上的幼儿在学会走路、能简单对话以后,能力的增加使其变得"无法无天",不是打碎东西,就是跟小朋友动了手,还会把饭勺扔到垃圾桶里,甚至无法预测会做出什么令人头疼的事。这时候,应该教幼儿学一点规则。

"懂得规则"对幼儿来说是一门非常重要的基础课。满1岁后,就该给孩子打这门课程的基础了。

▶▶▶ 宜

学规则需要过程

尽管有种种不利因素,幼儿仍然可以学会一些最基础的规矩。1岁以后的幼儿,能通过观察爸爸、妈妈对待人、事、物的态度,学会知道什么是对,什么是错,什么是好,什么是不好。

到了快2岁的时候,幼儿就能认识到他人的感觉变化。这时可以告诉幼儿,咬人不对,被咬的人会很疼,很难受,还可以让幼儿自己亲身体验一下。

教幼儿懂规则有意义吗

回答是肯定的。就像在幼儿期教幼儿说话一样,可能幼儿不能马上就学会,但会把这些知识一点点积累下来。所以,应该从1岁开始,教给幼儿懂规则,学会避免危险,学会与小朋友们相处,这些是幼儿交际能力的缩影,做好打持久战的心理准备。

幼儿的理解能力和语言能力相对薄弱,想让幼儿用有限的理解能力去领会一条条规矩,哪怕是非常简单、明白的也会很困难。幼儿还不具备预测别人想法的能力,涂画脏了家里的墙壁并不能怪幼儿,因为幼儿还不知道不应当在家里墙壁上涂抹。

不会说话、不会表达、只能听懂部分语言,是幼儿学习规则的障碍。幼儿在1岁半以前,虽然会说一些最基本的语言,能听懂一些简单的对话,但凭这点语言能力还不能与成年人正常交流。

幼儿还没有时间感和空间感。想让这个年龄的幼儿理解时间的概念,是一件难事。告诉幼儿"停下来"他还能理解。如果说"等一会儿"就为难他了。幼儿不知道"一会儿"是个什么概念。幼儿所能理解的只是有没有及时满足自己的愿望,例如幼儿想要一个玩具,能及时满足的话可能就会按照妈妈要求的规则好好地玩;如果没能获得满足,便会哭闹。

幼儿有时破坏规矩只是想开个玩笑，看看父母吃惊的反应。比如，幼儿刚刚学会开关电视的时候，会对此很感兴趣而反复地开、关电视机，如果这时要求幼儿停下来，可能会适得其反，幼儿有可能就是会以对抗父母命令的方式反复开关电视，而且觉得惹妈妈爸爸生气的样子有趣。

教幼儿学规则前先要确定幼儿是不是能理解规则内容，就像教唱歌一样，要先给幼儿讲解歌词的意思，才能让他记得住。理解规则的这个过程很漫长，需要付出加倍的耐心和理解，耐心等待幼儿发出"我明白了"的信号。

▶▶▶ 忌

不要只是说，要演示给幼儿看：简单的一句话，不能使幼儿理解含义，最好加上表情和语调，让学习规则过程变得更容易接受。比如对幼儿说"不要动电源插座"，语调不要太严厉，稍带严肃的面部表情，幼儿就能从妈妈的声音和表情上看出：这样做不对。相反，如果妈妈表现得过于紧张，声音太高，幼儿可能会回复同样的反应，坚决对着干。学习规则的过程，就会变成母子对抗。

坚持到底：不要以为只告诉幼儿一次"这是不对的"，幼儿就会铭记在心。如果仅仅指出一次错误，对以后的几次视而不见，幼儿必定会感到疑惑：这么做究竟是对还是不对？为解决这个疑惑，会不停地尝试再做一次。

要给幼儿多次"重复规则"，才能温故知新。

做好榜样：幼儿会从父母的行为中，学习哪些该做，哪些不该做。父母的行为一定要正确。比如，多使用"请"，不要动不动就发怒，要学会等待。也可以主动向幼儿提示："你看，妈妈把报纸分给爸爸看，我们一起分享很开心。"

选好时机：让幼儿整天保持旺盛的精力不太可能。一旦孩子感到疲劳、饥饿或心情不好，就容易发脾气。这个时候就不要再坚持学规则，要给他一点休息时间。对幼儿来说，太多的规则会引起反感。挑出一些比较重要的教给幼儿，如不可以咬人、电源不能动、抢别人东西不对等。

不能忽略幼儿的创造性：幼儿的行为并非不合理，有时候则是创造性的表现，只要幼儿的行为不伤害到自己和他人，则要尽量保护幼儿的创造性。比如，当幼儿用妈妈的饰物来扮演什么时，不如和幼儿一起来玩一玩，启发幼儿做得好一些。

面对现实：不能期望幼儿很快能懂得所有规则，教育时一定要把握好尺度。比如，幼儿会本能地把拿到的东西放到嘴里，是认识事物的一种独特的方式。应该避免发卡、硬币等容易导致幼儿窒息的东西出现在幼儿能够到的地方。

宜与忌 幼儿说话晚怎么办

有的幼儿到了1岁半时，还不会开口说话，父母非常着急。面对说话晚的幼儿，家长要分清幼儿的具体情况，寻找幼儿不开口说话的原因。

▶▶▶ 宜

如果幼儿不会说话，但对爸爸妈妈的语言有反应，能听懂爸爸妈妈说话的意思，能按照爸爸妈妈的意思行动，这样的幼儿一般听力发育正常，智力也不低下，父母不必着急。父母可以为幼儿创造良好的说话氛围，对待幼儿说话的态度要和蔼。当幼儿发音时，要给以鼓励和表扬，以调动幼儿发音、说话的积极性。多创造条件和幼儿说话，利用日常生活中所经历的事情，引导幼儿说话。每天花些时间教幼儿看图说话，给他讲故事、说儿歌，以提高幼儿学习语言的兴趣，促使他早日开口说话。

如果发现幼儿的听力有问题，父母就应及时带他到医院检查，进行必要的治疗。

如果幼儿不会说话，又听不懂大人说的话，这时就有可能存在听力和智力方面的问题。听觉和大脑功能的正常是学习语言的必备条件，如果两者之一出现异常，幼儿的语言发育肯定就会落后。回忆一下幼儿是否患过中耳炎等，最好去医院排除听力的问题。智力落后的幼儿还会出现运动能力方面的落后，表情呆板，反应迟钝。若发现幼儿有以上症状时也要及时到医院进行检查。

▶▶▶ 忌

面对个性胆怯、沉默、不爱说话的幼儿，更要给予爱护和鼓励，不能急躁，逼着幼儿说话。

宜与忌 开发认知潜能应注意

应重视幼儿探索知识过程中的兴趣感和专注性。过程是最美妙和精彩的，而结果，对于这么小的幼儿，无论好坏都值得重视。有时爸爸妈妈因为急于产生结果，喜欢手把手地教幼儿。其实，这是不可取的。认知领域本身就是一种探索过程，迟一点顿悟和早一点顿悟对发展的影响并不大，让幼儿自己领悟，看起来是慢一点，但更能促进其认知潜能的开发。

▶▶▶ 宜

分享幼儿的探索成果。当幼儿兴致勃勃地拉着爸爸妈妈去看他的"发明"或"发现"时，爸爸妈妈应从幼儿的角度进行审视、欣赏，为他鼓掌，可以提高幼儿主动学习和创造的积极性。

爸爸妈妈指引给幼儿的探索目标应该单一，应指向幼儿最感兴趣的对象，幼儿就会一心一意地探索。目标过多，幼儿容易三心二意。

▶▶▶ 忌

不要在幼儿专心致志玩耍或摆弄玩具时打搅幼儿。在幼儿无聊时应和幼儿一起玩，提高他们的兴致和技能。有人认为幼儿注意力不集中与父母喜欢打岔不无关系。

宜与忌 童心，天才的摇篮

童心，是人类最美好的天性之一，人们常形容说成年人"童心未泯"，表达的是一种对于童心这种天性的赞美之意。

▶▶▶ 宜

美育是奠定幼儿养成美好人格的重要基础，是家庭教育中不可或缺的重要内容。下面的方法可供参考：

学一点家庭科学育儿的知识，为幼儿营造一个有益于心理健康成长的家庭氛围，例如美化居室和周围生活环境，培养幼儿良好的卫生习惯和规律生活。

从自身做起，谨言慎行，注意语言美、服饰美和行为美，力戒粗俗，做幼儿的榜样。

掌握幼儿的心理变化。赞赏幼儿好的言行，纠正幼儿不正确的做法，寓情理于故事和游戏之中，让幼儿多了解什么是好的品行。

为幼儿做一点美育投资，买一些内容健康向上、图文并茂的书籍和高雅音乐的影像资料，等幼儿大一点后经常带上幼儿参观艺术展览，游览锦绣河山和名胜古迹，通过正确的鉴赏活动，提升欣赏品位，保护幼儿美好的心灵和纯真的童心。

▶▶▶ 忌

童心是纯洁无瑕的，有的家长喜欢问幼儿：爸爸好还是妈妈好？等到幼儿说出"爸爸(妈妈)好"时，另一个马上就会表示不高兴，时间一长，幼儿会知道说"爸爸妈妈都好"。家长的这种情绪喜好也是一种无形教育，潜移默化地影响着幼儿，久而久之则会使幼儿失去纯真。

童心是无拘无束的，不能把幼儿管得像一个小大人，让幼儿小小年纪就学得矫揉造作，不再自然流露思想感情。幼儿没有束缚地说出童稚妙语，更显得亲切可爱。在父母类似无意中的喜好剥夺了幼儿的童心时，可能会将幼儿的想象力、创造力、美好的个性和品德都一起剥夺了。为了使幼儿的身心能健康地成长，要保护好幼儿的童心。

宜与忌　畏惧心理形成

随着认知能力的提高，幼儿会由"天不怕、地不怕"的心理，转化为畏惧心理，这也是成长过程中的必经阶段。

▶▶▶ 宜

害怕、畏惧，是幼儿正常发育过程中的一种心理体验，也是儿童的一种健康的反应。害怕的内容一般会随着幼儿年龄的增长而发生变化。小幼儿会害怕动物、害怕黑暗、害怕孤独；学龄前儿童害怕鬼怪、害怕死亡、害怕某个陌生人等。

惧怕心理是幼儿对所处环境的一种行为反应，父母的行为和教育方式在幼儿的惧怕产生的过程中起着重要作用。

既然幼儿的惧怕是通过条件反射不断学习而来的，那么，通过条件反射原理设计的一些方法，则可以矫正幼儿的惧怕行为，家长可以加以良性疏导。

可以有意识地鼓励幼儿，勇敢地克服惧怕心理，试着做一做幼儿所惧怕的事。比如说幼儿惧怕小狗，可以逐步让幼儿接触小狗，逐渐消除其惧怕的反应；幼儿如果怕水，可以让幼儿在洗澡时玩一玩水，往身上浇一点水，提一提水桶，还可以学习游泳，逐渐消除对水的惧怕。

随着幼儿能力提高，信心增强，惧怕心理会越来越少。如果幼儿畏惧心理严重而持久，出现焦虑、敏感、爱哭等现象，则是适应性不良的异常反应，应当找医生诊治。

如果发现幼儿有严重的惧怕心理，也是一种心理异常的表现，不利于幼儿身心健康，有可能造成难以治愈的精神障碍。因此，在家庭教育当中，要给予足够的重视，及早发现、及时矫正幼儿的惧怕心理。

▶▶▶ 忌

如果父母对于孩子过度呵护，或者为了让孩子听话而吓唬过孩子，都是孩子产生惧怕心理的源头。幼儿的惧怕心理是在日常生活中通过条件反射作用不断学习和积累形成的，家长的斥责、外界环境的刺激，都会使幼儿对某种东西产生惧怕。

宜与忌 爱"惹事"的幼儿

爱"惹事"、频繁地"闯祸",是1岁以上幼儿的共同特征。但育儿专家普遍认为,幼儿还是淘气一点好!

▶▶▶ 宜

幼儿1岁半前后,独自行走和听说能力不断提高的时候,周围环境中的一切事物,凡是能接触到的一切东西,都会吸引着幼儿去看一看、摸一摸、翻一翻、听一听、尝一尝……探索一下,研究一下。

走来走去,东摸西撞,对幼儿的动作、认知能力以及智力的提高都有益。幼儿的手、脚、眼睛和全身的协调能力,是在这样的东摸一摸、西撞一撞之中得到锻炼和增强的。因此,应当热情地、耐心地满足幼儿的好奇心和大胆对事物的探索行为,使幼儿从观感上的好奇过渡到理智的兴趣。这种好奇和兴趣有助于幼儿注意力的集中和成长、观察能力的提高,能够进一步引发幼儿的求知欲,是推动幼儿主动学习,探求知识和了解世界的内在驱动力。

▶▶▶ 忌

如果对幼儿的好奇心表示冷漠甚至厌烦,或者动辄就因为幼儿好动、"惹事儿"、"闯祸",去高声斥责既无知又无畏的幼儿,无疑扼杀了幼儿智慧火花的萌发。

如果这个阶段的幼儿缺乏好奇心,会影响到成长后的注意力集中、观察能力提高、思维活跃、想象力丰富等素质的提升,对成年以后的智力发展和学习都有很大障碍。

惹事、闯祸频繁阶段,是幼儿成长过程中的必由之路,不要怕幼儿在家庭中惹事,只要保证幼儿的安全,放手让幼儿在家庭中惹一点事、闯一些祸——那点损失,与幼儿成长和智力、体能发展相比,太微不足道了。

宜与忌 把握任性与个性的尺度

婴幼儿由于心理发展还不成熟，对众多事情缺乏认识和判断能力，多少都会有一点任性。从心理学角度来看，是个性偏执、意志薄弱和缺乏自我约束能力的表现。环境是导致儿童产生任性心理的主要原因。

▶▶ 宜

幼儿任性的表现千差万别，因此，解决任性的方法也要因人因时因事实施，旨在给幼儿提供适当的约束，增强心理自控能力，可以参照以下几种方法。

转移注意力： 幼儿注意力集中的时间比较短，父母可以利用这一特点想办法转移幼儿的注意力，改变幼儿的任性行为。例如，一名跟着母亲购物的儿童，在商场里玩得很上瘾，而母亲急着赶回家，可幼儿就是不愿意走。如果母亲说"我们回家吧"，幼儿可能会坚持要在商场玩。如果母亲说"走，妈妈带你去坐车"，幼儿可能就会愉快地答应，然后由妈妈领着坐公共汽车回家。

理解加约束： 在感情上表示理解，但在行为上要坚决地约束。如在吃饭的时候，幼儿忽然想起爱吃的菜今天没有，生气地拒绝吃饭。即使冰箱里有材料，也不应该迁就幼儿，马上就给幼儿做，应明确地表示，饭菜准备好了，就不能随便更换。如果幼儿继续闹，可以饿上一顿，等到幼儿感到饥饿时，自然会找食物吃。

暂时回避： 有些幼儿会因为自己不合理要求没得到满足而纠缠不休，这时，家长可以暂时不去理会幼儿，要让幼儿感觉到，使用哭闹的方式是无效的，幼儿就会停止这种方式。事后可以与幼儿坦诚地交流，跟幼儿讲明白道理。

▶▶ 忌

幼儿的任性不是天生的，而是在成长过程中没有适度约束、加强教育的结果。任性如果发展到一定程度，就有必要专门加以纠正。

对孩子的任性不能迁就。儿童任性心理得不到纠正，会妨碍幼儿的心理健康和心理的正常发展。因为任性会导致幼儿无法正确认识和判断事物，变得个性固执，不明事理，妨碍生活能力的发展，不善于与人交往，难以适应环境，不被别人接受继而陷入孤独之中，经不起生活的考验和挫折，这些对幼儿健康成长不利。

宜与忌 训练语言学习

　　幼儿听到语言中的各种元音、辅音，会试着模仿。如果父母与幼儿交谈，就能扩充这些早期发音的数量和范围。幼儿有时候还会发出一些社交性的声音，如果父母用微笑、话语和点头回答幼儿，这种交流就能不断地得到发展，幼儿学说话就早一些。

▶▶▶ **宜**

　　1～2岁时，有两种类型的语言得到发展，一种是接受性语言，或称理解语言，另一种是产生性语言，或称讲话。幼儿通常喜欢用单词或简单句子表达自己的想法，如"糖糖"。首先发展的是接受性语言，满周岁的幼儿对父母的某些语言能作出反应，比如，能听懂"递给我"、"放下"等。18～20个月的幼儿开始自造语言，自己构成一套用以反应的词和一套用以表达的词。到满20个月时，平均能使用50个词和10个短语。

　　产生性语言能增加幼儿与家人之间的交流，使幼儿更有能力去控制周围环境。模仿家庭成员的词语，是语言发展的一种方式。

　　幼儿的语法形式往往是自创的。比如，父母一般不会说"下我去"，但幼儿从自己的词汇中挑选一些词，把它们排在一起，说"下我去"时意味着已吃完饭了，要下椅子。这说明语言发展，并不完全是模仿的，它取决于幼儿的创造性和交谈动机。

　　父母、家人的热情夸奖和鼓励性交流，是幼儿学习语言的积极反馈，有利于鼓励幼儿继续交谈。耐心教幼儿掌握新词语，每一次教3~5个新词，不怕麻烦，反复训练，在生活场景中，教给幼儿理解新词语的意义，训练举一反三的能力。

▶▶▶ **忌**

　　语言发展的个体差异很大，有些幼儿可能已在用一个单词来指称许多客体；而另一个同龄幼儿却还在咿呀学语，发出一些类似句子，但又听不懂声音，或许还会不经历讲单词的阶段，就突然说出清晰的句子来。

　　由于幼儿从2岁左右开始，学习用比较复杂的句子表达想法，与此相对应，父母不要用"婴儿语"与婴儿交流，而最好改使用比较规范的语言，给幼儿更好的语言学习环境。

宜与忌 自己玩是基本能力

1岁的幼儿能自己玩5分钟。如果有小伙伴，最多能再多玩5~10分钟。对此一定要有正确的认识和心理准备，幼儿毕竟还是一个时刻需要宠爱的"小家伙"。

▶▶▶ 宜

能学习着自己玩一会儿，是成长发育过程中重要的一步。独自玩耍能够培养幼儿的独立能力，让幼儿有这样一段时间"依靠自己"，哪怕只是把滚跑的球追回来，只是打开盒子把玩具拿出，幼儿的自信心也会增加，个性也会受到影响。

自己玩耍，幼儿会动脑筋想怎么玩、怎么好玩。幼儿的创造性有了自由发挥的空间，手指的精细动作以及大动作能力得到锻炼。偶尔，还可以听到的自己玩的时候自言自语，又为幼儿语言能力的发展提供了很好的练习机会。当然，这样做还有一个好处就是，能给繁忙的父母留出片刻闲暇。

▶▶▶ 忌

如果幼儿一时难以自己玩，一定有自己的原因。爸爸妈妈切忌操之过急。每个幼儿的个性不一样，有的幼儿独立性出现更早一些，有的幼儿则娇弱、依赖性强一些。成长的过程不必催促，依照幼儿的自然进程发展并加以适当的引导则最好。

是否愿意自己玩也取决于幼儿临时的情绪，在幼儿饿了或困了的时候，累了或生病的时候，就不能期望他自己玩。

还要知道，并不是更大一点儿的幼儿就能自己玩的时间更长。近2岁的幼儿的认知和语言能力都加强，这时的独立性表现更多的是倾向于尝试一些新事物，由此来引起妈妈的注意。

宜与忌 感觉统合是什么

每个人都通过"感觉系统"，即神经系统来搜集外界信息，而这些信息经过大脑整合后，再形成有意义、适当的行为表现出来，这个过程就是"感觉统合"。

▶▶ 宜

所谓"感觉统合"是指神经系统把身体的感觉及外界给予的感觉加以整合，使身体作出有效的动作及反应。感觉统合失调的行为包括：动作笨拙、不协调，较晚学会走路或常跌倒、绊到自己的脚；不喜欢别人的拥抱或触摸，不喜欢洗头、理发；对刺激过度敏感，如果进入人多的场所、光线强之处会过度兴奋，在有声音的情况下不能专心。或者对感觉刺激的敏感度过低，对各种感觉刺激反应慢，甚至不太有感觉，受伤跌倒时也不觉得痛、不会有反应；坐椅子常会跌下来；常把桌上的东西碰落到地上；容易分心，注意力集中时间短暂；活动量过多，动个不停；或者活动过少，动作缓慢；语言发展迟缓或口齿不清；做精细动作时协调性不佳；缺乏自信，易遭受挫折，容易发脾气。

例如孩子做运动接球，要接得好，就必须整合听觉(球来了)、视觉(看着球的轨迹)、本体觉(自己的手脚位置)、触觉(摸到球)、平衡感、协调性等，才能接好球。一旦这些信号的整合有了障碍，就会产生动作协调不良、精细动作差、左右不平衡等。

▶▶ 忌

常拥抱、安抚幼儿有助其感觉统合发展。有人误以为幼儿一哭就抱易造成幼儿黏人、离不开人等坏习惯。从感觉统合的观点来看，幼儿哭了父母不理会、不抱，幼儿的触觉发展可能会受影响。长大后对人与人之间的信赖程度也会打折扣，整个婴儿期，幼儿哭闹时最好能抱一抱，适当安抚。

婴儿或学步期的幼儿，如果有易受惊吓、肌肉张力太低、不喜欢被拥抱、躁动不安、易怒、动作发展较慢等种种现象，可能是感觉统合功能有障碍的信息，宜多加留意与关心。

平时要多观察幼儿的各种行为，应当早发现、早治疗感觉系统的失调行为。

宜与忌 1~2岁幼儿体商培养

除了人们熟知的智商、情商，越来越多的家庭开始注重从小培养幼儿的"体商"，提高对体育锻炼的热心程度和参与运动的水平。

▶▶▶ 宜

体商素质很重要：从小就开始培养"合群"性格和较强的体商素质，这非常重要。根据年龄特点和生长发育规律，积极引导幼儿主动活动，能够促进幼儿的基本动作和身体生理功能协调发展。适度的运动能让幼儿增强体质、增强抵抗力，尤其是幼儿期的运动，有完善神经系统发展和健身的双重功效。

幼儿参与锻炼越早，体商的提高往往也越快，长大后更可能成为体育爱好者，或运动水平较高的"体育能人"。

让幼儿做主：给幼儿选择参与哪种游戏或运动项目的权利，不包办、不强迫，不勉强幼儿参加家长喜爱或选择的项目。

鼓励结交运动能手：体育运动多为群体活动，培养"合群"性格与培养体商之间存在有机的联系。鼓励幼儿结交更多爱运动、体能好的小伙伴，以便在伙伴的带动下，提高参与锻炼的主动性和积极性。

对幼儿的每一点进步、每一点成绩，都要及时发现和鼓励。要允许幼儿经常变换锻炼项目，以增强运动兴趣，不要动不动就批评幼儿"缺乏恒心"。应当明白——最重要的是帮助幼儿发现锻炼的乐趣，养成爱运动的习惯，因此而受益终生。

▶▶▶ 忌

榜样：父母不爱运动的家庭，幼儿也比较"懒"。为了幼儿爱锻炼，家长切忌懒而不运动。

心理障碍：幼儿并非天生不爱运动，可能因为肥胖、手脚笨拙、反应迟钝或身材过于矮小等原因，导致运动中极强烈的自卑心理。对此，要及时开导，努力让幼儿明白"重在参与"的道理，不必过分重视运动表现或运动成绩。

宽容的重要：手脚不太灵活、体能不够充沛、运动水平也很低的幼儿，只要能"动起来"便是好样的，父母不能要求幼儿动作到位。

授人以鱼，不如授之以渔。从小培养"体商"意识，是给幼儿提供享用一生的健康财富。

宜与忌 训练爬楼梯

1岁的幼儿已开始独立行走，独立性和主动性有所提高，对幼儿进行爬楼梯锻炼，可以增强腿部力量，为以后的跑步和跳跃能力打下基础。

▶▶ **宜**

能独立行走后，可以拉着幼儿的手练习爬楼梯。刚开始时，幼儿跨步会很费力，身体也不平衡，可以双手扶持腋下，用较大的助力，帮助幼儿两脚交替迈上楼梯。然后可以逐渐减少助力，锻炼幼儿用自己的力量爬上楼梯。

还可以把幼儿喜欢的玩具放到楼梯的台阶上，引发幼儿去拿玩具，或者站在楼梯上，向幼儿招手，另一位家长扶着幼儿慢慢爬上楼梯。下楼梯也这样做，这个年龄的幼儿还掌握不好身体的平衡，需要扶助，同时让幼儿体会和认识高和低的不同之处。

训练一段时间后，可以鼓励幼儿自己扶着栏杆，慢慢地迈上楼梯。开始时要注意保护，先从2～3级楼梯开始练习。可以在楼梯台阶上面召唤并鼓励，使幼儿逐渐地增强力量，自己能扶着栏杆迈上台阶。待幼儿能稳定地扶栏杆上楼梯后，可以教幼儿学习下楼梯，开始可扶着幼儿练习，使幼儿掌握深浅、高低概念，然后教幼儿练习扶着栏杆迈下阶梯。

选择一段级数较少的楼梯让幼儿练习。看一看楼梯有几级，鼓励幼儿几步爬到顶。如6级楼梯，可以6步走完。幼儿上楼梯时在旁边数"1—2—3—4—5—6"。每数一个数，幼儿跨一步，数字数完，幼儿跨到顶。完成后再倒数着往下走。"6—5—4—3—2—1"。如果幼儿胆怯，可以先拉着幼儿的小手陪着一起走。等到幼儿能稳当地上下后，逐渐放手独行。

在指导幼儿上楼梯时，要让幼儿把脚抬得高一点，避免摔跤；下楼梯时，身体不要前倾，脚要踏牢后，再迈下第二步。

▶▶ **忌**

下楼梯一般比较危险，幼儿不好掌握，家长要特别慎重，防止幼儿跌落。

幼儿不能一步一级上下楼梯一般是因为恐惧的心理和平时缺乏锻炼。因此，首先要消除幼儿的心理障碍，让幼儿多看成年人是怎样上下楼梯的，然后再循序渐进地给予指导和实践。

宜与忌 训练模仿能力

模仿，是1岁左右的幼儿从语言到社会能力等各方面技能发展的重要条件。模仿能力一出生就具有，新生儿会反射模仿成年人面部的动作，如吐舌头。而1岁时候的模仿，标志着真正的模仿行为开始，是具有自我意识和目的的模仿，幼儿已经懂得，模仿是一件有意义的事。

1岁半左右，幼儿具有足够的能动性和认知力，需要发掘一些可以模仿的东西。此时幼儿好动活泼，具有一定的手眼协调能力，只要发现、捕捉到的东西，就会产生模仿兴趣。

幼儿的模仿行为一般有4个步骤：先是看和听，然后消化吸收信息，再尝试模仿，最后再做练习。以语言的学习为例，幼儿能说出"爸爸""妈妈"时，只是单纯地模仿听到的音节。时间久了，在无数次的反复"练习"中，逐渐明白这个词的意义，并且应用在对话中，于是模仿成功。

▶▶▶ 宜

模仿能力，是幼儿认知和发展独立性的基础。幼儿在模仿父母或者成年人的动作、语言时意识到："我也能这样做！再试一试！"幼儿发觉自己可以开始模仿一些事情，通过模仿的行为，学到的不仅仅是被模仿的事物，而是行为的自觉意识。

能吸引幼儿模仿的东西，大多数跟父母有关。这个年龄的幼儿，还很依赖父母，绝大多数时间和父母在一起。即使有户外和小朋友的活动，幼儿对小朋友的兴趣总不如对父母的大。幼儿最喜欢父母的笑容和赞扬，来自父母的肯定能给幼儿很大的动力。

▶▶▶ 忌

幼儿还没有危险意识和判断危险的能力，做模仿有时会做过头，引发危险。

家有爱模仿的小家伙，有时候也挺烦人。比如幼儿把钱包从衣服口袋里拿出来，学着父母的样子玩那些信用卡和钱币。不仅不卫生，还有误吞硬币的危险。这时最好用别的东西转移幼儿的注意力，让他不再模仿。

并不是所有的幼儿都积极地模仿父母的每一个动作和身边的新奇事物。有的幼儿在亲身尝试之前，会花较多时间去观察、去吸收和理解得到的信息，在确认自己可以做到的时候才开始尝试。

宜与忌 培养幼儿自己玩的能力

▶▶▶ **宜**

幼儿在一大堆玩具的包围中玩得起劲儿的时候，妈妈蹑手蹑脚地悄悄走开，想训练幼儿单独玩儿一会儿，却常常达不到预期的效果。幼儿一旦察觉到妈妈"开溜"，会用哭闹来回报妈妈的尝试。因此，用科学的方式来教幼儿学会自己玩，是一个重要环节。

兴趣：首先要做的是从幼儿兴趣开始。让幼儿做想做的事情，玩幼儿最想玩的东西，这样能使幼儿安静和感到满意。只要幼儿喜欢、妈妈又能允许的活动，都可以用来尝试。

试当观众：这样做过两天之后，可以试着坐在一旁看着幼儿玩儿或者拿本杂志看，但绝对不要让幼儿觉得妈妈完全不关注自己。

开始试着和幼儿保持一定的距离，让幼儿开始有自己的空间。这样做需要保持和适应几天或者几周。幼儿玩儿的时候，可以试着到有一定距离的桌子上拿个东西，或到阳台上去开窗户，一点一点拉大距离，要保证幼儿能看见妈妈，听得见妈妈说话，不要一下破坏幼儿"妈妈存在"的安全感。

离开一会儿：如果觉得幼儿已经能够接受妈妈偶尔的短距离的离开，可以开始尝试到另一个房间去取东西、或去卫生间，然后尽快回到幼儿的视线之内。

一方面遵循渐进的原则，另一方面为安全考虑，毕竟不到2岁的幼儿不宜完全单独自己待着，容易出危险。当幼儿刚开始意识到妈妈离开的时候，会有些不安，不要立即放下手里的事情就冲回来，给幼儿1~2分钟适应，就能自己安静下来。如果幼儿叫妈妈或者哭闹，可以立即回应："妈妈就在厨房，马上就过来！"

几次之后，幼儿就会适应这种"单独玩"，学着怎样能让自己舒服，不再总是哭。

▶▶▶ **忌**

要避开父母心情不好的时候，如果妈妈情绪低落，那么家长的情绪会影响幼儿。

训练的同时，要弹性对待幼儿。幼儿当然也像成年人一样会有各种情绪和感受，如果幼儿某一天就是不愿意自己玩，家长不要由此懊恼或者生气，幼儿并不是不争气，只是感觉到很需要妈妈。训练幼儿自己单独玩也应当循序渐进，逐渐加强这种新能力。

Part 4

幼儿期
（24～36月）

进入幼儿阶段，无论是身体还是心智方面，都会发生很大飞跃。幼儿开始有了自己的思维、个性和更多的自主行为。语言能力的发展使幼儿的交流能力和认识能力有飞速进步，通常已经能掌握常用语。也能懂得一些安全、规范，能控制自己的"淘气"行为。短时间集中注意力和记忆的能力增强，理解能力更是飞速进步。

省时阅读

此时的幼儿乳牙已经出齐，咀嚼能力和消化能力增强，食谱渐广，从以乳类食品为主过渡到以谷类、鱼肉、蔬菜为主，但消化能力仍然较弱，容易出现挑食、偏食等不良习惯。

提高睡眠质量、分床独睡、培养自理能力，还包括幼儿衣物选择、清洗常识、爱护玩具、安全使用玩具和家庭安全教育，都是养育2～3岁幼儿应注意的要点。

身心快速发展使得幼儿变得"淘气"、不听话，进入了反抗期，在性格形成之初，怎样培养幼儿的体能、智能、仪态、教养也成为这个年龄段的关键问题，本节里家长可以找到许多有针对性的家庭早期教育信息。

饮食与营养

宜与忌 幼儿的饮食搭配

处在快速发育阶段，营养状况如何，将直接影响到幼儿的成长，营养饮食要讲究最大限度地均衡。

▶▶ 宜

根据每天各种营养素的需要量，进行饭前的营养预算和饭后的营养核算，结合季节特点选择食物，安排好幼儿偏食习惯容易导致缺乏的4种营养素（维生素A、胡萝卜素、钙和核黄素）；干稀、荤素、粗细、甜咸搭配要合理，少吃甜食和油炸食品；以谷物类为主，动物性食物为辅；粗粮细粮要合理搭配，这样不仅营养互补，因而粗粮所含的纤维素较多，能刺激肠胃蠕动，减少慢性便秘，促进幼儿生长发育。

科学烹调，保证膳食质量、保持食物营养成分不流失，饭菜既色、香、味、形兼备，又合乎营养卫生的要求。

要科学地清洗蔬菜，应先洗后切，不要切后再洗，以减少水溶性营养素的流失。有色叶类蔬菜最好在水中浸泡一段时间，有效去除寄生在蔬菜表面的虫卵和残留农药。

▶▶ 忌

选用旺火急炒，这是减少蔬菜营养素流失的烹调原则。这样做能使叶菜类的维生素C平均保存率达60%～70%，胡萝卜素的保存率则可达76%～96%。烹调时应注意：加盐不宜过早，过早会使水溶性营养素流失。

宜与忌 让幼儿吃好的诀窍

给幼儿做饭有没有诀窍？回答是肯定的。幼儿消化能力差、吸收能力强，对营养要求较高，而且幼儿喜欢新奇，所以要根据这些特点为幼儿安排膳食。

▶▶ 宜

为幼儿烹制菜肴，有着和成年人不同的要求，主要表现在以下几个方面：

幼儿的消化和咀嚼系统处于生长发育初期，比较娇嫩脆弱，那些"粗、杂、生、硬"或过于油腻的原料不宜选用。

2岁以下幼儿不宜食用芹菜、韭菜等含粗纤维的蔬菜，也不宜食用牛油、羊油等较浓的脂肪类食物和油炸食品。

菜肴的选料必须以易咀嚼、易消化、性能平和为标准。

根据幼儿消化能力差、吸收能力强、对营养素要求高及各种食品的具体特点，来决定配料的原则：主副食之间、荤素之间的科学组合，如一种主料多种辅料或不分主辅料平行搭配的方法，主要为满足幼儿对营养素的需要，原料之间的种属关系越远越好，种类越多越好，以便于交叉互补，合理搭配。要注意颜色搭配，如虾仁、西红柿、豆腐、香菇、青椒等菜肴可通过绚丽多彩的颜色激起食欲。

餐具须实用、美观，起到衬托增色的作用。餐具器皿以选用卫生、安全的不锈钢或塑料制品为主，要注意美观漂亮，富有童趣。在器皿上经常变换花样能给幼儿以新鲜感，激起幼儿进餐的兴趣。

根据幼儿好奇心强、想象力丰富的特点，菜肴要做到花样翻新。鸡蛋可制成蛋羹、蛋饼、蛋汤；土豆可以制成土豆泥、土豆饼、土豆片；在原料选择有限的情况下，加强制作创新。

▶▶ 忌

菜肴忌用刺激性强的调味品，在口味上要平和、清淡。烹调方法多选用蒸、煮、炖、烩、煨等以水和蒸汽为传热媒介的技法。这样做出来的菜肴大多熟烂、软嫩、易嚼、好消化、不油腻且开胃，体现出烹制技法与就餐对象的和谐。

必须保证清洁卫生，远离污染。幼儿免疫力差、抵抗力弱，烹调菜肴时应当把安全卫生放在第一位。肉类熟食必须先蒸后吃，时令蔬菜忌生吃，要及时消毒清洁操作间、烹饪器具。

宜与忌 调整饮食营养构成

现代女性都懂得不少营养知识，对于"绿色生活"、健康理念大多数人都有自己的独特见解。到了怀孕和育儿阶段，对于营养学知识更是普遍关注，理解得比较全面和具体，充当幼儿称职的"营养师"基本上都不成问题。

▶▶ 宜

2岁以后，幼儿的乳牙刚刚出齐，咀嚼能力不强，消化功能较弱，而营养的需要量相对较高，所以，要为幼儿选择营养丰富而且易消化吸收的食物。饭菜的制作要细、碎、软，不宜吃难消化吸收的油炸食物。

充足蛋白质

每天的食物中要有充分的优质蛋白。幼儿旺盛的物质代谢、迅速生长发育，都需要必需氨基酸较齐全的优质蛋白。幼儿膳食中蛋白质的来源，一半以上应来自动物蛋白和豆类蛋白。

热量适当，比例合适

热量是幼儿活动的动力，但供给热量过多会使幼儿发胖，而长期供给不足又会影响到生长发育。幼儿膳食中的热能来源于三类产热营养素，即蛋白质、脂肪和糖类。三者比例要有一定的要求，幼儿的要求是：蛋白质供热量占总热量的12%~15%，脂肪供热量占25%~30%，糖类供热量占50%左右。

粗、细粮结合

要注意给幼儿吃一点粗粮，粗粮含有大量的蛋白质、脂肪、铁、磷、钙、维生素、纤维素等，都是幼儿生长发育所必需的营养物质，如玉米面粥、窝头片等。

每个幼儿的情况不同，2岁以上的幼儿每天食量，一般来说应当保证主食100~150克，蔬菜150~250克，牛奶250毫升，豆类及豆制品10~20克，肉类35克左右，鸡蛋1个，水果40克左右，糖20克左右，油脂10克左右。

▶▶ 忌

高蛋白、高脂肪类食物不应吃过多，如果总是怕幼儿营养不够，净给幼儿吃这类食物，既会妨碍到幼儿消化吸收功能的发展，也容易在体内堆积过多热量，发生肥胖症。

一味迁就幼儿不爱吃新鲜蔬菜的习惯，会造成幼儿营养不良。而往往幼儿形成不爱吃菜的习惯，必定与父母、家人的饮食喜好影响有关。

宜与忌 幼儿的饮食习惯

良好的饮食习惯，会影响到人的一生，成年人现在的口味、喜好通常在3岁以前就形成了。

▶▶ 宜

独立进餐：自己进餐能促进幼儿进食的积极性，避免依赖。学习进餐过程很漫长，对幼儿来说不简单。例如，使用筷子要活动30多个关节、50多条肌肉。开始学习时，手的动作不协调，常会吃得脸上、手上、身上、桌上到处都是饭菜，比喂饭还麻烦。尽管如此，家长宁可反复打扫收拾，也要坚持让幼儿自己吃。

讲究烹调，使食物味道鲜美：幼儿的消化能力、咀嚼能力差，饭菜要做得细一些、软一些、烂一些。味香、外形美观的食物能引起幼儿吃饭的兴趣。幼儿好奇心强，变换花样了，会因为新奇而多吃。如把包子、豆包做成小动物形状等。

定时进餐，适当控制零食：幼儿肚子饿了才会想吃饭，如果成天零食不断，嘴上、胃里没有空闲的时候，那么幼儿很难有饥饿感。应培养幼儿按时吃饭、定时进食的习惯，到该吃饭的时间，食物已被消化，产生饥饿感。消化系统的活动才会有规律，会开始分泌消化液，为进食做好准备，吃饭才会很香。

▶▶ 忌

防治偏食：幼儿不爱吃的食物，要变换口味做了给幼儿吃，并要反复告诉幼儿吃了以后对身体的好处，帮助幼儿从多角度品评这种食物。不爱吃某种食物是心理问题，一般家长不爱吃什么，幼儿也不吃。因此，父母不要让幼儿知道自己不爱吃什么食物，千万不要当着幼儿的面说哪一种食物好不好吃。

幼儿如果特别喜欢吃某种食物要加以节制，不要由着幼儿的性子一次吃得很多，以免吃伤了，以后见到这种食物就反感。

冷饮甜食无度：幼儿大都喜欢吃甜食和冷饮，其中主要成分是糖，还含有较多的脂肪。冷饮吃多了伤脾胃，含脂肪多的食物在胃内停留的时间比较长。冷饮吃多了会影响消化液的分泌，影响消化功能，更会造成胃肠功能紊乱、胃肠炎等症。

甜食冷饮可以安排在两餐之间或饭后，不要在饭前1小时吃，不宜睡觉前吃。

宜与忌 愉快就餐，事关健康

让宝宝每一餐都愉快进餐，是关系到幼儿健康的一件大事。

幼儿期的宝宝，语言能力的发展处在萌芽阶段，能自己动手做些事，如坐便盆、用勺吃饭等，却还做得不很成功，幼儿处在自我意识的萌芽时期，某种要求得不到满足，又不能用语言表达自己的意愿时，幼儿会哭闹不安。反映到餐桌上，有的幼儿会喜笑颜开，有的会愁眉苦脸，也会闹个不停。

▶▶ 宜

"愉快进餐"是基本进餐原则。就餐过程中，中枢神经和副交感神经适度兴奋，消化液开始分泌，胃肠蠕动产生饥饿感，为接受食物做准备。然后，完成对食物的吸收和利用，有益于生长发育。

就餐时幼儿情绪的好坏对中枢神经系统有直接的影响，幼儿生气时易形成食欲缺乏、消化功能紊乱。幼儿因哭闹和发怒会失去就餐中与父母交流的乐趣，结果造成精心制作的美食既不能满足幼儿的心理要求，也达不到营养摄取目的。

因此，家庭要创造良好的就餐环境，让幼儿愉快地就餐。

▶▶ 忌

餐桌上应当排除干扰，让幼儿专心吃饭。在餐桌上玩笑嬉闹，会发生食物哽在咽喉或呛入气管等意外事故。幼儿注意力容易转移，如进餐时过多地说笑、看电视，幼儿吃饭的注意力就容易被分散，进餐兴趣也会随之消失。

有些家长爱在吃饭时教育幼儿，殊不知指责会使幼儿食不甘味、食欲锐减，久而久之使幼儿形成进餐的厌烦心理。

采取强迫的手段逼迫幼儿进餐会让幼儿心情焦躁，吃不下饭菜。

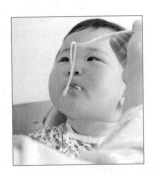

宜与忌 口味不要太重

新鲜的食物中，除了一些特殊味道的食物如辣椒、生姜等，其他在没有调味之前大多没有刺激性口感。

食物在进行处理、烹调的过程中会使用盐、糖、酱油等调味料，目的是延长保存期或增加口感，为了添加特殊风味还会使用辣椒酱、西红柿酱、食醋等调味料，加强食物的适口性，满足口味喜好。这些调味料使用量多时，会盖过食物本身味道，成为重口味的食物。

人类的味觉与生俱来，舌头上的味蕾能分辨出酸、甜、苦及咸味。这四种味觉，要经过接触与训练，慢慢增加接受程度。就咸味来说，含盐分的调味料越多，人对于咸味的耐受程度会越强。

▶▶▶ 宜

幼儿的口味是逐渐养成的，从小养成良好的饮食习惯能减少幼儿挑食、偏食的习惯。在幼儿平日的饮食中，应适当的搭配，口味重的菜可以搭配清炒、凉拌、炖或卤的菜，使口味均衡。给幼儿做菜，也应当以清淡为主，重口味为辅。放饮食调味品时应做到"四少一多"的原则，即少糖、少盐、少酱油、少味精、多醋。应该尽量避免咸、腌食品和含钠高的加工食品。味精、酱油等含钠极高，出于风味和营养的需要，宜限量进食。

1～6岁的幼儿每天食盐不应超过2克。对于有心脏病、肾炎和呼吸道感染的幼儿，更应严格控制饮食中的盐摄入量。

▶▶▶ 忌

幼儿开始接触食物，由于没有自己选择食物的能力，口味主要来自照顾者如父母。长大后，多会选择自己平时习惯吃的食物口味。如果一开始接触口味偏重的食物，饮食偏好重口味食物的机会就高。

重口味的食物对幼儿的健康有影响，若使用较多的调味料，相对地口感较重，钠盐摄取量增加，摄取高钠饮食后体内的细胞会出现脱水现象，产生口渴的感觉，血压也会上升，久之易形成高血压。

宜与忌 厌食症是怎么回事

幼儿厌食症是最令家长们烦恼的现象之一。引起幼儿厌食症的原因很多，找出原因，才能对症解决。

▶▶▶ 宜

家庭育儿要培养良好的饮食习惯，与营养调配相结合，幼儿就会胃口好，吃饭香甜，营养充足，从而有利于身体的健康发育。

疾病：消化功能紊乱、肠道寄生虫病、胆道感染、肝炎、胃炎、原发性吸收不良症、便秘、口腔疾病等，均会使幼儿发生厌食症。

喂养不当：偏食、挑食，造成维生素与无机盐缺乏，幼儿便会明显厌食。吃零食、喝饮料过多，糖分摄入过多，食欲降低，也会影响消化系统的正常功能。

心理因素：把幼儿的吃饭问题看得过重，一顿饭没吃好便全家紧张，使用多种方法强迫幼儿多吃一点，也会造成幼儿对待吃饭的不正常心态。

环境因素：家庭没有注意提供良好的进食环境，认为吃饭就是填饱肚子，在吃饭时看书、看电视，或者端着碗串门聊天。于是幼儿也跟着一边吃一边看电视，注意力不在饭菜上，吃的时间很长，逐渐形成了厌食。

▶▶▶ 忌

对已经有厌食表现的幼儿要注意切忌以下几点：

过分焦虑：幼儿不爱吃饭，家长往往会表现得很紧张，进行劝说诱导、施加压力。再加上有些家长当着幼儿的面说话不注意，说"这孩子什么都不爱吃"、"这孩子不爱吃菜"等，对幼儿的心理产生不良影响，从客观上对幼儿的偏食和厌食增加心理暗示，使幼儿更加吃不下饭，不爱吃饭。

强迫幼儿进食：吃饭靠食欲，应当在没有精神压力、轻松愉快的气氛中进食。有些家长为幼儿精心准备了饭菜，看到幼儿不愿吃，便非常恼火和烦躁，由爱生恼，强迫幼儿吃。还有些家长给幼儿定量，必须把多少饭吃光，幼儿只好强咽。这些做法会使幼儿见到饭就反感。

哄着幼儿进食：除了生病，家长对幼儿吃多、吃少不必过于关心，更不要乞求幼儿多吃。如果想尽各种办法诱惑幼儿多吃一口饭，甚至开出各种奖励条件，反倒让幼儿学会拿吃饭跟家长谈条件，达不到增进食欲的目的。因此，不要用任何条件作为好好吃饭的交换条件。

宜与忌 甜味食物要适度

▶▶▶ 宜

糖类食物又称碳水化合物，与蛋白质、脂肪并列为人体必需的三大产能营养素，幼儿每天所需热量的50%，来自糖类食物。

糖类食物不仅来自糖，而且来自谷物、面粉、蔬菜、水果等；不同的食物含糖量也不同。幼儿每天摄取的糖类食物需适量，既不可缺也不宜多。

一般说来，2岁内幼儿每天每千克体重12克即可；2岁以上幼儿以每千克体重10克左右为宜。如果糖类食物摄入量不足，会直接导致幼儿发育迟缓，包括体格发育与智力发育皆落后于同龄儿童，其原因是由于糖类食物摄取不足，产生的热量不能满足幼儿生长发育的需要。

▶▶▶ 忌

关于吃糖的认识误区：

糖尿病是糖吃多了：近年来儿童糖尿病发病率上升，父母归咎于吃糖过多，这是误解。糖类等三大产能营养素均需接受胰岛素的调控，因而胰岛素在决定一个人是否罹患糖尿病方面起关键作用。儿童高发的糖尿病是因为胰岛素缺乏所致，与吃糖多少无关。

空腹吃糖：肚子空空时吃一颗糖，感觉上不饿，却会促使胰岛素过度释放，导致血糖快速下降，甚至形成低血糖，迫使机体产生另一种激素——肾上腺素，使血糖恢复正常。胰岛素和肾上腺素两种激素碰撞的结果，会使幼儿头晕、头痛、出汗、浑身无力。此外，糖类食物进入空空如也的胃肠，会降低体内的蛋白质吸收能力。

煮奶时加点糖：牛奶中含有赖氨酸，与糖在高温下化合后会产生有毒物质——果糖基赖氨酸。因此，煮奶过程中不宜加糖，须待牛奶煮好后不烫手时再加糖。

宜与忌 用筷子，学技巧

人在使用筷子时需要牵动手指、掌、腕、肘部的30多个关节和50多块肌肉来做综合活动，还要有众多的神经和血管组织来参与和完成使用筷子的动作。人的手指灵活运动，能刺激大脑中的运动中枢，由此提高思维活动能力。让幼儿早一点学习使用筷子，是提高智力的好方法。

▶▶▶ 宜

学用筷子吃饭是一个循序渐进的过程。开始，只要幼儿能够把饭菜送到嘴里就是一种成功，父母要及时给予肯定和赞扬。然后，因势利导地教给幼儿使用筷子的技巧，教其逐渐学会挑、扒、串等基本手法。

挑：让幼儿学着父母拿筷子的手法，把两根筷子并拢，直插到菜盘底儿，挑起一筷子饭或菜，小心翼翼地送进嘴里。这种手法，是从使用勺子到使用筷子过渡的基本用法。

扒：幼儿的小碗里剩下不多的一点饭时往往成为一个难题，倒掉也不是，吃也不是，幼儿现在还没有能力用小勺子或筷子把它吃光。此时应当教育幼儿珍惜粮食，告诉他吃饭时要养成好习惯，不要剩饭。同时，手把手教幼儿用筷子把碗里剩下的饭菜扒进嘴里。从手把手教起，过渡一段时间，幼儿就能学会用筷子扒饭，逐渐掌握使用筷子扒饭的技巧。

串：吃较软的块状或圆状类菜时，可以在餐桌上教幼儿，学会用筷子把菜戳破以后，串在筷子上，自己举起来送进嘴里吃。这类菜肴可以是丸子、鹌鹑蛋、土豆块、萝卜块等。

学习使用筷子的手法，能变化出许多花样来，特别能够激发幼儿的兴趣，变成一种妙趣横生的游戏。

每一次成功使用筷子，父母都要给予肯定和表扬，能增加幼儿学习的积极性。在日常生活中，既学习了生活技巧，又锻炼了手部精细动作能力。

父母还可进行有意识的展示，吸引幼儿模仿：可以在幼儿面前演示使用筷子的技巧和手法，让他觉得好玩、有趣，调动兴趣，只要有充分兴趣，幼儿就能发挥模仿性强的特点，主动学习。

初学时，最好使用有棱角的筷子，因为呈四方形的筷子夹住食物以后不容易滑掉。此外还要尽量选用本色、无毒害的安全筷子，不要使用鲜艳彩漆的筷子。

学习使用筷子的技能不一定仅限于在餐桌上，平时和幼儿一起玩用筷子夹起小球的游戏，同样能达到锻炼的目的。

▶▶▶ **忌**

让幼儿学习用筷子吃饭时一定要有父母在身边，注意保护，防止筷子误伸进喉咙过深，造成伤害。

如果幼儿从一开始就有明显的"左撇子"倾向，或对用左手的偏爱，在学习使用筷子的时期，不要急于纠正，无论用左手还是右手拿筷子都行。如果采取过于强求和强制纠正的做法，会影响和阻碍幼儿语言能力的发展。

宜与忌 幼儿的进餐教养

▶▶▶ **宜**

控制食量

有的父母对幼儿过分迁就，幼儿要吃什么就给什么，要吃多少就给多少；还有的父母总认为幼儿没吃饱，像填鸭似的往嘴里塞，结果引起积食或肥胖。为避免上述状况的发生，父母应严格控制幼儿的饮食，使幼儿的饮食根据其生长发育的需要来供给，每餐进食量要相对固定，品种要丰富，营养要均衡。

饮食定时

幼儿饮食不定时容易造成幼儿消化功能紊乱，生长发育需要的营养素就得不到满足。因此，幼儿要从小养成良好的饮食习惯，进食定时定量，以一日三餐为正餐，早餐后2小时和午睡后可适当加餐，但也要定量。

▶▶▶ **忌**

过分要求吃饭速度

不要过分要求幼儿的吃饭速度。由于幼儿的胃肠道发育还不完善，所以胃蠕动能力较差，胃腺的数量较少，分泌胃液的质和量均不如成年人。如果在进食时充分咀嚼，可以在口腔中就能将食物充分地研磨和初步消化，减轻下一步胃肠道消化食物的负担，提高对食物的消化吸收能力，并促进营养素的充分吸收和利用。

睡前吃得过多

幼儿睡觉前吃东西常会使食物来不及消化而滞留在胃里，使胃液分泌增多，让本应夜间休息的消化器官被迫继续工作，这样不仅影响睡眠质量，而且易积存能量，容易导致肥胖。因此，幼儿在睡前1小时之内不要吃东西。

宜与忌 患病期幼儿的膳食和营养

幼儿一旦得病，往往会畏食，不好好吃饭，因此总会患一次病就消瘦一圈儿。

▶▶▶ 宜

充足的营养对正在生长发育的幼儿极为重要。幼儿生长发育快，消耗量增加迅速，需要的营养也增多，在正常发育的情况下已供不应求，幼儿一旦患病时则更感不足。相对而言，重病时营养的需求较轻病多，患长期慢性病的要比短期急性病的多，年龄小的要比年龄大的多。

生病中的幼儿一般食欲都比较差，要保证其每天必需的基本热量往往会有一定困难。因此，必须千方百计让患病的幼儿多吃点食物。

要耐心劝说，不能强迫命令，食物要少而精，每天保证给患病幼儿摄入量少而热量高的营养品。

给患病幼儿饮食要少餐多次，积少成多。太油腻的食物难以入口，应适当减少脂肪，增加蛋白质和糖，以保证患儿对热量的需要。

▶▶▶ 忌

营养实在难以保证时，如只是在短时期（1~2天）内进食少一些，不至于会有多大影响，不必过于焦急。

对腹泻的患儿，为减轻胃肠道负担，饮食的质和量都应减少。要在尽可能的条件下，从实际情况出发，灵活掌握，既要千方百计，又要避免生搬硬套，机械地按热量大卡的需求来强迫幼儿进食。

不可一味信赖静脉输液，输液并不能增加多少营养，10%的葡萄糖400毫升只含糖40克，约等于50克大米或面粉的含糖量。除非情况必需，对患儿还是通过饮食补充为好。

保健与护理

宜与忌 2岁幼儿家庭体检

▶▶ 宜

定期记录身长、头围、胸围

评估幼儿的生长有许多方法，其中最有用的是生长曲线图。使用生长曲线图前，得先做一些准备工作：精确算出幼儿实际的年龄，正确地量得身长、体重、头围或胸围等数据。除了体重以外，定期记录身长、头围、胸围等数据，也相当重要，体重与身长曲线的图形能使医生对生长迟滞的幼儿有详细的了解。

衡量幼儿体格发育的情况，一般有以下几个指标：

体格发育：幼儿体重的增加较婴儿期逐渐减慢。1~2岁全年约增加体重3千克；2岁以后每年约增加2千克。

2岁以后幼儿的体重可用公式估测：

$$体重（千克）=（年龄×2）+8（千克）$$

1~2岁身高全年约增加10厘米，2岁以后身高估算公式：

$$身高（厘米）=（年龄×5）+80（厘米）$$

头围的指标：出生第2年与第3年头围共增加约3厘米，3岁时头围约49厘米。

胸围的指标：1岁半到2岁时胸围约与头围相等，以后逐渐超过头围。超过的差数约等于幼儿的实足年龄数。

牙齿：2岁半乳牙全部长出，共20枚，此时要注意保护牙齿。

观察幼儿动作发育、大小便、听力

动作发育：能走得很稳，还能跑，能够自己单独上下楼梯。能把珠子穿起来，会用蜡笔在纸上画圆圈和直线。

大小便：完全能够控制。

听力：大约掌握了300个的词汇，会说简单的句子。如果幼儿到2岁仍不能流利地说话，须到医院做听力筛查。

▶▶▶ 忌

每一个幼儿都是独立的个体，在生长发育过程中，不可能个个都身强体壮，会有许多因素影响生长，但只要幼儿健康活泼、精神饱满就好，不必事事强求。要懂得，高高壮壮、白白胖胖并不与健康画等号，幼儿身体素质好才是最重要的。

细心的父母会买一台体重计，每次洗澡前幼儿脱光衣服时，都给幼儿量体重，希望凭借详细的资料，精确掌握幼儿生长的情况，其实没有必要。一般而言，建议家长在幼儿出生后的前2个月，每周测一次体重；在以后的10个月中，每月测一次就可以；从2岁到上小学之前，一年有两次的体重记录即可。

宜与忌 肘关节脱位怎么办

▶▶▶ 宜

1岁以上的幼儿活泼好动且精力旺盛。因此，经常会出现肘部关节的损伤，尤其是发生桡骨头半脱位的情况会很多，即肘部脱位，俗称"胳膊错卯"。

婴幼儿骨关节稚嫩，身体各部位都处在发育之中，对待幼儿要细心呵护，不可过于用力牵拉幼儿的胳膊和手，防止出现意外。

因为幼儿的关节囊及肘部韧带松弛而薄弱，如果突然用力牵拉幼儿胳膊极容易造成桡骨头关节脱位。经常见到的现象是，家长在给幼儿穿衣戴帽时动作过猛，幼儿不听话，家长突然用力牵拉胳膊，结果造成脱位。

桡骨头半脱位以后，幼儿会立即感到疼痛并哭闹，肘关节呈半屈状下垂，不能活动。到医院复位后，疼痛自然消失，就可以屈肘和用伤臂拿东西。

▶▶▶ 忌

如果出现过一次肘关节脱位，会很容易再出现第二次、第三次，形成习惯性半脱位。

对曾经出现过肘关节半脱位的幼儿，要倍加小心照顾，尽可能少用猛烈动作牵拉幼儿，防止再度出现肘关节脱位。

宜与忌 体质较弱的幼儿护理

幼儿体质较弱的原因很多，有先天的因素，也有后天养育不当所致。对身体较弱的幼儿来说，注意掌握好饮食、睡眠与运动三项要素，是增强体弱幼儿体质的良策。

饮食是幼儿生长发育的物质基础

▶▶ 宜

瘦弱幼儿大多数有挑食、偏食和厌食的习惯。下面这些办法可以行之有效地给予纠正。

饭前给幼儿讲个故事，对饭菜作一些有趣的介绍；饭量要因人而异，遵循"从少到多，少盛多添"的原则；换花样，除了色、香、味之外，对幼儿来说，还要讲一个"形"字，可把食物做成三角形、齿轮形，面点做成小动物，都会引起幼儿吃的兴趣；改变进餐气氛，让幼儿在固定的位置进餐，进餐时播放节奏舒缓、音量不大的轻音乐；善于鼓励，让幼儿吃饭时开心，增强吃好吃饱的信心。

▶▶ 忌

要想增强幼儿的体质，就必须做到保证全面均衡营养，让幼儿吃多种多样的食物，不挑食、不偏食。但也要防止营养过剩，因为肥胖也是儿童健康的大敌。

充足的睡眠，对幼儿健康尤其重要

▶▶ 宜

如果幼儿睡眠不足，不仅身体消耗得不到补充，而且由于激素合成不足，会造成体内环境失调，从而削弱幼儿的免疫功能和体质。为保证体弱幼儿的睡眠时间和质量，尝试从以下几个方面入手：

合理安排幼儿的作息制度，早睡早起；室内空气要保持清新，坚持开窗换气；必要时，每天可以安排1～2小时的午睡时间。

▶▶ 忌

家长晚间做事时，不要让灯光、声音影响幼儿的睡眠；睡觉时，被子不宜盖得太厚，防止幼儿踢被子，睡觉时头不要捂在被子里面。

经常运动能增加幼儿的体质

▶▶▶ 宜

经常保持运动，能促进人体新陈代谢，加速血液循环，改善呼吸、消化功能，调节内分泌激素的分泌。特别是一定强度的跑、跳等运动，能够对骨骼产生良性的机械刺激，促使微结构的重建，加速骨骼的生长，有利于长高。

天冷活动前，先摩擦幼儿的面部和双手，使皮肤有个缓冲的适应过程。活动时，要做到动静交替，活动量由小增大，循序渐进；为增加体弱儿童的运动兴趣，可以让幼儿和同龄小伙伴一起玩，增加活动的积极性；可以常带幼儿到户外，做空气浴、日光浴，或者循序渐进地进行冷水浴。

▶▶▶ 忌

一般说来，体弱的幼儿多数爱静不好动。爸爸妈妈切忌怕孩子受风受寒而把他关在家里，每天要保证幼儿2~3小时的户外活动时间。

宜与忌 幼儿的身高

现代人营养环境普遍优越，孩子的平均身高一代高于一代。然而，从总体上来说，没有哪个父母不希望孩子个头儿长得高、长得匀称、长得健美的，至少不低于同龄人的平均身高值。

影响幼儿身高的因素很多，包括先天遗传和后天发育两大因素。后天发育过程中，生长期的营养、运动、睡眠等外部环境，对孩子的身高增长有重要作用。

▶▶▶ 宜

正确测量身高：身高是指从头顶到足底的全身长度，是衡量幼儿体格发育的重要的指标。2岁以下的幼儿，测量身高(又称身长)采取仰卧位测量。让幼儿仰卧在桌面上，两下肢并拢并伸直，用书本固定头部并与桌面垂直，用笔做直线标记，然后用书抵住幼儿脚板并与桌面垂直用笔画线标记，用皮尺测量两线之间的长度为幼儿的身高。

抓住"生长月"：春天是万物生长的季节，幼儿也会在这个生机盎然的季节快速成长。据世界卫生组织的一项报告，儿童的生长速度最快的是5月份，平均达7.3毫米，10月份长得最慢，平均只有3.3毫米。因此，每年4~5月份是幼儿长高的最佳时间，被称为"生长月"。

　　抓住"生长月"时机，给幼儿补充足够营养，让幼儿睡好觉、保持一定的运动量，是有利于身高增长的措施。

　　身高增长规律：刚出生的新生儿平均身长约为50厘米，生后第一年身高增长最快，约为25厘米；第二年身高增长速度减慢，一年约增加10厘米；2岁以后身高增长速度趋于平稳，平均每年增长5~7厘米。

　　骨骼发育决定高矮：身高是反映儿童骨骼发育的重要指标，幼儿的高矮是由骨骼发育优劣决定的，与身高相关的骨骼有头颅骨、脊柱骨和下肢长骨三部分。各部分的增长速度不一致，出生后第一年头部生长最快，脊柱次之；到青春期时幼儿的下肢增长最快。

　　肢体长骨结构分骨干、骨骺和干骺端三个部分。在幼儿的整个生长发育过程中，骨的生长在长骨两端、骨骺的骨化中心和软骨板内不断进行，骨的长度逐渐增长，身高也随之增长。

　　影响身高的因素：幼儿的身高受遗传影响较大，父母的身高一定程度上可以预测幼儿未来所能达到的身高，公式如下：

　　　　男孩未来身高(厘米)=(父亲身高+母亲身高)×1.078÷2

　　　　女孩未来身高(厘米)=(父亲身高×0.923+母亲身高)÷2

　　足月新生儿的平均身长，男孩比女孩略高，差距约2厘米左右。这种性别差距在整个儿童时期都存在，直至青春期。

　　营养充足，幼儿长得较快。幼儿营养不能满足骨骼生长需要时，身高增长的速度就会减慢。

　　睡眠充足，幼儿长得快。幼儿的生长受到脑垂体分泌的生长激素的调节，而人体生长激素的分泌在睡眠时量最高。

　　运动能促进幼儿的血液循环，改善骨骼的营养，使骨骼生长加速，骨质致密，促进身高的增长。

▶▶▶ 忌

　　"身高增长规律"这个公式是总体而言的，每个幼儿的身高会受到胎龄、性别、母亲营养状况、宫内发育情况、遗传等因素的影响，会有所差异。

　　如果没到相应的月龄，幼儿不宜过早地学坐、学站，以免引起脊柱的过度屈曲，影响到身高。

　　父母矮，幼儿并不是长不高。遗传因素对幼儿身高的影响不是绝对的，身高最终要受后天因素的影响。

　　患病能影响到幼儿的身高，一般急性病影响体重，慢性病影响身高。

宜与忌 牙齿不齐的矫正

牙齿，不仅仅是人们每一天进餐需要使用的最基本工具，牙齿的健康问题还会影响到整个脸颊和整个相貌的端正与否，因此，牙齿与健康和健美两个重要因素相关，对幼儿来说至关重要。

▶▶▶ 宜

如果发生牙齿不齐，则需要矫正。矫治的最佳时期，没有绝对值，常取决于牙颌畸形类型和生长发育情况。

人一生中会生长两副牙齿，一副是乳牙，另一副是恒牙。根据两副牙齿萌出的时间、存在时限，医学上又分为乳牙期、乳恒牙替换期、恒牙期。

恒牙期，人的面部生长型基本确定，牙颌畸形的诊断比较明确，恒牙列初期往往是生长发育的高峰期，这段时间是最佳矫正牙颌的时期。女孩在11～12周岁，男孩在12～13周岁。

矫正牙颌畸形是一项系统工程，及时发现影响正常生长发育的因素，采用一些简单预防性矫治措施，往往可以中断或阻止牙颌畸形的发展，方便和简化所需的一般性矫正。

一般对较严重的骨性牙颌畸形，有的需要等到18～20周岁生长发育完成后，再做外科正颌手术。

▶▶▶ 忌

幼儿发生牙齿不齐的原因很复杂，以下几种不良习惯要避免。

咀嚼功能不足：这对牙、颌骨、肌肉的功能刺激不够，会使颌面发育不足。

乳牙龋坏和早失：人们常误以为乳牙迟早是要换的，乳牙龋坏和早失没什么关系。其实乳牙是幼儿的咀嚼器官，可以促进颌骨发育，维持上、下牙列正常关系，引导恒牙正常萌出。因此，治疗龋坏、保护乳牙完整非常重要。

不良口腔习惯：幼儿常见不良习惯，如吮指、舔牙、偏侧咀嚼等，都会导致牙齿畸形。

宜与忌 误吞异物怎么办

婴幼儿误把外形好看、色彩鲜艳的药片当作糖果吃下去，是常有的事。幼儿好奇心强，又不懂事，有时候会把家里到处放的清洗剂或者药水拿来喝，这些也都是在医院常见的案例。

▶▶▶ **宜**

误吞药物时：发现幼儿误吃了药，一定要镇定，防止因家长的紧张情绪而使幼儿受到惊吓。然后要耐心细致地查看和想方设法了解清楚：幼儿到底吃了什么药，吃了多少，是否会造成严重后果或已经发生危险。如果斥责幼儿或惊慌失措，会令幼儿恐惧和哭闹，影响急救。

确定幼儿误服了药物后，若送医院路程较远，可以先在家中做应急处理：如果是刚刚吃下，可以用手指轻轻刺激幼儿咽部，引起发呕，让幼儿把误服的药物吐出来。如果误服的是药水，可先给幼儿喝一点浓茶或米汤后再引吐。初步处理后，要抓紧时间送往医院观察和做进一步处理。

耳中有异物时：婴幼儿常常会误把小物件塞入耳内，或者有小虫子进入耳内。发生类似情况，可让幼儿把头偏向一侧，患侧耳洞朝下，动一动或抖一抖让异物掉出来。小虫子进入耳内，可以滴几滴食用油，使虫子退出来或被闷死。

鼻孔异物时：如果是豆粒、纸团等物尚未泡涨，可用擤鼻涕办法把它擤出来，若已经泡涨则须到医院处理。小虫子进了鼻腔，可用纸捻成细条刺激幼儿鼻腔，让幼儿打喷嚏喷出虫子。异物如果较大，不宜胡乱给幼儿掏挖，否则易让异物进入咽喉、气管引发窒息。

▶▶▶ **忌**

咽部异物时：发生咽部异物后，可让幼儿张大嘴，用匙柄压住舌头，拿镊子轻轻夹出。如果是鱼刺卡住咽喉，不要让幼儿吃馒头、吞饭团，因为这样会使刺扎得更深。如果自己动手取不出来，须送往医院诊治。

异物入气管时：在吃饭的时候，不要逗幼儿玩，否则容易将食物呛入。发生气管异物，属高急症，应当立即送往医院处理，绝不能耽误。医生会根据异物进入和卡住的具体部位，在喉镜或气管镜的检查支持下，取出异物。

异物入气管，首先会引起剧烈咳嗽，并有气喘、呼吸困难、呼吸声音异常等表现，较大的异物堵塞气管会引发窒息。

医生赶到之前的急救措施：

1.骑身推腹法：病儿如陷入昏迷，立即拨打120，同时使病儿仰卧，救助者骑在病儿身上，双手掌根部放在病儿腹部正中线脐部稍上方，用力向头部方向快速冲击5次，若异物未咳出，再重复冲击若干次。若病儿为婴幼儿，救助者取坐位，让病儿背靠在救助者的腿上。然后，用双手食指和中指用力向后反复挤压病儿的上腹部。

2.背部拍打法：先让病儿尽力弯腰，头尽量放低，然后用手掌用力连续拍打病儿背部，以促使异物排出。若病儿为婴幼儿，用一只手掌托住其胸，使其头面部朝下，身体倾斜，另一只手拍打其背部中央。

宜与忌 睡姿与健康

睡眠对儿童来说尤其重要。特别是婴幼儿，绝大多数时间是在睡眠中度过的。

▶▶ 宜

良好的睡眠是婴幼儿的体格和神经发育的基础，因此，幼儿的健康状况也可以拿睡眠质量来衡量。正常情况下，婴幼儿睡眠应该是安静、舒坦的，呼吸均匀无声；有时小脸蛋会出现各种丰富的表情。

▶▶ 忌

当幼儿患病时，睡眠状态就会出现一些异常情况，家长千万不要掉以轻心，以免病情加重。

入睡后，撩衣蹬被，同时伴有两颧和口唇发红、口渴喜饮或手足心发热等症状。中医认为是阴虚肺热所致。

入睡后，脸孔朝下，屁股高抬，同时伴有口舌溃疡、烦躁、惊恐不安等症状。中医认为是"心经热则伏卧"。这常常是幼儿患了各种急性热病后，余热未净所致。

入睡后，翻来覆去，反复折腾，同时伴有口臭、气促，腹部胀满、口干、口唇发红、舌苔黄厚、大便干燥等症状。中医认为这是胃有宿食的缘故，应给予消食导滞。

睡眠时，哭闹不停，时常摇头，用手抓耳，有时还伴有发烧。可能是患有外耳道炎或湿疹，或是患了中耳炎。

入睡后，四肢抖动，则多是白天过于疲劳或精神受了强烈的刺激（如惊吓）所引起。

入睡后,用手去抓挠屁股,在幼儿睡沉了之后,可以在肛门周围见到白线头样小虫爬动,这是患有蛲虫病。

熟睡时,特别是仰卧睡眠时,鼾声隆隆不止,张口呼吸,这是因为增殖体、扁桃体肥大影响呼吸所致。

宜与忌 罗圈腿的判断

罗圈腿是下肢形态不正常的俗称,也有时称为"X"形腿、"O"形腿,不仅影响到外形美观,也不利于行走。

▶▶▶ 宜

幼儿是不是"罗圈腿",可以做一初步检查:让幼儿仰卧,然后用双手轻轻拉直幼儿双腿,向中间靠拢。正常情况下幼儿的两腿靠拢时,双侧膝关节和踝关节之间是并拢的,如果有间隙,就应当引起重视。

如果按上面的方法,双侧膝关节和踝关节之间的间隙超过10厘米,很可能是罗圈腿,应马上带幼儿就诊,在治疗原发病的同时,进行骨科矫正治疗。

造成幼儿罗圈腿的原因很多,以软骨营养障碍、维生素D缺乏性佝偻病为多。早期以多汗、易惊为主要症状,如果不及时纠正,会影响骨骼发育。佝偻病患儿长到1岁左右,学站学走路时,腿部难以负荷身体的重量,就会导致下肢朝外侧弯曲而形成罗圈腿。

▶▶▶ 忌

由于幼儿处在身体发育阶段,腿部力量常不能过度承受身体重量,容易引起腿的变形,因此不要过早、过久地站立和走路,更应少用学步车。

不要过早穿较硬的皮鞋,因为婴幼儿腿部力量较弱,学行走时穿硬质的鞋,会影响下肢正常发育。

有一些正常情况容易被误认为罗圈腿:6个月以内的婴儿两下肢的胫骨(膝关节以下的长骨)朝外侧弯曲属于正常生理现象,6个月到1岁时会逐渐变直。有些家长试图用捆绑法让幼儿的腿变直是错误的,因为不但不能矫正腿形,还影响幼儿髋关节的正常发育。

宜与忌 怎样对付生长性疼痛

生长性疼痛，又称"幼儿生长痛"，医学上称为非特异性肢痛，与幼儿的生长发育有关。

1~3岁的幼儿，体重增加的速度超过身高增长的速度，所以一般都显得胖而可爱，医学上把这个阶段称为"第一增重期"。

▶▶▶ 宜

幼儿2~3岁以后，身高增长的速度会加快，由于此期间骨骼生长的速度极快，远远地超过骨骼周围神经、肌腱的生长速度，结果会使肌肉、神经发生不协调疼痛。疼痛部位一般在双膝及附近肌肉，偶尔有位于大腿或双踝部的，有的也可能出现上肢疼痛。

生长疼痛的部位一般比较固定，多在晚间或幼儿入睡以后发生。疼痛程度差异性很大，幼儿可能因为疼痛突然惊醒，持续数分钟甚至数小时，经过按摩可以减轻疼痛症状。一般局部无红、肿、发热改变，疼痛能自行缓解。

幼儿恢复正常后便不再感到疼痛，既能跑又能跳，活泼如初。做病理化验和X线检查，都没有特殊发现，随着幼儿年龄的增长，身长增高速度减慢，疼痛逐渐减轻、消失，不会留下后遗症。

生长性疼痛应当与病理性疼痛区别开来。病理性疼痛的特点是：疼痛在活动时加重，休息时减轻，腿的病变部位有红、肿、热、痛等异常变化，且腿部活动受限制。

▶▶▶ 忌

生长疼痛与生长发育有关，是一种暂时性的生理现象，一般不需要治疗。疼痛发作时，可以局部按摩或热敷，也可以引导幼儿玩玩具、做游戏来转移注意力，同时还应该向幼儿说明道理，让幼儿知道这种疼痛是生长发育过程中的正常现象，不必害怕。

如果幼儿疼痛发作频繁、且疼痛较重，则需到医院做详细检查，排除病理性疼痛或其他病症。如确诊为生长痛，可根据医嘱口服止痛药。

诊断幼儿生长疼痛，要做病理化验和X线检查，以排除风湿性关节炎、化脓性关节炎，这些疾病需及时治疗。

生活与环境

宜与忌 培养幼儿生活自理能力

幼儿的生活自理能力和其他方面的能力一样，是从小培养和训练出来的。

 宜

正确的方法是给予幼儿引导、鼓励和支持，并用一些恰当的方法耐心地教给幼儿生活自理的技能。例如，把每件事的顺序、要领、方法解释给幼儿听，边讲解边示范，然后再让幼儿自己练习，父母在一旁加以纠正。

还可以通过让幼儿练习搭积木、穿珠子等，来训练幼儿手的动作，使幼儿在实践中提高生活自理能力。

只要放开手，训练得当，2岁以上的幼儿是能够自己吃饭、简单穿脱衣物（如开襟上衣、松紧口短裤等）的。

忌

有些幼儿的生活自理能力差，原因主要是由于父母的"包办"而剥夺了幼儿锻炼的机会。在父母的眼里，总认为幼儿什么也做不了；或怕麻烦，嫌幼儿做事慢、做得不好，于是就替幼儿干所有的事。

这些做法都不对，应该放手让幼儿做自己的事，自己吃饭、自己穿脱衣服和鞋袜、自己洗手洗脸、自己整理玩具等力所能及的事。

一般幼儿会非常乐意做这些事，父母应当因势利导，放手让幼儿去做。刚开始肯定做得不太好，可能会把饭撒一地，洗手洗脸把衣服弄湿等，出现类似情况，千万不要斥责幼儿，否则会扼杀幼儿独立动手的意识和自信心。

宜与忌 学穿背心和套头衫

▶▶▶ 宜

培养幼儿自己穿衣服的能力。找一件前面有图案或动物的背心和套头衫，先教幼儿识别前后，同时看清前开口比后开口大一些，把两手伸进袖洞或背心的袖口内，双手举起，把衣服的领口套在头上，用手帮助把衣服套过头穿上。

▶▶▶ 忌

幼儿自己穿衣肯定会很慢、很容易出错，父母在旁边应只做指导，不要动手替代，否则会影响到幼儿的积极性和成就感。

学穿衣适合夏季开始，衣服较简单，天气暖和，幼儿的动作再慢也不用担心受凉。夏天让幼儿学会穿衣服，到秋季逐渐加衣服时，也正好进入渐渐熟练的过程。

宜与忌 学做家务和学说文明用语

▶▶▶ 宜

在家庭中，应当培养幼儿帮助家人做事情的习惯。如家长扫地，让幼儿拿簸箕；家长擦拭家具，幼儿擦玩具。吃饭前，可以让幼儿按照人数摆放餐具，吃完饭后，帮助收拾餐桌和碗筷。

要让幼儿在与人交往中说"您好"，对家中的长辈要称呼"您"，接受帮助时要说"谢谢"，早出晚归要分别道"早上好"或"晚安"，分别时候要说"再见"。

▶▶▶ 忌

对父母以外的人赠送东西时，不能想接受就接受，要完全听从父母的指令，并要学会道谢。

宜与忌 分床独睡，独立之初

分床独睡是每一个幼儿都要面临的问题。有的幼儿六七岁了还赖在父母的床上不肯走，过晚地分床睡会给幼儿带来一系列心理问题。

▶▶▶ 宜

对待2~3岁幼儿的分床问题，要注意：

讲明道理并做准备

先要让幼儿明白，独睡是一个人长大了的标志，而不是父母从此不再爱幼儿了。此外，还要逐渐培养幼儿晚上睡觉不乱踢被子或小便时醒来知道叫人的习惯。

布置小床和卧室

可以给幼儿布置一个快乐的儿童天地，在墙上挂上各种五颜六色的图案，再把幼儿平时喜欢的玩具挂在床边，入睡时，可以暂时开一盏弱光灯。还可以根据幼儿的需要不断变换室内和小床周围的摆设，让幼儿总是充满新鲜感。

循序渐进

先分床，再分房，让幼儿慢慢适应。必要时给幼儿一只绒毛玩具。诱导幼儿晚上睡觉时，可以给他讲故事，可以轻轻拍一拍背，让幼儿有一种安全感，安静入睡。有的家长在分床后，一见幼儿哭闹，就难以坚持，又让幼儿回来同睡，这样做只会适得其反。幼儿和父母分床并让其适应，不是一夜间就能顺利完成的，反复也难免。但父母只要下定决心，就要持之以恒，好习惯才可能日趋巩固。

▶▶▶ 忌

为保证幼儿心理健康发展，父母与幼儿分床睡的时间不要超过3岁。

一方面，2~3岁，正是幼儿独立意识萌芽和迅速发展时期，安排幼儿独自睡对于培养幼儿心理上的独立感很有好处。这种独立意识与自理能力的培养，对幼儿日后社会适应能力的发展有直接关系。

另一方面，幼儿3~4岁时，到了男孩恋母、女孩恋父的时期，这个时期的恋父恋母情结，比之前单纯的喜欢和父母在一起有所不同，不但会表现得对父母更加依恋，而且具有排他性。因此，3岁之前分床是顺水推舟，否则到四五岁时再分就很难。越大越难，如果那时强行分床，就容易出现心理问题。

宜与忌 为婴幼儿选择护肤、洗涤品

婴幼儿用的护肤品，除了对皮肤、眼睛没有刺激性外，要特别讲究护理和安全性，婴幼儿选用护肤品要具有高保护性、高安全性、低刺激性等特点。

▶▶▶ 宜

婴幼儿宜用的护肤和洗涤用品一般分为以下几大类。

护肤品：幼儿油、儿童霜、儿童蜜等。幼儿由于肌肤还没有充分发育，表皮失水的保护作用不大。再加上幼儿皮肤的机械强度低、角质层薄、pH高和皮脂少，皮肤不仅干燥，且易受外界环境影响。儿童霜中大多添加适量的杀菌剂、维生素及珍珠粉、蛋白质等营养保健添加剂，产品多为中性或微酸性，与婴幼儿的pH一致。

经常使用可以保护皮肤，防止水分过度损耗或浸渍，避免皮肤干燥破裂或炎湿，以及粪、尿、酸、碱或微生物生长引起的刺激。

洗涤品：儿童洗发香波、儿童沐浴液、儿童浴液、幼儿香皂等。幼儿皮肤和头发普遍属干性，不宜用脱脂力强的洗涤品，需要富脂型、润肤型、杀菌型的无刺激的专用洗涤品。沐浴品性能要温和，对皮肤和眼睛无刺激性，以不洗去皮肤上固有皮脂为宜。

优良的儿童香波，多选用较温和的活性剂配制，香波黏度较高，洗发时不易流入眼睛。幼儿香皂一般为"中性"或"富脂"皂，含有护肤作用的羊毛脂，选用的活性剂水溶性相当低，刺激性也很低，适合幼儿用。

儿童爽身粉、花露水：爽身粉的基本作用是保持皮肤干燥、清洁，防止和减少内衣或尿布对皮肤的摩擦。洗浴或局部皮肤清洗后，擦用一些幼儿爽身粉，对保护皮肤健康有益。

夏季用的花露水，最好用不添加酒精的，又同时能消毒、杀菌、避蚊虫。

▶▶▶ 忌

选择婴幼儿用护肤和洗涤用品要注意避免以下几点：

非专业、正规生产儿童化妆品的厂家的产品绝不可用。

幼儿抵抗力弱，要慎用慎选，即使是专门生产儿童化妆品的厂家，生产的新产品也不要买，等到产品成熟后，再买、再用。

选择儿童的护肤用品时要慎之又慎，一定要买好的，不要图便宜。

宜与忌 为幼儿洗衣服需注意

幼儿的皮肤特点决定了清洗幼儿衣物与洗成年人衣物不一样，因为，幼儿皮肤只有成年人皮肤厚度的1/10。幼儿的皮肤薄、抵抗力差，稍不注意会引发问题。因此，清洗幼儿的衣物时要特别注意。

▶▶▶ 宜

晒晾：幼儿衣物可以在阳光下晾晒，虽然阳光暴晒可能缩短衣服寿命，却能起到消毒作用，况且幼儿长得太快，衣服使用时间短一些没关系。

漂洗：无论用什么洗涤剂清洗，漂洗都是不能马虎的程序，一定要用清水反复漂洗2~3遍，直到水清为止。

有污渍尽快洗：幼儿的衣服上总是会沾上果汁、巧克力渍、奶渍、西红柿渍等，这些污渍不易清除，只要刚刚沾上，就应当马上清洗，通常容易洗掉。如果过一两天再洗，污渍就可能深入纤维洗不掉。

内衣、外衣分开洗：内衣与外衣一定要分开洗涤，通常情况下，外衣要比内衣脏一些。深色与浅色也要分开洗，免得造成染色。

用专用洗涤剂：市场上有许多婴幼儿衣物的专用洗涤剂，虽然价格贵一些，却对幼儿的身体有好处，不会伤害皮肤或造成过敏。如果没有专用洗涤剂，用肥皂也可以。注意要按照商品标示的洗涤说明洗衣服，如稀释的比例、浸泡的时间等。

手洗为优：洗衣机是洗全家人衣物的，机筒内会藏有许多细菌。幼儿衣物经洗衣机会沾上细菌，有一些细菌对成年人没有危害，对幼儿却有麻烦。因为幼儿的皮肤抵抗力差，容易引起过敏或其他皮肤问题。

▶▶▶ 忌

使用除菌剂、漂白剂：有一些洗涤剂包装上写着能除菌、漂白等字样，因而妈妈认为是不是洗衣时加入这些东西更好。其实不然，洗涤和漂清的过程再长、再仔细，也难免会有残留物质，对幼儿的皮肤不利。

与成年人衣物混洗：幼儿的衣物不能和成年人的衣物一起洗，因为成年人衣物上沾有更多细菌，混同洗涤时细菌会附着到幼儿的衣服上。要单独洗幼儿的衣物，要有专用的盆。

/聪明妈妈育儿经/**不同污渍洗衣妙招**

幼儿比较活泼好动，吃食物时手指不是特别灵便，衣服上常会沾上各种污渍。针对不同污渍处理方法如下：

蛋黄：先冷水浸泡1小时。幼儿吃鸡蛋时不小心把蛋黄弄到衣服上，那么洗涤时可以把衣服浸泡在冷水中，不要搅拌，待1个小时以后按照通常方法去洗涤。

奶渍：洗涤剂浸泡1小时。蛋白质类的污渍使用洗涤剂浸泡1小时；或者也可以先用冷水洗涤，然后用加酶洗衣粉洗涤便可除去。

果汁：用苏打水浸泡半小时，再用手搓，直到消除污迹，这时再按通常的方法洗涤。

汗渍：生姜妙法。把生姜切成米粒大放在汗迹处搓洗，或先将衣服放入浓度为3%～5%的冷盐水中揉搓几下，浸泡半天。衣服取出后再用肥皂洗涤。

油渍：使用面粉巧去油。可取少许面粉用冷水调成糊，涂在油污的两面，晒干揭去面粉可去油；或用绿豆粉厚涂于油渍处，然后用电熨斗烫一会儿，可去油渍。

血渍：用萝卜丝和汁液擦洗。血迹千万不能用热水洗。可以将鲜萝卜切丝，加盐挤汁，然后用萝卜丝和汁液擦洗；也可以将过氧化氢滴于血迹处，再用含乙醇的肥皂液搓洗。

宜与忌 如何为幼儿买衣服

做一个贴心细致的好妈妈，要从保证幼儿衣服穿得安全舒适做起。给幼儿检查衣物的要点如下。

▶▶▶ 宜

看：先看颜色。幼儿的衣物要尽量选择颜色浅、色泽柔和、不含荧光成分的衣物。浅色衣服一般颜料牢固程度较好，可防止在吮吸、咀嚼衣物过程中把衣物颜料吃进肚里，造成身体损害。同时，浅颜色衣物不会对幼儿视网膜造成刺激。

再看做工。做工讲究的幼儿衣物会把标签缝在衣服外面，避免刺激皮肤，针角也会特别小，没有线头和接茬裸露在外。

后看饰物。选购有装饰物的幼儿衣物时，检查装饰物的牢固程度，以免一些装饰物被幼儿误吞咽，造成伤害。还要检查衣物的拉链、接缝等处，缝制得是不是很平整，避免磨伤幼儿的皮肤。

摸：摸一摸柔软度，手感柔软的衣服才可以购买。

如果感到有粗糙扎手或有颗粒的感觉，那么面料就有问题。如果摸上去特别硬，可能甲醛含量超标。摸完以后再抻一抻衣服，看看弹性如何，好衣物抻后能复原。

闻：买衣服要闻，是辨别衣物材料中添加剂的有效方法。

如果衣物甲醛超标，会有刺鼻气味。衣物有香味也不是好事，是化学药剂或有害成分残留在衣物上，会危害幼儿健康。

看说明：查看衣物的标签、说明是否完整详细。说明书必须注明制造者的名称和地址、产品名称、产品型号和规格、采用原料的成分和含量、洗涤方法、产品标准号、产品质量等级、产品质量检验合格证明等相关内容。

给幼儿买衣服，更要看清楚使用说明的内容，按照说明使用，以确保安全。

除包装：回到家后，先取下包装盒上的别针、大头针、标签牌等，尤其衣物内侧的标签，在穿以前要去掉，以免磨伤皮肤。

选材质：幼儿内衣最适合纯棉的面料，因为新陈代谢快、活动量大、出汗多，纯棉面料吸水性好、透气性好、保暖性好，贴身穿也非常舒适。

观察穿后情况：幼儿穿上新的衣物后，如果与皮肤接触的部位出现发红、瘙痒、起疹子或咳嗽等情况，就不要继续穿，可能是衣物中的某些成分引起幼儿过敏。

▶▶▶ 忌

注意不要买假名牌，大商场或专卖店的商品会比较保险。

外衣也要多选择条绒、牛仔布、针织类面料，化纤面料容易起静电，会引起皮肤不适。

不要直接穿。衣物在制作、加工、运输过程中，可能受到多种途径的污染。新买的衣物看上去干净，却潜藏着许多污染因素，一定要充分洗净后再穿。通过水洗，能洗去绝大部分衣服上的"浮色"、脏物和织物中残留的游离甲醛等有害物质。

宜与忌 教幼儿学会爱护玩具

2~3岁的幼儿，可以选择较复杂的拼图、可拆卸的玩具，促使幼儿思维和想象力的发展。要选择符合卫生要求的玩具，玩具无任何毒性，无锋利的边角等，还要结实耐用。

▶▶▶ 宜

买新玩具后，要教给幼儿正确的玩法，培养自己动手的兴趣和信心，才能使玩具发挥应有的作用。切忌只由父母演示，让幼儿看而不让幼儿自己动手。应当让幼儿懂得玩具的性能和特点，不同材料制作的玩具有着不同的性能和特点，由于幼儿不懂这些，往往会无意中把玩具毁坏掉，因此，父母应当事先告诉幼儿这件新玩具的特点和性能，讲明正确使用的方法，反复几次，幼儿就能使用和保护自己的新玩具。

要教会幼儿收拾和保管玩具。家庭一般要为幼儿准备一个固定的地方，专门放置玩具。幼儿玩玩具时，可以拿出一两件，玩后，由幼儿自己放回原来的地方，反复做上几次，幼儿就能养成良好的习惯，不乱扔乱放，不随意损坏。还可以带着幼儿一起维修玩具，教给幼儿一些简单的维修技巧。既能培养动手能力，还能让幼儿对自己修理过的玩具更加爱惜。

▶▶▶ 忌

2~3岁的幼儿，由于好奇心驱使，常常爱拆卸玩具，家长见到了不要指责和训斥幼儿，要善于引导，利用幼儿的好奇心，对于能拆卸的玩具要启发幼儿自己装好。

注意不能让幼儿养成只拆不装或以拆卸玩具为乐的习惯。

宜与忌 如何为幼儿选择玩具

玩具是幼儿成长过程中的亲密伙伴。有统计数字表明,玩具伴随幼儿的时间,往往比父母陪伴的时间还要久。但人们往往容易忽视玩具给幼儿的身心健康带来的危害。

玩具给幼儿们带来的不仅有快乐,随着大量新奇玩具的出现,其带来的隐患也日益成为人们关注的问题。

▶▶▶ 宜

了解玩具的安全隐患

铅:铅是目前公认的影响中枢神经系统发育的环境毒素之一。儿童胃肠道对铅的吸收率比成年人约高5倍,而含铅喷漆或油彩制成的儿童玩具、图片是铅中毒的主要途径之一。

市售的玩具基本上都用喷漆,如金属玩具、涂有油漆等彩色颜料的积木、注塑玩具、带图案的气球、图书画册等,即便毛绒娃娃或毛绒小动物的眼睛、嘴唇也是含铅油漆喷涂的。幼儿抱着玩具睡觉、亲吻玩具和玩过玩具不洗手就拿东西吃,容易造成铅中毒。

噪声:婴幼儿对声音的感应比成年人灵敏。很多新的玩具发出各种声音,有的噪声高达120分贝以上,玩具电话噪声竟能达到123分贝,对于幼儿的听力有极大伤害。

经挤压能吱吱叫的空气压缩玩具,在10厘米之内发出的声音可达78~108分贝,相当于一台手扶拖拉机在耳边轰鸣。

如果玩具噪声经常达到80分贝,幼儿会产生头痛、头昏、耳鸣、情绪紧张、记忆力减退等症状。

婴幼儿的健康成长,需要安静舒适的环境,如果长期受到噪声刺激,会出现激动、缺乏耐受性、睡眠不足、注意力不集中等表现。

定期检查玩具

家庭要定期检查幼儿的玩具,特别要小心有尖锐的边缘和尖凸起的玩具、有破裂的木头表面的玩具,要及时把破裂或分离的玩具修补好。玩具的电池要定期更换,以免电池内化学物质因过期而溢出,影响幼儿健康。

选购玩具要注意，是否易于消毒和洗涤。皮毛制的动物形象玩具不能洗涤消毒，容易带菌，很不卫生，不宜选用。

挑选安全玩具

玩具产品上都会标明适合儿童使用的年龄范围，在选购玩具产品时要注意这些标志，最好是正规厂家生产的玩具，对于"三无"（商标、厂家、许可证）产品要拒绝购买使用。

儿童玩具并不是越多、越复杂、越贵越好。

 忌

选择玩具要注意

有锐利尖凸起和边缘的玩具，应避免让3岁以下幼儿玩。

3岁以下幼儿，应避免选择有小零部件的玩具。避免使用体积过小的玩具，以免被吞食后，塞卡住幼儿的喉咙，玩具规格应该在长6厘米、宽3厘米以上。

飞镖、弹弓、仿真手枪、激光枪等玩具一定要加强管理，防止使用过程中伤人。

儿童玩具使用的材料，不能含有有毒和危险的化学品。

重金属

有不少玩具在表面涂用金属材料，婴幼儿喜欢舔、咬玩具，会造成伤害。

病菌

幼儿们手中的绒毛玩具90％以上有中度或重度病菌污染。相对于塑料类玩具来说，绒毛类消毒较困难，极容易再度沾染病菌，而消毒后的塑料类玩具再度沾染病菌的可能性就会小很多。

有鉴于此，对于绒毛类玩具应当经常消毒清洗，以免成为新的感染源，尽量少玩绒毛类玩具。

宜与忌 创造安全家庭环境

幼儿2岁后，理解力增强，应当在日常生活中及时进行安全教育，让幼儿懂得什么是危险、怎样避开危险。

防意外

▶▶▶ 宜

家长要告诉幼儿什么东西会带来伤害。如幼儿要玩暖瓶时，要告诉幼儿开水会烫伤皮肤，可以当着幼儿的面，倒出少许开水，稍停片刻，让幼儿摸一下，让幼儿有感性认识。

虽然幼儿对高处也有恐惧，但出自好动与好奇，常会忘掉危险。要经常提醒幼儿不去危险的地方，不做危险动作。如不要从窗台上俯身下望，不要站在窗台边，不要从阳台向下探身，不要试着从高台上跳下等。幼儿做出可能发生危险的动作时，要严加制止。

要让幼儿知道躲避机动车辆，不在马路中间玩耍，不横穿马路和猛跑，要告诉幼儿遇有车辆时的躲避方法。车辆过来时，妈妈不要只是急忙抱起幼儿，最好牵着幼儿的手，避到近侧的路边，让幼儿亲身体验到应当怎么应对。过路口时，要让幼儿记住走人行道，看红绿灯，教给幼儿儿歌：红灯停，绿灯行。

▶▶▶ 忌

生活中有许多导致意外的因素，如小扣子、小玩具会被幼儿吞入口中而卡着，锐利的物品会扎着幼儿，电源插座会电着幼儿，因此，爸爸妈妈切忌粗心大意，预防意外的安全教育要随时进行。

防走失

▶▶▶ 宜

告诉幼儿家庭地址、爸爸妈妈的姓名、自己叫什么，最好能知道父母的电话号码和单位，3岁左右的幼儿完全能记住。

带幼儿去公园、商场要防止走失。一旦发现幼儿不在身边，要马上求助商场保安人员，配合迅速寻找和广播找人。

▶▶▶ 忌

幼儿在室外做游戏时，必须有成年人在旁边看护。如果一时有事，也要托付给成年人，并叮嘱幼儿不能跟不认识的人走，即使熟人也不要跟其离开。

防伤人

▶▶▶ 宜

要教育幼儿尊重别人，利用平时讲故事、做游戏、参加活动等，告诉幼儿不能拿石头、棍子打人，不能用手去抓挠对方的眼睛，不要用力去推小朋友，更不要咬小朋友等。还要让幼儿懂得避开攻击，告诉幼儿不和拿棍棒的小朋友玩，小朋友动手打架时要躲开，避免抓伤、打伤自己。

▶▶▶ 忌

幼儿和小伙伴的游戏中常会不知轻重，容易伤着对方或被对方伤害。在动手打架时，会出手或用器物致使对方受伤甚至致残。

分界线

▶▶▶ 宜

幼儿往往不清楚什么是勇敢，什么是鲁莽，特别有不少影视传媒节目中打打杀杀的镜头颇多，"英雄人物"又常常具超人能力，刀枪不入、凌空飞行，幼儿的理解能力差，看到这类镜头要告诉幼儿不应该模仿。

▶▶▶ 忌

如果幼儿鲁莽地做了有危险的事，切忌听之任之，甚至流露出欣赏之意，而要及时想办法制止，并妥善处理，并且要对幼儿讲清道理。

体能与早教

宜与忌 自我意识，天性之本

▶▶▶ 宜

2～3岁的幼儿身体的生长进入匀速生长阶段，神经系统发育较快，大脑的功能正在逐渐成熟。

即将进入幼儿期，幼儿最明显的进步是自我意识有很大的发展，已经知道"我"就是自己，产生了强烈的要摆脱成年人的独立性倾向，什么事都要抢着自己去干，喜欢自己脱衣服、叠被子，尽管干不好也不要人帮忙。幼儿有时候会表现得很不听家人的话，对家人的要求或指令会产生对抗或违拗，逐渐步入心理学上所称的"第一反抗期"。

幼儿的身高、体重等生理指标均处在衡速生长阶段。但身高增长的速度相对高于体重增长的速度，即使原来胖乎乎的幼儿，现在也开始"苗条"起来。

幼儿的运动技巧有了新的发展，不但学会了自由地行走，跑、跳、攀登台阶，动作的运动技巧和难度也有了进一步的发展；手的精细动作也有了很大的进展，能够比较灵活地运用物体，如握笔、搭积木、自己拿勺子吃饭，甚至学会使用筷子等。

在语言发展方面，幼儿进入了口语发展的最佳阶段。幼儿说话的积极性很高，爱提问，学话快，语言能力迅速发展，掌握了最基本的语法和词汇，可以用语言与成年人交往。

这个阶段的幼儿，产生了较为复杂的情感及行为，希望与人交往，希望有小伙伴。但是，如果真和幼儿们一起玩，却又很难玩到一块儿，主要是由于幼儿的社会适应能力还有限，多让幼儿和其他小朋友一块儿玩有好处。

这个年龄阶段的幼儿，有了较好的注意力和记忆力，能够较长时间专注地听故事、看电视、看电影等，能很快地背会一首儿歌、古诗，跟随成年人到某个亲友家后，再次路过时能说出这是谁家。

▶▶▶ 忌

介于希望独立、而又不具备独立能力之间，对于幼儿的"犟"、"不听话"不能强迫纠正，尽量不要强制性压迫幼儿的个性。

这个年龄的幼儿有的已经不愿意睡午觉，但精神很好、精力充沛，如果晚上睡得较早，睡得也较沉，就不必再强求幼儿睡午觉。

宜与忌 "不听话"，第一反抗期到来

通常幼儿在2岁以前比较听话，2岁之后变成让干什么偏不干，甚至要求家长按照自己的"意见"去干。

这种情况一般从2岁以后开始，到4岁时达到高峰，被称为儿童的"第一反抗期"。

从生理和心理发展的角度看，这种"反抗期"是一种正常现象。随着幼儿活动能力的增强，知识的不断丰富，心理变化急剧，特别是幼儿的需求发生了很大的变化，而成年人往往还是用老眼光去看待幼儿、要求幼儿，因而会引起幼儿的种种反抗行为。

如果幼儿个性得不到发展，会影响以后的成长。所以，经历"反抗期"是幼儿正常发育的必然阶段。

▶▶▶ 宜

疏导和培养自我意识。2岁以前的幼儿，生活中的一切均需要依附于别人。2岁以后，幼儿能够独立行走，能用语言表达自己的简单要求，能够手眼协调地进行一些较为复杂的动作，正是幼儿独立性和自尊心发展的大好时机。幼儿开始有自我意识，能够把自己从周围环境中分辨出来，作为一个主体来认识，开始对于自己不满意的事说"不"。

对待进入"第一反抗期"的幼儿，要注意以下几点：

尊重幼儿的个性："反抗"行为是促进幼儿个性和能力发展的心理动力。这个时期的幼儿善于模仿，常要求自己拿东西，吃饭时要用筷子，自己穿衣服。尽管各种动作还不熟练，要花费较长的时间，甚至还会损坏东西，但应该让幼儿自己去做，同时给予适当的帮助和鼓励。

善于诱导和转移注意力：对不适合幼儿做的事情，应善于诱导或转移注意力，不要强迫命令。要注意因势利导，从旁协助，正确合理地教育。如幼儿要自己吃饭、穿衣，可以让幼儿自己动手，在旁加以指导，促进幼儿心理健康发展，帮助幼儿顺利渡过"反抗期"。如果幼儿在商店里看到喜欢的玩具要买，最好的办法就是离开商店，到了别的地方后，幼儿就会把商店的玩具忘得一干二净。

▶▶▶ 忌

忌为幼儿"不听话"而烦恼：这个阶段，幼儿越是具有反抗精神，长大以后越能成为有个性和意志坚强的人。应该正确理解幼儿的心理活动，正确处理幼儿在"第一反抗期"的行为，否则会对成长产生不利影响。

忌斥责幼儿，要有耐心：忌对幼儿的干涉过多、保护过分，会使幼儿变得胆怯、不能独立自主，甚至伤害自尊心。

不讲原则：对不合理的要求或不正确的行为，应该态度明确，向幼儿说明哪些行、哪些不行，即使幼儿再三要求也不能满足他。这样幼儿会逐渐地懂得哪些事情该做，哪些事情不该做，对心理健康发展有益。

宜与忌 学会自我肯定，克服自卑

每一个父母都希望自己的幼儿是最好的，但如果以完美主义的态度和过高地标准来要求幼儿，会使幼儿变得越来越自卑。幼儿如果时时处处被包裹在批评和埋怨中，长久发展下去，自信心会丧失殆尽。

▶▶▶ 宜

适当降低要求：对有自卑心理的幼儿，要适当降低要求。假如幼儿画了一匹马，最好不要挑剔这里不好、那里不像，而应当对幼儿的每一点成功之处及时发现，做出由衷的赞赏："看，那马尾巴画得真好呀，好像是在风中飘舞一样！""宝宝给马涂的颜色真漂亮！"

应该让幼儿觉得，父母的赞赏完全出自诚恳，不是应付、客套，更不是虚伪、做作。为了实现这样的目标，必须在方法上做出调整，讲究语言表达艺术。

让自卑幼儿学会自我肯定，应当是帮助幼儿从自己的行为中获得满足和动力，让幼儿懂得：做该做的事，把它做好就是成功，就是对自己最好的肯定。

变更表扬的主体：让幼儿多作自我肯定，最简单方法是变更对幼儿表扬的主语：只要把"我"改成"你"，把"我们"（父母）对你（孩子）的表扬，改造成你（孩子）对自己的表扬。

看似简单的变化，能更充分、有力地让幼儿认识到自己的行为正确，起到增加赞赏的效果。如："你今天用积木盖起了这么高的大楼，我真为你自豪！"可以改为："你今天用积木盖起了这么高的大楼，你一定为自己感到自豪！"

鼓励确立主见：对自卑的幼儿，父母能做到多给表扬，但其他人，包括小伙伴们却不一定能做到这一点，他们或许会"实话实说"，或许会故意挑剔，甚至讽刺挖苦，所以，幼儿不可能永远依赖别人的评语来寻求动力，或迟或早都要依靠自己内心的动力来进步。

如果幼儿做错了一件事遭到批评，会感到丧气。此时应该告诉幼儿，对待批评的最好办法是认识错误并改正。幼儿主动认识错误后可以告诉他："你这样做很不容易，因为这需要很大的勇气，你可以对自己说，你做了一件了不起的事。"

努力强化自我肯定：自卑倾向严重的幼儿，心目中的自我肯定能力往往很脆弱和飘忽不定，需要得到外界经常不断的强化。

强化幼儿的自我肯定的方法很多，如：可让幼儿为自己记一本"功劳簿"，让幼儿每周花几分钟时间，写出或画出自己的"功劳"。告诉幼儿，所谓"功劳"，不一定是了不起的成就，任何小小进步，以及为这种进步做出的任何小小努力，都值得记录下来。还可以为幼儿准备一些小小的奖品，如画片、玩具、图书等，每当幼儿做出一点成绩、一件自己感到自豪的事，就有可能获奖。

还可以教幼儿学会以"自言自语"的方法，不断对自己做出赞扬和鼓励，当幼儿遇到困难、正踌躇畏缩时，不妨鼓励幼儿自己给自己鼓劲："来吧，不要怕失败，再努力试一次吧！"

▶▶▶ 忌

父母对幼儿的要求过高，往往会使幼儿每做一件事都在潜意识中对自己做出否定，产生"我不行"、"我的脑筋不好使"、"别人就是不喜欢我"等负面意识和情绪。

从心理学角度看，幼儿需要不断地自我肯定，这是获取进步所必不可少的原动力。对于已经形成自卑感的幼儿来说，要摆脱自卑阴影，树立自尊和自信，自我肯定无疑特别重要。

在家庭早期教育当中，家长要特别注意，帮助幼儿学会自我肯定、找到自信，有几种简单易行、行之有效的方法：

假如幼儿完全依赖别人的赞许，不学会认可自己，长大了去做任何事，都会看别人的脸色，就很难以成为一个有创造性有主见的人。因此，对幼儿来说，指出做得好的地方以后，要提醒幼儿不必过分看重别人的评论。

自我肯定不宜过度。自我肯定也应当有度，要分时间、分场合，更要有一定的原则、标准和尺度。

鼓励特别自卑的幼儿，多作一些自我肯定，并不意味着应该让幼儿"滥用"自我肯定。不能鼓励幼儿在任何时候、任何情况下都采用自我肯定。再好的良药也不能过量，幼儿的自我肯定如果用过了头，有可能变成一个自负高傲、唯我独尊的偏执者。

宜与忌 多夸赞，帮幼儿确立自信

对幼儿来说，来自父母和家庭早期的教育，是幼儿形成自信心的源头。在早期家庭教育中，只要方法得当，就能养成幼儿自尊、自信的良好性格。从小在赞扬声中成长是帮助幼儿确立自信、让幼儿心理方面健康成长的重要因素。

▶▶▶ 宜

及时称赞

幼儿做得好要及时予以称赞和肯定，父母的称赞和肯定能使幼儿获得自信。不但巩固幼儿学习的新知识、新技能，还能帮助幼儿正确面对成长过程中的困难。行为和习惯方面有了良好表现，父母要充分肯定，如晚上睡觉前，幼儿能记得把鞋子摆放整齐、能把玩过的玩具放回原处，事情虽小，都应当称赞。

适度示爱

要经常不断地以行动表示父母的爱心，如拥抱、亲吻、轻拍肩膀、抚摸头顶和背部等，让幼儿体会到父母的支持、爱抚和亲情，有利幼儿增强自信。

设置能解决的障碍

依据幼儿的年龄特征，设置一些幼儿能自己解决的困难，能够使幼儿拥有成功的体验，培养起自信。

▶▶▶ 忌

不坦承错误

如果父母做错了，要让幼儿知道父母错了，幼儿是正确的。父母不要害怕对幼儿坦承错误，别误以为这样会暴露出自己的弱点，会失去父母的威严。其实，让幼儿知道自己是对的，父母也有错误的时候，更能使幼儿树立起自信，从而加强"我们都会有错误"的观念。让幼儿懂得，犯了错误不足为奇，关键是要改正错误。

不体谅心情

幼儿也会有不高兴的时候，要体谅幼儿的心情。幼儿因为疲劳而性情暴躁时，不要以为幼儿是针对父母来的，如果针锋相对地压制幼儿的脾气，会使幼儿以后失去表达自己情绪的勇气，不敢把自己的忧虑、沮丧和失意等不良情绪在父母面前表达出来。

宜与忌 多和幼儿说话，解决口齿不清

口齿不清是刚学说话的幼儿比较常见的语言缺陷，不足为怪。但是，到了一定的年龄，或可以很容易地与人对话时，仍然说得含含糊糊、口齿不清，就得找一找原因了。

▶▶▶ 宜

在幼儿学说话期间，父母应当给予足够的重视，耐心地帮助幼儿树立起说话的信心，有意识把幼儿引领到一个较为轻松的语言环境中。

当幼儿说话含糊、表达不清楚的时候，父母的面部表情和说话时的语气等表现，会把急切的心情流露出来，使幼儿感到紧张。父母往往会很心急地让幼儿把话说清楚，这让幼儿意识到自己说的话没让父母满意，说话会更加犹豫，下次再要对爸爸妈妈说什么的时候，总担心又说得不对，会更开不了口。

如果幼儿还没有掌握正常说话时需要运用的正确发音，则可能模仿别的口齿不清的幼儿的语言。此外，幼儿如果长期口齿不清，则可能预示着潜在的可能：一定程度的聋哑、腭裂或舌头系带发育异常等问题。

纠正幼儿的口吃，应当注意以下几点：

主动关心幼儿，幼儿说错了不要紧，要耐心细致地反复纠正，教幼儿正确地发育。

不可以嘲笑和训斥、责怪，切忌打骂，以消除幼儿紧张、焦虑的情绪。

要劝阻周围人不要嘲笑或模仿有口吃的幼儿。

要注意叮嘱幼儿，说话时不要太用力，要放低声音，用轻柔的语调讲话，要有节奏地发音，恢复语言的正常节律。

说第一个字时要进行诱导，要缓慢地、轻轻地诱导幼儿发音，并逐渐变响，然后过渡到第二个字。

有意识地培养幼儿慢慢说话的习惯，还以可让幼儿每天朗诵几首儿歌或诗歌。

尽可能让幼儿与人多交谈，尤其是谈一些愉快话题，幼儿不紧张，就不会出现口吃。

当幼儿口吃有所改善时，要给予鼓励，以巩固成效。

▶▶▶ 忌

引起幼儿说话含糊的原因有很多，对小小的幼儿来说，要找出一个恰当的词来表达自己意图、并说出来，实在不是件简单的事。

幼儿的想法，要远远比掌握的词汇量大得多。所以，整个学前阶段，绝大多数幼儿都很难平静而流利地说出自己的想法，尤其在情绪激动的时候更为突出，如果父母对幼儿的断断续续、词不达意而显得不耐烦，就会影响到幼儿说话的主动性。也有的幼儿害怕小伙伴们取笑，对选择用词会感到紧张和犹豫，同样地影响语言的表达，说话显得更加含混不清。

这个年龄阶段的幼儿还会出现用字不当、发音不准、语法错误等问题。

父母对幼儿语言表达能力往往会要求过高，幼儿出现表述困难时，会遭到家长的斥责和惩罚，这样一来，容易使幼儿产生焦虑不安、紧张烦躁等不良情绪，从而引起口吃。

另外，有的幼儿会在无意中模仿口吃者的发音，时间一长，反倒形成了口吃的习惯。

宜与忌 2～3岁幼儿的平衡训练

▶▶▶ 宜

平衡能力是体能中一种极其重要的能力。人的平衡能力不是与生俱来的，而是需要从幼儿阶段开始进行训练的。为了能使幼儿平衡能力发展得较好一些，可以对幼儿进行平衡训练。

日常生活训练：开始幼儿可能走不稳，也可能会摔跤，但是，幼儿自己能学会逐渐调节，知道如何能走得稳当，从而建立起平衡能力。幼儿逐渐学会了爬楼梯后，也应当进一步让幼儿自己走，爬楼梯也是一种训练幼儿平衡能力的好方法。还可以让幼儿在躺在床上的父母身上进行登高能力的训练，即使从身上掉下来多少次，幼儿也不会厌烦。

幼儿能走稳以后，可以练习左右转、急转、骤停等；当幼儿能够蹦蹦跳跳时，开始训练幼儿用单侧脚跳着走，也可以站在最高一级台阶上，从上往下跳，类似动作反复做，能很快地提高幼儿的平衡能力。

有意练平衡：现代城市居住的小区、公园里，矮矮、窄窄的水泥平面和各式各样的花坛边沿随处可见，还有平衡木、独木桥、滑梯、荡顶、秋千、转轮等，也包括马路边上的轮椅专用走道等，让幼儿在这些随处可见的地方练习走，是锻炼平衡的好方法，而且，幼儿也会喜欢这种游戏式的训练方式，会很喜欢练走平衡。对于稍有高度的地方，开始可以拉着幼儿的手练习，走一段时间后就放手让幼儿自己走。这样做，不但锻炼了幼儿的平衡能力，还能纠正"内八字"、"外八字"等不正确的走路姿势，起到良好的辅助作用。

游戏训练：在日常生活中，除了上述方法，还可以和幼儿一起做游戏，如"登高训练"、"朝下跳"、"不倒翁"、"过小桥"等游戏，寓教于乐、寓练于乐，在玩乐中提高平衡能力，促进动作和智能发展。

▶▶▶ 忌

幼儿学会走路以后，尽可能让幼儿自己走，不要总是扶着或抱着幼儿。

宜与忌 2~3岁幼儿可以学跳跃

学会双脚跳跳跃，对幼儿的身心健康发育有重要作用。从生理学的角度来看，跳跃是一个复杂的条件反射建立过程。幼儿要克服自身体重，跳跃起来时，需要付出很大的努力。跳跃，能锻炼幼儿身体众多的大肌肉群组织，还能预防肥胖。从心理学的角度看，幼儿学会跳，能产生愉悦心情，增强自信心及勇敢的探索精神。

一般在2岁左右，就可以让幼儿进行跳跃动作的学习。

▶▶▶ 宜

可以让幼儿扶持着妈妈的双手进行双脚跳，然后，妈妈用双手拉着幼儿的双手，和幼儿一起用力跳起来，跳一会儿，休息一会儿。要注意，千万不能提拉幼儿的双手、用力做双脚跳动作。

可以让幼儿扶妈妈的一只手，做双脚跳跃动作；可以在上一个动作的基础上，慢慢地让幼儿扶着物体跳跃；也可以从最低一级台阶上，扶着栏杆朝远处跳。

可以让幼儿独自双脚跳。可以让幼儿拿着玩具，或者以做小白兔游戏、猴子摘果等游戏的形式来练习。

教幼儿学习跳跃的动作，一定要注意遵循由易到难，循序渐进的原则。要逐渐教给幼儿正确的跳跃动作，特别是在双脚落地时，要教会幼儿两个脚掌先着地，两腿稍曲，成半蹲状态，然后再站直。

掌握正确的跳跃方法，并且给予幼儿适当的帮助，能促使幼儿学好跑步和跳跃的动作，促进身体健康发育和动作能力发展。

▶▶▶ 忌

在学习跳跃之前，切忌事先不做准备工作。要让幼儿养成跌倒以后自己爬起来的习惯。要具有在家人的保护下，玩各种大型玩具能力。还可以旁观一些大孩子们跑跑跳跳的游戏，从而激发幼儿学跳的愿望。

宜与忌 教幼儿懂礼貌

一个没有礼貌、举止粗俗、不尊重别人的人，在社会上很难获得尊重和同事的友好协作，生活中也不易获得友谊和自信，因此往往会缺乏幸福感。

▶▶▶ 宜

应当教育幼儿从小懂礼貌，讲文明。

让幼儿懂礼貌，最早便是让幼儿学会与人"打招呼"。乍看上去，一句问候语虽然很简单，但要让幼儿养成习惯、并主动问候别人，却很不容易。如果幼儿主动称呼别人或使用文明用语，父母要及时给予表扬，让幼儿知道，懂礼貌的幼儿人人喜爱。

在日常生活中，要教育幼儿懂得尊重长辈、尤其是老年人。父母要以身作则，如果父母自己对长辈不尊重、不孝敬，幼儿就不能学会尊敬老人。

带幼儿到别人家做客时，要教育幼儿不能大声喧哗，要和小朋友友好相处。在做客时，不要去拉人家的抽屉或翻柜子，不要到主人家的卧室特别是床上打闹。

在公共场合，要守秩序，说话文明。乘公共汽车时，如果有人起来让座，一定要让幼儿向让座者说谢谢。如果下车时，让座者仍然站着，要打招呼请人家回来坐。如果父母

抱着幼儿上车后，见到有人让座，不谢一声就坐下，会给幼儿留下的印象是上车后应该有人站起来让座，如果没有人让，幼儿就会又哭又闹。

在公共场所要教育幼儿不要大声喧哗，养成平静回答和表述自己意见的习惯。

为了幼儿今后的幸福，教育幼儿成为有教养、懂礼貌的人十分重要。而礼貌教养和文明举止，要在幼儿3岁之前就注意开始养成。

▶▶▶ 忌

礼貌的举止，还表现为遵守各种社会公德。父母是幼儿的第一任老师，父母在恪守社会公德方面，时时要注意给幼儿做榜样。

学会尊重他人，幼儿也会照着父母的样子做，父母对他人的态度和所作所为，会影响到幼儿以后对别人的态度和行为举止。

父母对幼儿的态度，也会影响幼儿日后的行为。如果父母举止粗鲁，幼儿就不会文雅，父母不尊重幼儿，幼儿也不会尊重别人。

打骂和体罚，是家长惯用的一种教育子女方法，体罚会对幼儿产生不利影响。

体罚伤害幼儿的身体健康。对幼儿实行体罚往往是家长非常气愤、震怒、丧失理智、不顾后果的情绪状态下发生的，很容易出手打得太狠，甚至致伤、致残。

体罚会严重影响幼儿的心理健康，会严重伤害幼儿的人格和自尊心，造成心理创伤，失去上进心。体罚还可能使幼儿自暴自弃，感觉到生活没什么意思，形成孤僻型性格。

有的家长体罚幼儿，幼儿为避免皮肉之苦就要想办法进行自我保护——撒谎，而撒谎恰恰是众多不良品德的根源。如此这般将意味着，体罚有可能间接导致幼儿形成一些不良品德，出现不良行为。

常受体罚的幼儿会感到家庭成员间关系冷淡，会因体会不到家庭的温暖而到社会上寻求补偿，一旦受到坏人引诱，后果不堪设想。模仿，是幼儿的天性，常受体罚的幼儿会变得性格粗暴、野蛮。幼儿不可能对家长报复，就会把对象指向比自己稍弱的小朋友，会养成欺凌弱小、动辄施暴，以求发泄而走向极端。

由此可见，体罚幼儿会产生许多可怕的后果。如果因为幼儿的事情再次举起巴掌或惩罚幼儿时，要多想一想这些可怕的后果，此时就会冷静下来，理智对待幼儿。

宜与忌 适当"劣性刺激"

所谓"良性刺激"是指能够满足人的生理、心理需要，使人愉悦的外界刺激。相反，"劣性刺激"是指令人不满意、不舒服、不愉快的外界刺激。

适当的"劣性刺激"对于通常被娇惯宠爱的幼儿，是必需和有益的，对幼儿成长后适应复杂的社会、经受各种挫折和困难的磨砺能起到良好的作用，培养心理承受能力。

▶▶▶ 宜

饥饿刺激：感受一下饥饿的滋味，幼儿饿了就能食欲旺盛。同样，在心理上也需要"饥饿"刺激，如果无限满足幼儿的一切欲望，幼儿的兴奋感会处在饱和状态，就会失去追求新事物的热情。适当制造欲望的"空腹"状态，让幼儿有"饥饿感"。例如，买很多玩具，幼儿会东挑西拣，兴趣不专。相反，玩具少了则会专心，玩得津津有味。

困难刺激：生活一帆风顺，长大后稍遇挫折就会束手无策，胆小怯懦、依赖成性、意志薄弱。有必要有意识地设置一些障碍，增加幼儿的心理承受能力和克服困难的意志。如幼儿学走路时会摔跤，在克服困难、多次摔跤后，最终独立行走。要让幼儿独自一人关灯入睡，就需要克服胆小、惧怕的心理。

劳累刺激：家长处处包办代替，幼儿从不知道苦累的滋味，长大后会懒散、依赖、怕累，活动越来越少，越来越缺乏锻炼，对身体发育不利，还影响智力发育，促使不良性格的形成。

幼儿虽小但也要学做一些力所能及的事，如自己穿脱鞋袜、洗手洗脸、整理玩具，还可以帮助家人拿报纸、浇花等。

批评刺激：从小学会能分清是非，知道对与错，要能承受批评，使幼儿从小感受到"约束"，不敢随心所欲。比如，幼儿乱翻爸爸的抽屉，挨了批评就大哭，妈妈应耐心地给幼儿讲道理，要求幼儿把东西拾起来，并且对爸爸说"对不起"，以后他就再不会乱翻抽屉。

▶▶▶ 忌

家庭成员过分娇惯，父母过度宠爱，会使幼儿从小就养尊处优，造成心理脆弱，表现出怯懦、任性、自私、孤僻、懒惰等不良品格。这是因为家庭"给予"得太多，"约束"得太少，其实应当适当给予"劣性刺激"。

宜与忌 保护发展观察力

幼儿喜欢通过各种方式去探索、了解自己四周的人、事、时、地、物，这是幼儿的共同特征，通过探索和尝试，幼儿可以更了解已知和未知的世界。

婴儿一出生，就对周遭的事物充满好奇，观察力也开始与日俱增。婴儿会眼睛四下里转，观察周围环境。再大一点时，婴儿会用小手触摸好奇又陌生的事物。等到幼儿渐渐成长，开始尝试许多新鲜的活动。

幼儿所有的感官能接收的信息，都是一种观察力，包括视觉、听觉、嗅觉、触觉、味觉以及痛觉等6大感官。

观察力对幼儿的帮助是让其产生好奇心，于是幼儿会主动地去看、去听、去触摸，在这些观察人和事物当中，形成一种循环的认识过程。由观察产生兴趣，从兴趣中又开始思索，再从思索中学习，在学习中成长知识，从知识中了解事物，由此周而复始，一次次地循环，一次次地了解、学习。

观察力虽然只是生活中的琐小细微，却影响着幼儿成长、学习的成败。因此，有效培养幼儿的观察力是父母责无旁贷的使命。

观察能力是由人体的五官出发，透过视觉、听觉、触觉、痛觉、味觉、嗅觉等来达到学习的目的。

▶▶▶ 宜

可以利用日常的人和事物来训练幼儿，鼓励幼儿亲身体验，陪伴幼儿克服困难，给幼儿提供适度的环境。

昆虫法：蚂蚁的踪迹无论在南方和北方都随处可见，这种小小的昆虫是训练幼儿观察力的好教材。因为，蚂蚁是一种相当有组织的生物，种群的分工相当精细，每只蚂蚁各司其职。可以在蚂蚁出入的地方放一些饼干屑，然后和幼儿一起观察蚂蚁把饼干屑搬入窝穴的有趣情形，这是引导幼儿观察的一种最自然、最方便的教材。

游戏法：运用图片、卡通、玩具、积木等道具来训练幼儿的观察力，例如把一大堆不一样形状的积木倒在地板上，让幼儿找出同样形状的积木，并且分类放好；或是拿两张相似的图片，让幼儿找出细微不同的地方，这样不但训练幼儿的观察力，也培养幼儿的归纳和分析的能力，把幼儿培养成为细心且有组织能力的人。

家务法：做家务事也能够训练幼儿的观察力。2岁左右的幼儿已经可以开始分担一些简单家务事，可以把洗净、晒干的衣物抱给妈妈，然后妈妈请幼儿一起做分类工作，哪一些是爸爸的，哪一些是妈妈的，哪一些又是幼儿自己的。

▶▶▶ 忌

家长切忌因为孩子尚小，就不注意这些生活小事。别小看这些简单的分类工作，如果幼儿从小做这样的分类游戏，不但可以培养观察力、秩序感，还能经过耳濡目染，在无形之中培养出爱整洁、做事有条理、具有责任感的良好素质。

宜与忌 从小培养仪态

从小培养幼儿包括站、坐、走在内的各种良好的姿势，不仅是为了外形美观和养成优良的仪态，更是有利于幼儿全身健康，特别是内脏器官的健康发育。

▶▶▶ 宜

学会走路以后，要让幼儿走得全身自然，两臂稍向前摆，腰背挺直，两肩展开放平，不要歪肩躬背，头颈保持端正，双眼前视，把全身重心放在脚掌上，保持步态稳重均匀，着地力量均衡。

注意培养幼儿长期采取正确的走路姿势，并养成习惯，对保持健美体形和良好的仪态很有好处。走路时双脚不要向外撇，避免形成"八字脚"，双脚也不能向里钩，否则容易形成异常走路姿势。

养成良好的坐姿，对仪态也很重要。注意教幼儿坐得端正，上身坐直，两肩放平，手放在两腿上，挺胸稍向前倾，抬头目前视。正确的坐姿，对保持上身、胸廓、腰背的健壮极其重要。

站立是仪态的基本内容。俗语说站如松，是说站立的时候要直立端正，犹如挺拔的松树。正确站姿包括：收腹、挺胸、抬头、前视、站直。不弯腰、不侧臂，两肩平面对称，两手自然下垂，两足靠拢，自然站立。这种正确的站立姿势可以使胸腔容量扩大、腹腔压力减少，有利于顺畅呼吸和血液循环，有利全身健康。

▶▶▶ 忌

幼儿刚刚开始学走路，往往站不稳、走不正，需要父母扶持。扶幼儿的时候要扶腰背，还要采取对称的动作帮扶，不能只扶一侧，否则难以让幼儿形成正确的走路姿势。

宜与忌 让幼儿学会珍惜

有的幼儿把吃不完的馒头、点心随手一扔，或故意把布娃娃的胳膊拧坏；有的幼儿摇晃小树、践踏草地；有的幼儿在雪白的墙上乱涂乱画，在椅子上任意踩踏……幼儿自己却满不在乎，是因为幼儿不懂得珍惜物品，不懂得物品来之不易的道理。造成这些现象的原因，是家庭教育中没有使幼儿养成学会珍惜的习惯。

▶▶▶ 宜

良好的习惯需要在日常生活中耳濡目染形成：

让幼儿从爱惜自己的玩具、图书做起。在为幼儿购买玩具后，教会幼儿玩具的玩法和保管的要求，督促幼儿在玩过后把玩具整理好，放在固定的地方。对一本喜欢的图书，幼儿会爱不释手，应及时教育幼儿，在看书时要小心地翻，不要弄破，看完后放回原处，整理好。

通过参观成年人劳动的过程，培养幼儿爱惜劳动成果。如参观服装厂，看到漂亮的服装要经过多道复杂的工序才能制成。

参观装修工人怎样粉刷墙壁，让幼儿了解到每一件劳动成果都来之不易，就不会在墙上乱涂乱画。

家长自己对一切物品都要很爱惜，不浪费粮食和水电，不乱扔书籍。在公共场所不踩踏座椅和栏杆，会给幼儿留下深刻的印象。

同时让幼儿参与力所能及的劳动，让幼儿通过劳动，克服困难，付出辛劳，体会到劳动成果来之不易，进而尊重别人的劳动。

▶▶▶ 忌

不要轻易满足幼儿的要求。不能幼儿要什么就给什么，否则会使幼儿对物品不爱惜或持无所谓的态度，觉得损失了没关系。

幼儿不爱惜食物、玩具、图书，可以通过故事等来讲明珍惜物品的道理，并延缓添置新物品的时间，让幼儿充分体会到损坏东西带来的不便，学会珍惜。

宜与忌 爱书、阅读兴趣培养

幼儿的思维发展处在直观形象思维阶段，阅读心理与成年人之间存在许多差异。

幼儿阅读与成年人阅读的主要不同之处在于：成年人主要是阅读文字材料，幼儿则主要阅读直观形象的图画材料。

▶▶▶ 宜

可以经常利用图画和书籍对刚学会走路的幼儿讲话，帮助幼儿建立词汇间的概念。有规律地大声朗读是父母帮助幼儿培养阅读爱好的最重要方法，也能使亲子之情更加亲近和浓郁。

让幼儿积极参与阅读，教幼儿吟诵喜爱的诗歌或歌谣，幼儿听到自己的朗诵声，会受到鼓舞，从而使语言表达能力进一步提高。

让幼儿模仿家长阅读，如果幼儿看到父母经常阅读书籍，也会模仿的。

即使还不会读书，也要有规律地带幼儿去图书馆和阅览室。有规律地带上幼儿去图书馆，会使幼小的心灵早早地留下概念：读书是生活的重要组成部分。

家庭教育中要尽量为幼儿营造良好的读书环境，让幼儿感觉到读书是一件很愉快的事情。幼儿的图书应当放在能够随时取阅的地方，读书时要保证光线充足。父母应当尽可能地抽出时间来陪着幼儿一起读书。亲子阅读时，可以把幼儿搂在怀里，一面共读，一边讲解画面、故事内容。当然，幼儿有时候会愿意自己来翻书，而且一翻就是好些页，不要强迫幼儿，可以翻到哪一页就读哪一页。

要认真听取幼儿在阅读以后的感受和见解，如果幼儿能把阅读的内容复述出来，一定要多给予肯定和表扬，从而激发幼儿的读书兴趣。在亲子阅读的引导作用下，幼儿逐渐会对读书产生浓厚兴趣，逐渐能体验到读书的乐趣，并且把这种愉悦的情感体验形成伴随终身的良好习惯。

▶▶▶ 忌

想培养阅读兴趣主要是要在幼儿对文字发生兴趣时，学一些日常生活随处可见的字。如果幼儿疲劳或转移注意力而不想学习时，千万不要勉强，以免引起反感和厌学。

宜与忌 培养幼儿同情心

同情心是构成个人情商的重要因素，拥有同情心的幼儿，能够得到同伴的接纳和喜爱，进入学校和社会生活以后，成功的机会也更多，成年以后，更能够处理和发展好与亲人、朋友、同事之间的和谐关系。

婴儿从出生后开始就有相关反应，听到别的婴儿哭声会感到难过，医院的婴儿室内一个婴儿啼哭很快就能引发一片哭声。这种表现，就是人类具有同情心的原始体现。

▶▶ 宜

同情心是理解他人主观经验的能力，是人类所拥有的善良天性。同情心是道德的基础，拥有良好的道德品质正是一个具有较完美情商者的基本素质之一。

婴儿因还不能完全具备自己意识、不能分别自己与他人的关系，所以本能地表现出对别人痛苦的同情。例如，妈妈抱着几个月龄的婴儿，观看小朋友们玩，看到别的幼儿跌跤摔倒，婴儿眼睛里会涌出泪水，然后会把头藏向妈妈的怀里，寻求慰藉，仿佛能体会到摔倒的痛苦。

随着年龄的增长，同情心也会逐渐增长。1岁时，幼儿开始能懂得别人的痛苦是别人的，但会表现出对于他人的痛苦不知所措。

2岁的幼儿会拉着妈妈的手，去安慰哭泣的小朋友。3岁的幼儿则能区别他人和自己痛苦的差别，但能明确表达对小朋友痛苦的同情，会安慰别人。对于幼儿表现出来的同情心，应当加以引导和保护，从小注意呵护善良的天性。

启发和保持幼儿的同情心，学会同情他人，有利于幼儿人格的培养。

能够同情他人的幼儿一般都能够迅速融入群体，不会做事霸道，更能从事对社会有益的公益事业。

具备同情他人进而帮助他人的能力，能理解和分担别人的痛苦，是一种基本情商素质。

▶▶ 忌

缺乏同情心，往往是养成偏执性格甚至成年后做出伤害他人和犯罪行为的根源。因此，引导和激发幼儿的同情心，应当是早期对幼儿进行情绪教育的重点。

对于弱者的处境能做到感同身受，能够设身处地地为他人着想，理解别人的痛苦和情感，是促使人们互相帮助的基本动力。

宜与忌 语言能力训练

幼儿到3岁时可以掌握的词汇量在1000个左右，以名词和动词为主，形容词有"小、大、冷、热、红、白、蓝"等，但运用得还不是很准确。

▶▶▶ 宜

对3岁以上幼儿的口语表达能力训练，尽可能要求幼儿会听、会说，并且养成良好的说话习惯。

会听，是培养幼儿安静、有礼貌地注意听别人说话，不打断别人的讲话，不在别人说话时乱闹。能听得准确，对于简单的话和简单的意思能够复述。

会说，一是能对话，培养幼儿能按要求回答问题，回答得对不对都行，但要切题，不能说东答西；二是要有讲述能力，能把自身的要求或事情的经过表达清楚。

看图说话：与幼儿一起看生活用品图片，一边看画片，一边讲述各种物品的特点和用途，让幼儿模仿家长的语言，边指着画片边练习说话。

描述表达：和幼儿一起看图画，讲出画面上的内容，让幼儿回答图画内容，如"这是什么动物"，能用语言描述和表达动物的特点。

学传耳语：妈妈在幼儿耳边说一句话，让幼儿跑到爸爸身边，告诉爸爸刚才说的是什么，由爸爸把话再讲出来，看幼儿是否把话听懂了，并正确地传出去。

耳语是一种特有的方式，声音低，不能让别人听见，同时，听者只能运用听觉去理解，不能同时看眼神和动作。幼儿一般都很喜欢耳语，因为它有一种神秘感。

▶▶▶ 忌

急于求成：幼儿处在语言学习阶段，光靠听觉，没有其他辅助方式，要听懂耳语会有一定难度。开始时，可以先说一种物名，或两三个字的短句子，让幼儿第一次传递耳语成功，增强幼儿的信心，以后逐渐加长句子并适当增加难度。

不敢说话：注意培养幼儿多说话，具备能在众人面前开口说话的能力。说话时要表情合适，语句中没有过多的停顿和重复，不说脏话。

宜与忌 懂得男女有别

2岁半～4岁是幼儿认识性别、建立性别概念的特殊阶段。幼儿开始注意到自己的性别是男是女和认识到男女性别从外观上的一些差异。

▶▶▶ 宜

人在成年以后的择偶观，与自己从小受到的性教育密切相关。仔细观察现实生活中，有许多人钟情的对象或相似于自己的父或母，或在年龄、相貌、气质、风度、习惯、爱好等某一方面具有父或母的特点。

3岁以前，无论是男孩还是女孩都是"无性别者"，玩一样的玩具，爱好和兴趣也一样，没有明显的性别区别。

接近3岁，幼儿开始意识到男女的性别差异。开始对外生殖器表示关心，对异性身体的差异表示出关注。幼儿会出于对自己的出生和性别角色的好奇，向父母提出很多有关性方面的问题，会问一些与性别相关的问题："妈妈，我是从哪里出来的？""男孩为什么站着小便？"女孩会问："我为什么没有'小鸡鸡'？"

相当多的父母往往不考虑幼儿提出这些疑问的意义，因为这些问题和性有关，对幼儿在性方面的好奇，总有压抑感和罪恶感。

幼儿关于性别的发现，是一个转折点。在这个时期，树立明确的性别意识，进行正确的性教育和性别认同指导，是幼儿建立健全的自我意识和健康的精神面貌的基础工程。

幼儿提出性方面的疑问时，父母应当尽可能坦率、清楚地回答，不要曲解幼儿对性别的好奇。因为与成年人对"性"问题的考虑不同，幼儿对性别所提出的问题，就像"天上为什么会下雨"、"太阳晚上到哪里去了"一样。

▶▶▶ 忌

如果幼儿提到有关性问题，父母如果总是神情异常、厉声呵责或闪烁其词，幼儿会认为这些问题不应该提或是肮脏的，但又对此充满神秘感和好奇心。

要注意和幼儿说到性器官名称时，要像说身体其他部位器官名称一样，不要显得拘谨。

幼儿通常会害怕向家长提出性方面的问题，因此，家长不要在幼儿提出问题时才回答，应该主动对幼儿进行适合年龄阶段的性别教育。

宜与忌 引导自尊，锻炼性格

性格是人类的一种个性、心理特点。3岁左右是幼儿性格的形成时期，幼儿如果表现出性格意志的缺陷，应当引起重视，及时进行帮助、引导。

▶▶▶ 宜

让幼儿学会生活，把握自己。生活中家长的包办代替，是幼儿形成性格软弱的重要原因之一。有些家长对幼儿百依百顺，不让幼儿做任何事情，等于剥夺了幼儿自我表现的机会，导致幼儿独立生活能力的萎缩。

让幼儿多接触同伴，锻炼自己。幼儿的性格在游戏和日常生活中表现最为明显，也是纠正不良性格的最佳途径。爱模仿是幼儿的一大特点，应当多让性格软弱的幼儿经常和大胆开朗的小伙伴在一起，跟着别人一起，做一些平时不敢做的事，耳濡目染，慢慢得到锻炼。

可以邀请一些同龄小朋友和性格软弱的幼儿一起参与集体活动，在一旁引导或者干脆回避，让幼儿们有一个自由、无拘束的语言空间。

如果条件允许，还可以经常带幼儿到一些视野、空间开阔的地带，鼓励幼儿放声高喊、高唱，宣泄情绪的同时，能酿成良好心态。

▶▶▶ 忌

忌揭短。尊重幼儿，不要老是说孩子的缺点。性格软弱的幼儿比较内向，感情较脆弱，家长尤其要注意保护幼儿的自尊心。如果当众揭孩子的短，会损害幼儿的自尊，无形中的不良刺激，只会强化幼儿的弱点。

忌强逼迫。想让孩子大胆说话，要做到这一点，关键还在于家长。家长应戒急、戒躁，不能当面打骂、责备，逼迫孩子说话。

宜与忌 与小朋友"合群"

合群指幼儿是否能和小朋友们在一起处得融洽，共同分享玩具、游戏，能够忍让和包容，是一种对成年以后社会交往能力的培养。

让幼儿变得"合群"，培养幼儿与他人共享能力，是家庭教育中的一项重要内容。

▶▶▶ 宜

让幼儿自幼具备与人友好相处的能力，是培养幼儿社会交往能力和完整人格的重要方面，有利于幼儿将来走向社会以后具有较强的适应能力和自觉接受规范约束的社会性，与他人能够友好和睦相处，进而拥有组织才能及社交能力，适应各种不同情况变化会显得从容不迫，游刃有余。

在与幼儿游戏时，要让幼儿逐渐懂得与别人在一起时的快乐。

和别的幼儿一起玩，不仅是共同游戏，还有相互信任、相互配合才是游戏的意义所在。在幼儿独自玩时，家长尽可能抽出时间陪着幼儿一起玩，指导幼儿在玩的过程中明白与人协作的重要性，逐渐使幼儿学到与人分享的道理，懂得不能独占，了解分享是一件很愉快的事，懂得给予别人就能得到别人的信任和爱，使他人高兴自己也会很快乐。

▶▶▶ 忌

单家独户地养育幼儿，幼儿只是偶然有和小朋友们玩的机会，是否"合群"还不太明显，一旦进入幼儿园后往往会显得害羞、胆怯、孤僻、沉默寡言、性情懦弱，人称"不合群"。这样的幼儿多数是因为家长在家庭早教中忽略了交往能力的培养。

幼儿刚开始与小伙伴交往时会出现一些不友好的态度，或双手推小朋友，或抢夺别人手中的玩具，或一大堆玩具自己霸占，不愿分给别人。家庭成员之间不和谐、吵闹、打架会影响到幼儿，导致幼儿与人交往能力的障碍。应当从正面教育幼儿，让幼儿学会谦让、容忍、礼貌等行为，养成良好的交往习惯。

如果不给幼儿提供社会交往的机会，总把幼儿关在家里独自玩，幼儿会变得越来越内向，逐渐失去天真活泼的性格，家长痛失情绪教育、培养情商的良机。

宜与忌 条理做事，纠正"丢三落四"

幼儿做事情时顾此失彼、"丢三落四"是常见现象，在3岁左右就应及时纠正，在生活中按部就班，有序有章，养成条理分明的做事习惯。

▶▶▶ 宜

平时就要注意引导教育幼儿，对别人的讲话要认真听完，不理解或者没听清的学会有礼貌地再问一遍，有意识地培养幼儿办事认真，善始善终的良好习惯。

条理分明地做事，按部就班的生活，是克服丢三落四习惯的根本。

给幼儿订立规矩，健全生活制度。

指导幼儿，把自己的东西放在固定的地方，以便取放方便。

培养训练幼儿良好的记忆力，要做好以下几点：

开展各种有趣味的活动，调动幼儿的多种感觉器官参加活动，提高幼儿记忆力。

用幼儿能理解的语言交谈，明确向幼儿提出要求，调动幼儿有意记忆的积极性。如果去动物园看动物，事先对幼儿提出要求，回家后启发幼儿通过回忆说出动物的名称、特征等。

帮助幼儿复习，不断强化，防止遗忘。如妈妈给幼儿讲故事后，要求幼儿过一会儿讲给爸爸听，然后再争取能讲给小朋友听。

条理分明地做事需要良好的记忆力和长期习惯的养成，也是从小培养幼儿能力的重要组成部分。

▶▶▶ 忌

形成丢三落四的习惯大致有以下三种原因：一是态度马虎，没有听完或听清别人的话，就急急忙忙去做；二是生活缺乏条理，东西乱放，需要用时找不到；三是记忆力较差。

对幼儿丢三落四的不良习惯应当及早纠正，不要幻想"孩子长大懂事了自然而然就好了"。纠正时要有相当的耐心和恒心，不能急躁。

附录 越玩越聪明的亲子游戏（1～12月）

游戏1：看气球

（适合1个月婴儿）

学习的目的

训练婴儿的视觉。

妈妈来准备

准备几个气球，颜色要纯一点，比如大的红气球。

游戏进行时

在婴儿的床头挂一个气球，当婴儿看着气球的时候家长推着气球慢慢移动，看婴儿的眼睛会不会随着气球移动。

育儿小嘱咐

气球最好离婴儿不要太近，也不要超过3米，而且每隔三四天要把悬挂的位置轮换一下，省得婴儿经常盯着一个方向看容易形成对眼或者斜视。婴儿的视觉发育还不是很完善，要给婴儿挂颜色鲜明一点的，而且过几天可以更换气球的颜色，让婴儿一下子能注意到它。

游戏2：摇摇铃

（适合1个月婴儿）

学习的目的

练习婴儿的追视能力，练习婴儿的听力和转头能力，以及追视、追听的能力。

妈妈来准备

买一些摇铃、花铃棒类的玩具。

游戏进行时

在婴儿醒着的时候，可以在婴儿眼前30厘米左右的地方，左右上下或者做弧形的转圈，让婴儿的眼睛追着玩具走。另外，在婴儿看不见的耳朵边上距耳朵15～20厘米的地方轻轻摇这些铃；当婴儿醒着的时候我们还要经常把这些小摇铃、花铃棒有意识地塞到婴儿的小手里，帮助他的触觉发育。

育儿小嘱咐

摇铃、花铃棒应发出一些柔和的声音，如果声音很刺耳最好不要选购。

游戏3：小婴儿坐轮船

（适合2个月婴儿）

学习的目的

发展婴儿的触觉和平衡能力。

妈妈来准备

在婴儿精神状态较好且空腹时，妈妈平躺在床上，将婴儿两臂屈曲于胸前方，让婴儿舒服地俯卧在妈妈的腹部。

游戏进行时

妈妈把双手放在婴儿脊背上轻轻按摩，帮助婴儿放松；慢慢进行深呼吸，使腹部稍有起伏，并说："小婴儿，坐轮船，左颠颠，右颠颠，晃晃悠悠真舒坦，婴儿玩起没个完。"

育儿小嘱咐

游戏时要让婴儿感受到妈妈身体的缓慢运动；用手指轻触婴儿的足心，让婴儿进一步感觉与妈妈的身体接触，如此反复两三次。

游戏4：小婴儿学唱歌

（适合2个月婴儿）

学习的目的

发展婴儿的语言能力。

妈妈来准备

婴儿精神状态好的时候，妈妈与婴儿面对面，视线相对。

游戏进行时

妈妈自编简单小曲调，"咿咿——咿咿咿——咿——"反复唱给小婴儿听；放慢速度，引导婴儿学着发出"咿咿——咿咿咿——咿——"的声音。

育儿小嘱咐

婴儿发对一个声音，就亲一下婴儿，给婴儿一个鼓励。

游戏5：抬腿踢球

（适合3个月婴儿）

学习的目的

训练婴儿运动能力和左右脑。

妈妈来准备

准备充气的塑料彩球1个（其他类似的充气玩具亦可）。

游戏进行时

用结实的线把彩球挂在婴儿床上方，让婴儿抬起脚刚刚能够碰到，轻轻抓住婴儿的一只小脚丫，抬起来，踢一下彩球，对婴儿说："小淘气，踢球球，球球撞到脚丫上。"左右脚轮流踢，也可以抓住婴儿的两只脚同时踢。

育儿小嘱咐

皮球游戏在婴儿成长的过程中是非常重要的，但妈妈要注意玩的时间不要长，要以婴儿开心、舒适为前提，每次重复2~3次即可。

游戏6：摇摇船

（适合3个月婴儿）

学习的目的
训练婴儿的前庭觉。

妈妈来准备
准备一条长浴巾。

游戏进行时
爸爸妈妈分别抓住浴巾两头的左右两个角，让婴儿躺在长浴巾上，头高脚低，让婴儿随毛巾左右摇摆起来。配合儿歌："摇啊摇，摇啊摇，摇到外婆桥，外婆叫我好宝宝，糖一包，果一包，又是花生又是糕。"念儿歌时看着婴儿的脸，表情尽量要夸张一些，让婴儿注意妈妈的表情。

育儿小嘱咐
注意浴巾要结实，离地垫10～15厘米，要抓牢，摆动要慢，弧度不要太大。

游戏7：碰鼻子

（适合3个月婴儿）

学习的目的
可以发展婴儿的社交能力。

妈妈来准备
在婴儿精神状态好时让婴儿面对着坐在妈妈的大腿上。

游戏进行时
说三次"卟"，当妈妈说第一和第二次"卟"时，朝他探探头，说第三次时，与他碰碰鼻子。如果说最后一次"卟"时大点声，这个游戏就更有趣了。重复做，每次变换音调。有时用尖的声音，有时用低的声音。可以头两次小声，第三次正常声，让他开心。

育儿小嘱咐
和婴儿玩碰鼻子的游戏，注意别朝他大声嚷嚷，以免吓着婴儿。

游戏8：铃儿响叮当

（适合4个月婴儿）

学习的目的

训练婴儿的听觉。

妈妈来准备

准备几个彩色的氢气球，在每个气球下系上小铃铛。

游戏进行时

让婴儿睡在床上，妈妈先把其中一个氢气球用彩色的丝线系着，系在婴儿的一只手腕上。妈妈轻轻地碰一碰气球，气球左右摆了摆，引起小铃铛叮叮当当地响。彩色气球的视觉刺激和铃铛的听觉刺激都可引起婴儿的注意。这样，婴儿开始注视气球，并高兴得手舞足蹈，婴儿的手一动，气球也就会随之飘动，引起铃铛叮叮当当地响，清脆悦耳的声音加上彩色飘动的气球，会使婴儿感到新奇和愉快。

育儿小嘱咐

每次游戏时，只给婴儿一个部位绑气球，系气球的丝带不能太长，以免因丝带缠绕在一起伤害婴儿。妈妈可以每次把丝线系在婴儿不同的手上和脚上，锻炼婴儿不同肢体的灵活性。

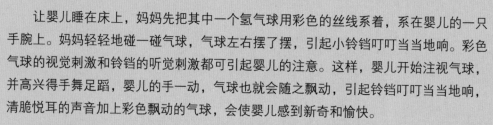

游戏9：虫虫飞

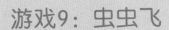

（适合4个月婴儿）

学习的目的

训练婴儿的注意力，提高婴儿暂时注意的时间；训练婴儿通过观察而学会模仿；训练婴儿的手眼协调能力；训练婴儿的语言能力；锻炼婴儿手部肌肉。

妈妈来准备

游戏时，妈妈应让婴儿"坐"着，使婴儿背靠在妈妈怀里，防止婴儿坐不稳摔倒。爸爸则盘着腿，坐在妈妈和婴儿的对面，爸爸和婴儿的距离越近越好，30～40厘米最佳。

游戏进行时

爸爸先微笑着对婴儿说："宝宝，今天爸爸妈妈和宝宝一起来做一个'虫虫飞'的游戏。"引起婴儿的注意后，爸爸把自己的手攥起来，只让两个食指尖对拢，然后分开。对拢的时候说"虫虫——虫虫"，分开的时候说"飞"，如此反复几次，看看婴儿有何反应。观察力强的婴儿可能开始模仿爸爸的动作，当然也可由妈妈协助婴儿完成动作。妈妈用手抓住婴儿的双手，用食指和拇指抓住婴儿的食指，作对拢和分开的动作。妈妈教婴儿做的同时，爸爸也应和妈妈一起做，而且节奏也应一样。

育儿小嘱咐

游戏过程中，爸爸妈妈要始终微笑，引起婴儿良好的情绪反应。在婴儿做动作后，要给予鼓励。

游戏10：身体游戏

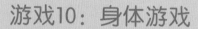

（适合5个月婴儿）

学习的目的

训练婴儿视觉、听觉、语言和精细动作能力。

游戏进行时

妈妈把婴儿抱在膝盖上，触摸他脸上不同的部位，并告诉他那个部位的名称。如轻轻抚摸他的鼻子，并说，"这是你的（用婴儿的名字）鼻子。"可重复多次。也可拿起宝宝的小手来触摸妈妈自己的鼻子，并说，"这是妈妈的鼻子。"然后，妈妈可以问婴儿："你的鼻子在哪儿？"并把他的小手放在他的鼻子上，告诉他："在这呢。"类似这样，妈妈可以同婴儿一起做"眼睛在哪儿"、"耳朵在哪儿"等游戏。

育儿小嘱咐

这个游戏最好要重复多次，妈妈逗婴儿的时候语言一定要丰富。

游戏11：抓小球

（适合5个月婴儿）

学习的目的

训练婴儿手眼协调能力。

妈妈来准备

准备1个摇铃和1根松紧带，再准备2个乒乓球。

游戏进行时

把摇铃用松紧带悬吊在婴儿胸前手能够着的地方，让婴儿练习手和眼的协调动作。注意婴儿是用两只手还是反复用一只手抓握，是否有偏手性；再同时放两个乒乓球在桌上，让婴儿伸手抓物，一手抓一个。

育儿小嘱咐

摇铃和乒乓球要洗干净，婴儿一般会把抓住的东西往嘴里塞。

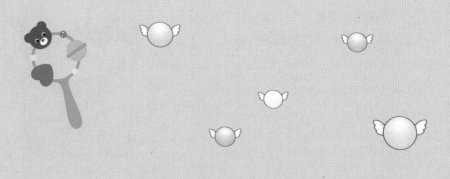

游戏12：婴儿看妈妈的脸

（适合6个月婴儿）

学习的目的

能够对婴儿形成有利的视觉刺激，加强大脑的视觉潜能，培养婴儿的观察力，使婴儿面临困难时能在最短时间内找出事物之间的联系，以及解决问题的办法，发挥出婴儿的聪明才智。

妈妈来准备

室内室外适宜的环境。

游戏进行时

妈妈坐在床上和地毯上，两腿伸直，抱住婴儿的腋下，让婴儿站在自己的膝盖上。

妈妈屈膝时，婴儿会上升；放平膝盖时，婴儿就会下降。边做边说："妈妈的脸在下面。妈妈的脸在上面。"反复几次，婴儿可以从上上下下不同角度观察妈妈的脸。

育儿小嘱咐

婴儿出生后前6个月是视觉发育最快的时期，这时期要加强婴儿的视觉训练。

游戏13：听，什么在响

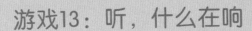

（适合6个月婴儿）

学习的目的

促进婴儿的音乐智能。

妈妈来准备

在家里挂一些风铃。

游戏进行时

妈妈可以抱着婴儿在房间里走动，让他听走路声、开门声、流水声、炒菜声、说话声等，这样做的好处是帮助小婴儿逐渐区分出不同的声响。或在家里挂一些风铃，或是找一些可以定时发声的东西摆放在屋子里让婴儿听。

育儿小嘱咐

妈妈还可以在家里养一只小鸟，让婴儿听小鸟啾啾的叫声，感受大自然声音的魅力。

游戏14：看小朋友玩

（适合7个月婴儿）

学习的目的

培养婴儿的社会交往能力。

妈妈来准备

在婴儿精神好的时候，让婴儿坐在小推车上，到户外散步。

游戏进行时

让婴儿观看幼儿们玩耍，妈妈说，"瞧，哥哥姐姐玩得多开心呀！这里有宝宝的小朋友哪！"

育儿小嘱咐

婴儿还不会和同龄的婴儿玩，但他对同龄婴儿或比自己大的幼儿很感兴趣，给婴儿找一些小伙伴吧！

游戏15：骑马马

（适合7个月婴儿）

学习的目的

培养婴儿的空间感，锻炼平衡能力。

妈妈来准备

可以在婴儿睡醒以后做这个游戏。

游戏进行时

让婴儿坐在爸爸的肩膀上，带着婴儿在屋子里到处转一转。一边走一边告诉婴儿现在到了哪里，看到了什么，给他讲解。在公园里也可以这样做，这是一种非常愉快的亲子体验。

育儿小嘱咐

爸爸走的时候要慢一点，防止吓着婴儿；过门框或树荫等要注意安全，不要碰到头。

游戏16：滚球游戏

（适合8个月婴儿）

学习的目的

训练婴儿精细动作和社交能力。

妈妈来准备

准备一个柔软的布制的球。

游戏进行时

妈妈和婴儿面对面一起坐在地上。首先你把球滚给婴儿，然后拉着婴儿的手，告诉婴儿怎样把球再滚给你。他会觉得很有趣，只要稍加鼓励就会很快学会将球滚回来。

育儿小嘱咐

可以用袜子填塞布料以后再把袜子打结来制作玩具球。

游戏17：听听里面有什么？

（适合8个月婴儿）

学习的目的

训练婴儿的思维能力。

妈妈来准备

准备2个空箱子和一些玩具。

游戏进行时

将玩具放在空箱子里面，拿到婴儿身边摇出"咔咔、沙沙"的声音，引起他的好奇心。如果他伸手想拿箱子，就将整个箱子递给他。婴儿打开盖子看到玩具时，妈妈可以很高兴地说："里面有玩具啊！"同时，将玩具递给他。接着，可以试着让他自己把玩具放入箱中。

育儿小嘱咐

选择的箱子和玩具都不要太大，要方便婴儿伸手够得着里面的玩具。

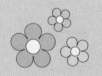

游戏18：胖娃娃戏水

（适合9个月婴儿）

学习的目的

玩水是婴儿非常喜欢的活动，这个游戏对婴儿平衡能力的发展大有帮助，丰富对大脑神经的刺激。

妈妈来准备

浴缸中注入半浴缸温水，婴儿的塑料浴盆1个（或充气的橡皮垫），毛巾1条。

游戏进行时

把婴儿放入浴盆中，给婴儿洗澡。一边洗，一边晃悠浴盆，并让婴儿用小手拍打浴缸中的水。

育儿小嘱咐

浴盆的大小，要以婴儿能够坐在里面为宜，太大容易造成婴儿在盆中活动过多，水盆失去平衡，造成危险；太小则会让婴儿感觉局促，同样不利于保持平衡。

游戏19：小推车

（适合9个月婴儿）

学习的目的

训练婴儿的腿部力量。

妈妈来准备

让婴儿俯卧在床上，两肘支撑身体，两手向前平放。

游戏进行时

家长握住婴儿的两个小腿，轻轻向上抬起成推车状，让婴儿的胸部保持在床面上；慢慢地放下双腿，还原成预备姿势；再次轻轻向上抬起婴儿的双腿，成推车状，让婴儿的胸部保持在床面上；慢慢地放下双腿，还原成俯卧姿势。

育儿小嘱咐

做这个游戏的时候，妈妈可以给婴儿唱："小推车，走斜坡，走不动，请下车。"

游戏20：超市小分装员

（适合10个月婴儿）

学习的目的

可以培养婴儿的逻辑思维能力，帮助婴儿尽快掌握简单的指令语言，帮助婴儿认识物品的类别，促进婴儿语言智能和数学智能的发展。

妈妈来准备

准备不同的水果3个，不同的小玩具3个，空盒子2个。

游戏进行时

妈妈指着一个盒子，对婴儿说出指令："把水果放进这个盒子里。"指导婴儿把水果放进去。指着另一个盒子，对婴儿说出指令："把玩具放进这个盒子里。"指导婴儿把玩具放进去。将2个盒子摆在一起，告诉婴儿一个盒子里装的是水果，另一个装的是玩具。

育儿小嘱咐

游戏材料一定要选择婴儿熟悉的东西，游戏材料类别尽量不要有交叉或者类别界限不清，比如在积木类别中混有塑料水果、布娃娃、小熊等。这些不同类别的玩具放在一起容易给婴儿造成混乱的感觉。

297

游戏21：小瓶盖在哪里？

（适合10个月婴儿）

学习的目的

发展婴儿语言和记忆力。

妈妈来准备

准备一个塑料小瓶盖或者其他大人能一手握住的玩意儿。

游戏进行时

先当着婴儿的面把小瓶盖藏在妈妈的手里，让婴儿找；逐渐增加难度，把小玩意儿藏在身后、毛巾下等。

育儿小嘱咐

婴儿虽不会说，但能听懂一些话。现在需要给婴儿多多练习"听的同时看大人的动作"，以帮助婴儿理解语词。这个游戏一定要边玩边说，用手势和动作来辅助妈妈的语意，"给我"、"给宝宝"、"拿出来"等。

游戏22：电话游戏

（适合11个月婴儿）

学习的目的

训练婴儿的听觉、语言能力，培养婴儿自立能力。

妈妈来准备

准备1台玩具电话。

游戏进行时

让婴儿坐在妈妈的膝上，把电话放在自己的耳边，并同婴儿讲话："喂，宝宝（婴儿的名字）。"然后把电话放到他的耳边，重复同样的句子。这样重复几次后，家长可以用两三句话的长句同婴儿交谈。

育儿小嘱咐

在谈话中，要呼叫婴儿的名字和他能听懂的其他单词，如"爸爸"、"再见（拜拜）"等，然后把电话放到婴儿的耳旁看他是否对着电话说话。

游戏23：搭积木

（适合11个月婴儿）

学习的目的

可训练观察力和小肌肉动作，初步形成圆的东西可以滚动的概念，理解物体与物体特性之间的关系。

妈妈来准备

给婴儿2块积木，1个乒乓球。

游戏进行时

教婴儿把一块积木搭在另一块上，再试着把乒乓球搭在第二块积木上，但乒乓球总是掉下来，滚走了。这时，再给他一块小积木，这一次他成功了。再给他一根小棒和一只皮球，看他是否知道用小棒推着皮球滚动。再把皮球拿走，给他一个侧立的小圆盒（如罐头盒）看他是否会用小棒推着小圆盒滚动。

育儿小嘱咐

准备的积木要比乒乓球小些。

游戏24：传递玩具

（适合11个月婴儿）

学习的目的

训练婴儿手指抓握能力及双手传递的动作。

妈妈来准备

准备2个小玩具。

游戏进行时

妈妈将一个玩具放在婴儿的右手中，等他拿住玩一会儿后，妈妈再将另一个玩具放在他的右侧，观察他是否将右手上的玩具传递给左手，然后再用右手去拿右侧的玩具。反复玩数次后，婴儿才懂得双手可以互相传递。

育儿小嘱咐

玩具大小最好能让婴儿一只手可以拿起。

游戏25：启动车子

（适合12个月婴儿）

学习的目的

训练婴儿的灵敏反应和创造能力。

妈妈来准备

准备一个婴儿爱玩的小汽车。

游戏进行时

用纸盒搭一个斜坡，向婴儿示范如何使车子滑下斜坡，并发出口令"一、二、三，出发"，然后让车子滑行。观察婴儿是否在"出发"命令之后才放小车滑行。

育儿小嘱咐

小汽车不宜过大，也不宜用电动的，一般的小汽车婴儿能抓在手里即可。

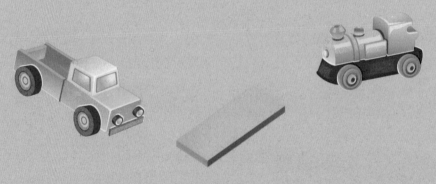

游戏26：妈妈在哪里

（适合12个月婴儿）

学习的目的

这个时候的婴儿已经能够自己扶着东西慢慢走了，但是胆子还比较小，而这个游戏可以鼓励婴儿大胆地走，锻炼行走能力。

妈妈来准备

准备婴儿喜欢的小玩具1个。

游戏进行时

将婴儿抱到沙发旁边的地毯或地垫上，旁边放一个小玩具，让婴儿自己玩，妈妈悄悄离开，躲到沙发后面，然后轻声呼唤婴儿的名字，逗引婴儿起身寻找妈妈，妈妈要不断更换位置，引导婴儿自己扶着沙发站起来，并且扶着沙发慢慢走。

育儿小嘱咐

游戏前一定要注意清除沙发旁边的障碍物，以防婴儿不小心绊倒或摔伤。游戏中，不要一味地让婴儿寻找，妈妈应适时地让婴儿"发现"自己，然后再次躲藏。

图书在版编目（CIP）数据

这样养宝宝更健康/艾贝母婴研究中心编著. --北京：中国人口出版社，2014.5

（家庭发展孕产保健丛书）

ISBN 978-7-5101-2393-1

Ⅰ.①这…　Ⅱ.①艾…　Ⅲ.①婴幼儿－哺育－基本知识　Ⅳ.①TS976.31

中国版本图书馆CIP数据核字（2014）第052704号

这样养宝宝更健康

艾贝母婴研究中心　编著

出版发行	中国人口出版社	
印　　刷	廊坊市兰新雅彩印有限公司	
开　　本	720毫米×960毫米　1/16	
印　　张	19.5	
字　　数	285千字	
版　　次	2014年7月第1版	
印　　次	2014年7月第1次印刷	
书　　号	ISBN 978-7-5101-2393-1	
定　　价	29.80元	

社　　长	陶庆军
网　　址	www.rkcbs.net
电子信箱	rkcbs@126.com
总编室电话	(010)83519392
发行部电话	(010)83534662
传　　真	(010)83515922
地　　址	北京市西城区广安门南街80号中加大厦
邮　　编	100054